新型季铵盐三聚表面活性剂的合成、性质及其与水溶性大分子相互作用的研究

刘学国　杜朝军　著

黄 河 水 利 出 版 社
·郑州·

内 容 提 要

本书详细介绍了三聚表面活性剂的研究进展。全书共分7章,分别介绍了几种季铵盐三聚表面活性剂的合成、性质及其水溶性大分子相互作用。

本书适合从事表面活性剂开发及应用的技术人员阅读参考。

图书在版编目(CIP)数据

新型季铵盐三聚表面活性剂的合成、性质及其与水溶性大分子相互作用的研究/刘学国,杜朝军著.—郑州:黄河水利出版社,2017.6

ISBN 978-7-5509-1793-4

Ⅰ.①新… Ⅱ.①刘…②杜… Ⅲ.①季铵盐-表面活性剂-研究 Ⅳ.①TQ126.2

中国版本图书馆CIP数据核字(2017)第163003号

组稿编辑:贾会珍　　电话:0371-66028027　　E-mail:110885539@qq.com

出 版 社:黄河水利出版社

地址:河南省郑州市顺河路黄委会综合楼14层　　邮政编码:450003

发行单位:黄河水利出版社

发行部电话:0371-66026940、66020550、66028024、66022620(传真)

E-mail:hhslcbs@126.com

承印单位:河南新华印刷集团有限公司

开本:787 mm×1 092 mm　1/16

印张:10.25

字数:240千字　　印数:1—1 000

版次:2017年6月第1版　　印次:2017年6月第1次印刷

定价:32.00元

前　言

三聚表面活性剂是由连接基团将三个传统单链表面活性剂在亲水头基或靠近亲水头基的部位连接而成的。与相应的单链和 Gemini 表面活性剂相比，三聚表面活性剂具有更优异的表面活性、更低的临界胶束浓度和更丰富的自组织行为。其中，三聚表面活性剂奇特的聚集行为更是近年来胶体界面领域的研究热点。但是由于合成难度较大，目前已成功合成的三聚表面活性剂数量十分有限，人们对三聚表面活性剂的研究还停留在初步探索阶段，对其结构和性质关系还不甚了解。此外，在实际应用中，经常需要考虑表面活性剂对大分子性质的影响，研究三聚表面活性剂与水溶性大分子的相互作用对发掘它们的潜在应用具有重要意义。为此，作者合成了一类不同疏水链长度的季铵盐三聚表面活性剂 T_n（n 为疏水链碳原子数，取 10、12、14、16），系统地研究了它们的化学稳定性、表面活性和胶束聚集行为，并且初步研究了它们分别与天然水溶性大分子——牛血清蛋白（BSA）、合成聚合物——水溶性荧光共轭聚合物 9,9 - 双（6′ - N,N,N - 三甲基溴化铵）己基芴 - alt - 1,4 - 苯（PFP）的相互作用。

本书的主要研究内容和结论如下：

（1）概述了三聚表面活性剂的发展、合成、性质，并对表面活性剂分别与蛋白质、水溶性荧光共轭聚合物相互作用的研究现状进行了文献综述。

（2）以三乙醇胺、溴乙酰溴和长链叔胺为原料，通过简便高效的两步反应合成了四种不同疏水链长度的新型季铵盐三聚表面活性剂。利用红外光谱、核磁共振氢谱、核磁共振碳谱、质谱和元素分析等结构表征方法确认其分子结构为目标产物且具有较高的纯度。

（3）测试了新型三聚表面活性剂 T_n 的化学稳定性、克拉夫特点（Krafft point）；通过表面张力法研究了其在空气/水界面的吸附行为；通过电导率法、稳态荧光法、动态光散射、透射电镜、核磁共振方法研究了其在水溶液中的聚集行为。化学稳定性和克拉夫特点测试结果显示：含酯基连接基团的 T_n 容易与醇溶剂发生酯交换反应，分解为单链表面活性剂；T_n 的克拉夫特点较低，水溶性良好。表面张力测试结果表明：T_n 分子易于吸附在空气/水界面上，能够在界面定向垂直紧密排列，降低水表面张力的效率远高于相应的单链表面活性剂，而且 T_n 也具有较强的胶团化能力，其临界胶束浓度（cmc）远低于相应单链表面活性剂且随着疏水链的增长呈指数级降低。电导率和摩尔电导率实验显示：T_{16} 的水溶液中存在预胶束现象，而 T_{10}、T_{12} 和 T_{14} 水溶液中没有预胶束形成，预胶束的存在会导致表面张力法对 cmc 的测量存在较大误差。另外，随着疏水链的增长，T_n 聚集体的微极性降低；随着浓度的增加，T_n 在水溶液中的聚集体由较大尺寸的椭球状囊泡逐渐转变为小尺寸的球形胶束，核磁共振氢谱表明这可能源于 T_n 分子构象的转变。

(4)利用荧光光谱、表面张力、圆二色谱和动态光散射方法研究了三聚表面活性剂 T_n 与 BSA 的相互作用。荧光光谱研究结果显示：BSA 的荧光猝灭主要源于 T_n 与色氨酸残基之间的相互作用，猝灭机制为表面活性剂/BSA 复合物的形成产生的静态猝灭。热力学分析结果说明，T_{10} 与 BSA 的结合能力远弱于其他三种表面活性剂；T_{16} 主要以疏水性作用与 BSA 结合，其他三种表面活性剂与 BSA 的结合主要是通过氢键与范德华力。表面张力、微极性和动态光散射测试结果很好地支持了以上结果。圆二色谱研究表明，随着表面活性剂浓度的增大，α－螺旋含量降低，相应的 β－折叠含量则逐渐增加，说明表面活性剂加入后 BSA 的骨架变得疏松、伸展。此外，表面活性剂浓度相同时，BSA 的伸展程度随表面活性剂疏水链增长而增加。

(5)通过紫外可见吸收光谱、荧光光谱、表面张力和分子动力学模拟方法详细研究了分别用 4% DMSO（二甲基亚砜）水溶液和纯水溶解的阳离子聚芴聚合物 PFP 与季铵盐三聚表面活性剂 T_n 的相互作用，同时考察了三种阴离子 Gemini 表面活性剂对 PFP 荧光性能的影响。对于 4% DMSO 水溶液溶解的 PFP，低浓度的 T_n 均增强 PFP 的荧光强度，高浓度的 T_{10} 和 T_{12} 使 PFP 聚集，引起 PFP 荧光强度的降低，而 T_{14} 和 T_{16} 浓度增加到临界胶束浓度附近时，PFP 的荧光强度随着浓度的继续增加仅有微弱增加；低浓度的阴离子 Gemini 表面活性剂使 PFP 聚集，导致 PFP 荧光强度急剧降低，随着 Gemini 表面活性剂浓度的增加，荧光强度又逐渐增强，并且荧光强度降低与增强的转折点浓度随 Gemini 表面活性剂疏水链长度的增加而减小。对于纯水溶解的 PFP，四种三聚表面活性剂对其荧光光谱的影响很小，荧光强度略微增加，而 Gemini 表面活性剂却均能够使 PFP 荧光强度大幅度增加且需要表面活性剂的量随着疏水链长度的增加而大大减少。表面张力研究表明，阳离子三聚表面活性剂与 PFP 间具有非常微弱的作用，而阴离子 Gemini 表面活性剂与 PFP 的作用则较强。分子动力学模拟结果证实三聚表面活性剂与 PFP 间存在疏水作用和静电排斥作用，而 Gemini 表面活性剂与 PFP 间存在静电吸引作用和疏水作用。PFP 的荧光性能变化和离子型低聚表面活性剂与 PFP 之间静电和疏水相互作用的平衡以及 PFP 的初始形态密切相关。

本书的主要创新点：

(1)通过简便高效的两步反应成功合成了四种不同疏水链长度的新型季铵盐三聚表面活性剂，对其在水溶液中的聚集体随着浓度的增加由较大尺寸的椭球状囊泡逐渐转变为小尺寸的球形胶束的反常现象进行了研究，并根据核磁共振氢谱的变化提出了可能的转变机制。

(2)首次研究了三聚表面活性剂与 BSA 的相互作用，丰富了低聚表面活性剂与生物大分子相互作用的研究内容。

(3)首次考察了三聚表面活性剂与水溶性荧光共轭聚合物 PFP 的相互作用，并对比研究了 Gemini 表面活性剂与 PFP 的相互作用,对它们与 PFP 的不同作用结果做出了合理的推测,为水溶性荧光共轭聚合物光谱性能的改善提供了新途径。

(4)分子动力学模拟为低聚表面活性剂与 PFP 相互作用的研究提供了一定的依据,丰富了表面活性剂和水溶性荧光共轭聚合物相互作用的研究方法。

在本书编写过程中,作者参考了相关文献的内容,在此对有关文献的作者表示感谢。

由于编写时间和作者能力有限,本书内容肯定存在不足之处,请广大读者批评指正。

作　者

2017 年 4 月

目　录

第1章　绪　论

1.1　三聚表面活性剂概述

表面活性剂是一类加入少量就能使溶剂(一般为水)的表面张力或液/液界面张力大为降低的物质,其分子结构包括长链疏水基团和亲水性离子基团或极性基团两个部分。20世纪80年代中期,诺贝尔奖得主皮埃尔-吉勒·德热纳曾写道:"没有了表面活性剂,我们对于工业上90%的问题都无能为力。"随着科学技术的进步,表面活性剂的应用领域不断扩大,特别是在开发高性能材料、复合材料、新能源和资源方面。传统表面活性剂是由单疏水基和单亲水基构成的"两亲"分子。同性电荷的亲水基团间的排斥作用使表面活性剂分子间距增大,阻碍其紧密排列,因此其表面活性的提高受到制约。为了克服这种问题,改善传统表面活性剂的性能,国内外科研工作者积极合成研究了多种新型表面活性剂,其中最具代表性的一类即为低聚表面活性剂(oligomeric surfactant)。

低聚表面活性剂是由连接基团将两个或两个以上传统单链表面活性剂在亲水头基或靠近亲水头基的部位连接而成的,包括二聚(双子或Gemini)、三聚和更高聚合度的表面活性剂,其结构如图1-1所示。Gemini表面活性剂作为最简单的低聚表面活性剂,可以看作传统表面活性剂的二聚体,也是近些年研究最多的一类低聚表面活性剂。最早的Gemini表面活性剂结构出现在1938年的美国专利中,但当时并未引起人们的关注。1971年,Buton研究小组为了研究胶束对化学反应速率的影响首次合成了具有双季铵盐和双烷烃链的表面活性剂。1991年,美国Menger小组合成了具有刚性连接基团的双烷烃链表面活性剂,并将其形象地命名为Gemini(双子星座)表面活性剂。同一时期,Zana小组、Okahara小组、Rosen小组等在Gemini表面活性剂领域也较早地开展了相关合成、性质及应用研究工作。大量研究表明,与相应的传统单链表面活性剂相比,Gemini表面活性剂易于在界面上吸附,具有较低的临界胶束浓度和丰富的自组织行为。这些优势推动国内外科研工作者探索更高聚合度的表面活性剂,如三聚表面活性剂。

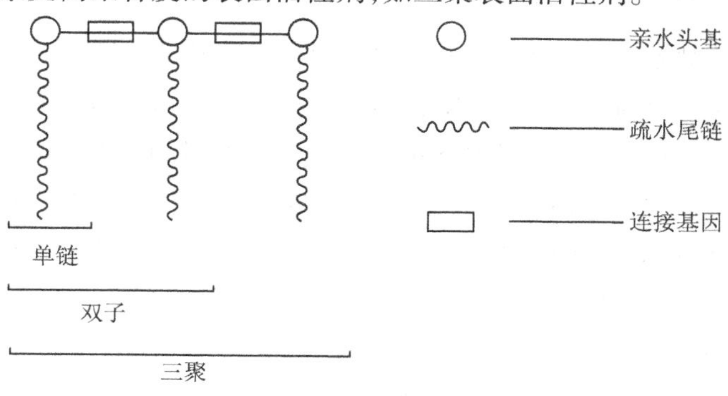

图1-1　低聚表面活性剂结构示意图

三聚表面活性剂是通过连接基团将三个单链表面活性剂连接而成的。1995 年，Zana 小组首次报道了三聚表面活性剂（$12-3-12-3-12 \cdot 3Br^-$），发现它的临界胶束浓度（0.16 mM，mM 表示 mmol/L）要远远低于相应的单链表面活性剂十二烷基三甲基溴化铵（DTAB，15 mM）和 Gemini 表面活性剂 $12-3-12 \cdot 2Br^-$（0.96 mM），并在此后的研究中观察到其独特的聚集体形态——枝状线形胶束。紧随其后，Esumi 和 Ikeda 合成了类似结构的具有不同连接链长度和疏水链长度的季铵盐三聚表面活性剂且详细研究了它们的吸附和聚集行为。Laschewsky 等合成了刚性结构（邻、对位二甲苯基和反式丁烯基）连接基团的三聚表面活性剂，考察了其表面张力、黏度、乳化和增溶性能。Yoshimura 小组在新型三聚表面活性剂的合成领域贡献颇大，除了线形三聚表面活性剂 $m-2-m-2-m$（m 为疏水尾链碳原子数）外，该课题组还成功合成了环形、星形三聚表面活性剂，大大拓展了三聚表面活性剂的可研究范畴。国内，王毅琳课题组近年在新型星形三聚表面活性剂的合成及聚集体特异形貌变化方面的研究工作极好地诠释了三聚表面活性剂更为丰富的吸附及自组织行为。

三聚表面活性剂同时具有三个亲水头基和三条疏水尾链，由于亲水头基被连接基团紧密连接在一起，削弱了亲水头基之间的相互排斥作用，增强了疏水链之间的相互作用。与相应的单链和 Gemini 表面活性剂相比，三聚表面活性剂具有以下优良性质：

（1）更倾向于吸附在界面上且排列更加紧密，能够更有效地降低界面张力；

（2）具有更低的临界胶束浓度，胶团化能力强；

（3）具有更丰富的自组织行为，聚集体结构多样化；

（4）具有良好的乳化和增溶能力。

目前，由于三聚表面活性剂的合成难度大，仅有有限数量的三聚表面活性剂被报道，国内外对三聚表面活性剂的研究比较零散，大部分还局限在实验室合成、界面和体相基础性质研究领域。不过，鉴于三聚表面活性剂的良好表面活性和复杂多变的聚集体形态，其将逐渐成为胶体化学及相关领域研究的热点。

1.2 三聚表面活性剂的合成

三聚表面活性剂聚合度高于 Gemini 表面活性剂，合成难度较大，其分类按传统表面活性剂亲水头基所带电荷的不同，可以分为阳离子、阴离子和非离子型三聚表面活性剂，到目前为止尚未有两性三聚表面活性剂的相关报道。此外，按照三聚表面活性剂连接基团的形状，也可以分为线形、环形、星形三聚表面活性剂。阳离子型三聚表面活性剂合成路线相对简单，且生物降解性好、毒性低，是目前合成和研究较多的一类。而阴离子和非离子型三聚表面活性剂合成路线复杂且不易纯化，相关研究较少。以下是大部分目前已报道的成功合成的三聚表面活性剂的化学结构。

（1）阳离子型三聚表面活性剂，见图 1-2。

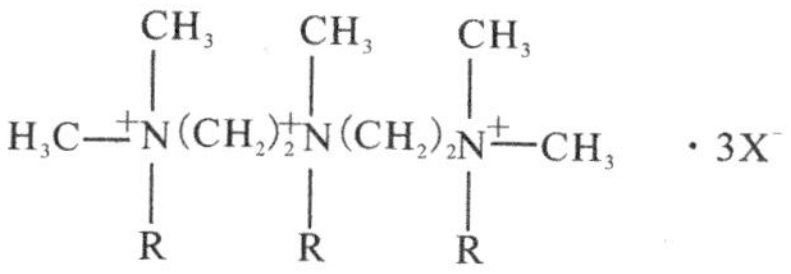

$$H_3C-\overset{+}{N}(CH_3)(R)-(CH_2)_2-\overset{+}{N}(CH_3)(R)-(CH_2)_2-\overset{+}{N}(CH_3)(R)-CH_3 \cdot 3X^-$$

$R:C_8H_{17},C_{10}H_{21},C_{12}H_{25}$ $X^-:Br^-$

$R:(CH_2CH_2O)_3C_{12}H_{25}$ $X^-:Cl^-$

1

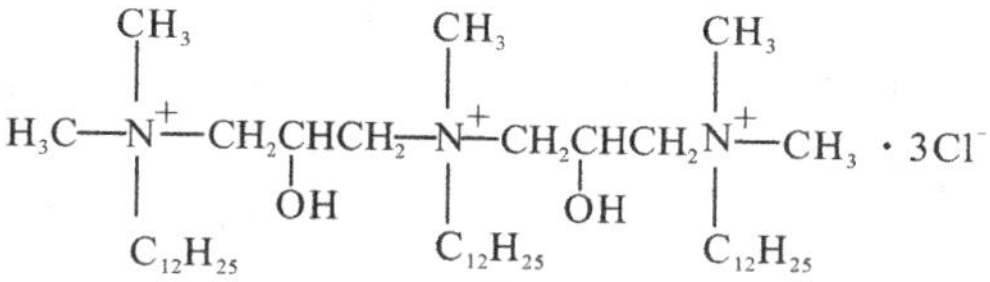

$$H_3C-\overset{+}{N}(CH_3)(C_{12}H_{25})-CH_2CH(OH)CH_2-\overset{+}{N}(CH_3)(C_{12}H_{25})-CH_2CH(OH)CH_2\overset{+}{N}(CH_3)(C_{12}H_{25})-CH_3 \cdot 3Cl^-$$

2

$$H_3C-\overset{+}{N}(CH_3)(C_{12}H_{25})-CH_2-CH=CH-CH_2-\overset{+}{N}(CH_3)(C_{12}H_{25})-CH=CH-CH_2-\overset{+}{N}(CH_3)(C_{12}H_{25})-CH_3 \cdot 3Cl^-$$

3

$$H_3C-\overset{+}{N}(CH_3)(C_{12}H_{25})-CH_2-C_6H_4-CH_2-\overset{+}{N}(CH_3)(C_{12}H_{25})-CH_2-C_6H_4-CH_2-\overset{+}{N}(CH_3)(C_{12}H_{25})-CH_2 \cdot 3Cl^-$$

4

$$H_3C-\overset{+}{N}(CH_3)(C_{12}H_{25})-CH_2-C_6H_4-CH_2-\overset{+}{N}(CH_3)(C_{12}H_{25})-CH_2-C_6H_4-CH_2-\overset{+}{N}(CH_3)(C_{12}H_{25})-CH_2 \cdot 3Cl^-$$

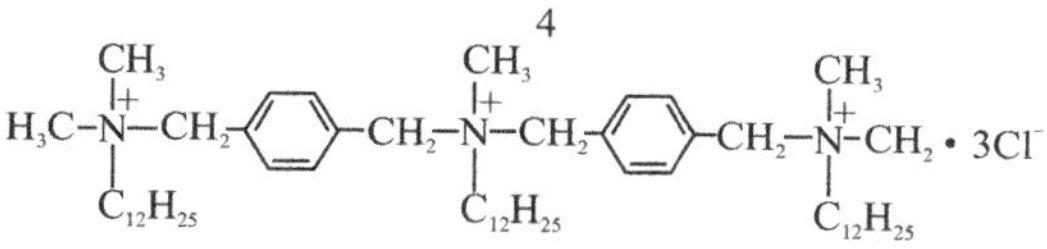

5

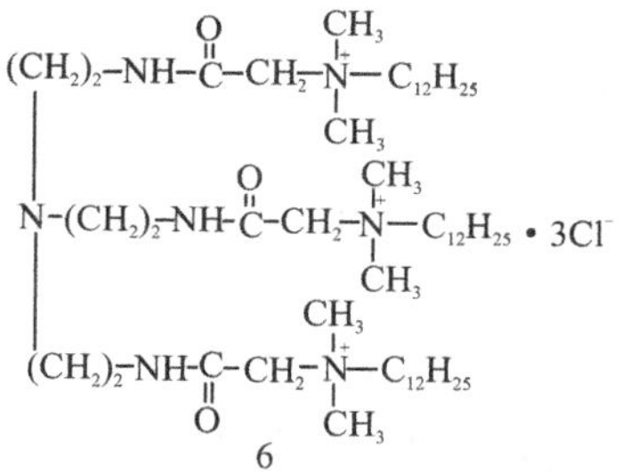

$$N[(CH_2)_2-NH-CO-CH_2-\overset{+}{N}(CH_3)_2-C_{12}H_{25}]_3 \cdot 3Cl^-$$

6

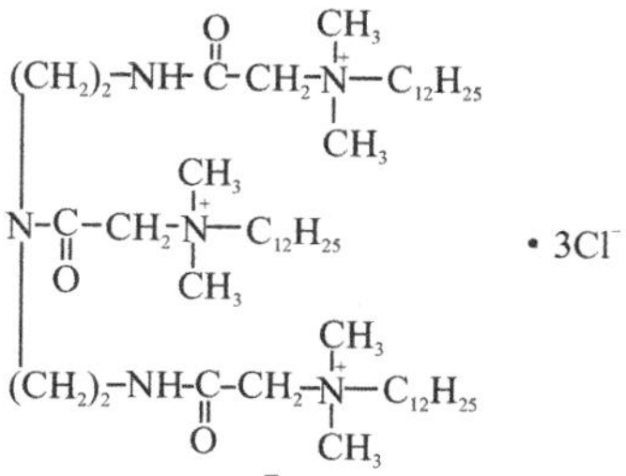

$$N[(CH_2)_2-NH-CO-CH_2-\overset{+}{N}(CH_3)_2-C_{12}H_{25}]_2[CO-CH_2-\overset{+}{N}(CH_3)_2-C_{12}H_{25}] \cdot 3Cl^-$$

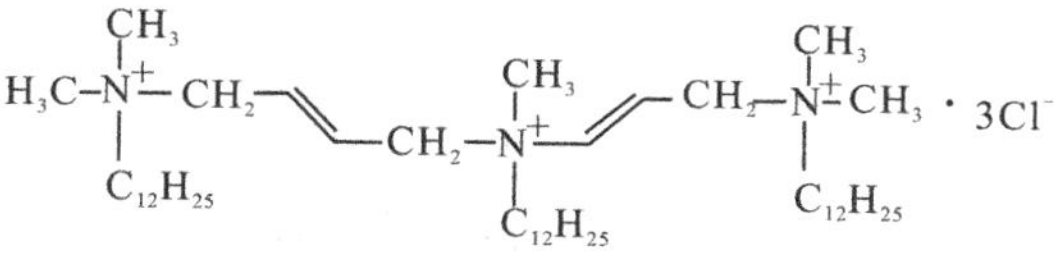

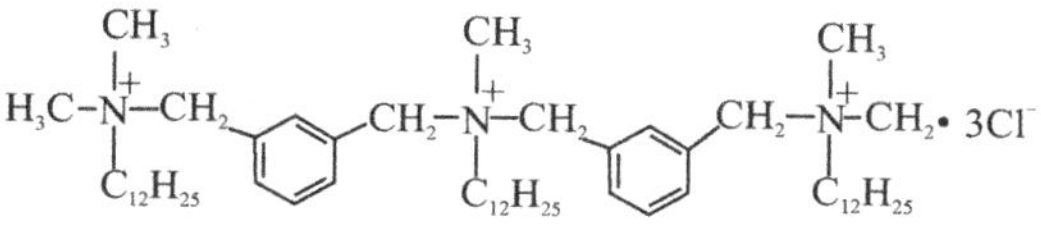

7

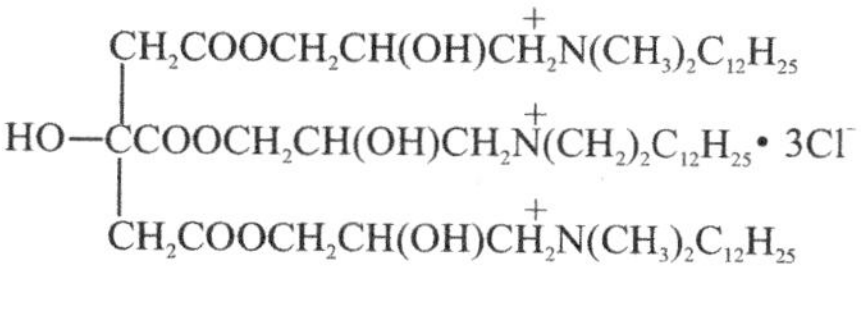

$$CH_2COOCH_2CH(OH)CH_2\overset{+}{N}(CH_3)_2C_{12}H_{25}$$
$$HO-CCOOCH_2CH(OH)CH_2\overset{+}{N}(CH_2)_2C_{12}H_{25} \cdot 3Cl^-$$
$$CH_2COOCH_2CH(OH)CH_2\overset{+}{N}(CH_3)_2C_{12}H_{25}$$

8

$$\overset{+}{N}H(CH_3)_2CH_2CH(OH)CH_2(C_2H_4O)_nOC_{12}H_{25}$$
$$C_2H_4$$
$$\overset{+}{N}(CH_3)_2CH_2CH(OH)CH_2(C_2H_4O)_nOC_{12}H_{25} \cdot 3Cl^-$$
$$C_2H_4$$
$$\overset{+}{N}H(CH_3)_2CH_2CH(OH)CH_2(C_2H_4O)_nOC_{12}H_{25}$$

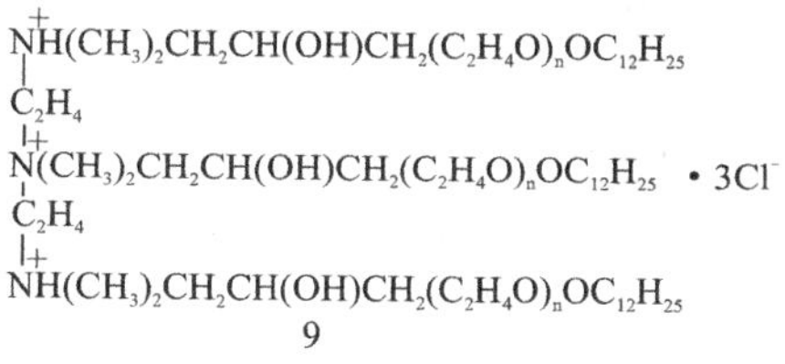

9

图 1-2 阳离子型三聚表面活性剂化学结构

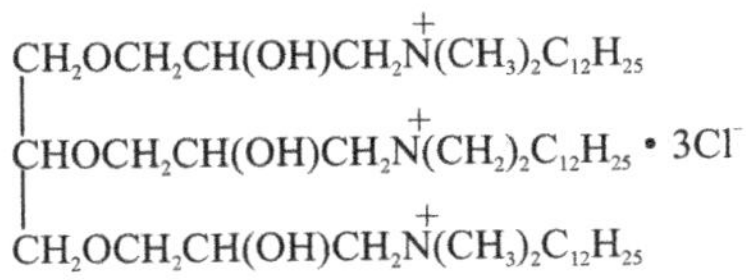

$CH_2OCH_2CH(OH)CH_2\overset{+}{N}(CH_3)_2C_{12}H_{25}$
$CHOCH_2CH(OH)CH_2\overset{+}{N}(CH_2)_2C_{12}H_{25} \cdot 3Cl^-$
$CH_2OCH_2CH(OH)CH_2\overset{+}{N}(CH_3)_2C_{12}H_{25}$

10

$CH_2OCH_2CH(OH)CH_2\overset{+}{N}(CH_3)_2R_2$
$R_1—CCH_2OCH_2CH(OH)CH_2\overset{+}{N}(CH_3)_2R_2 \cdot 3Cl^-$
$CH_2OCH_2CH(OH)CH_2\overset{+}{N}(CH_3)_2R_2$

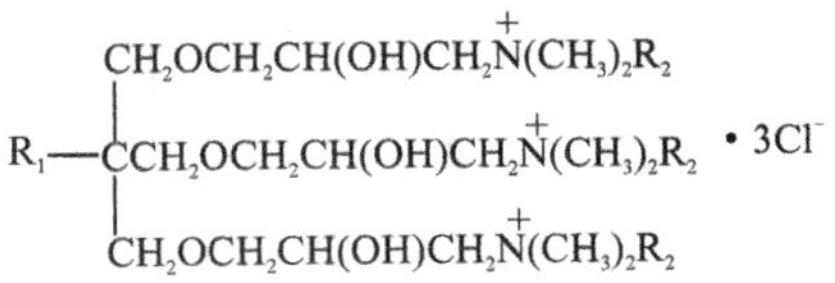

R_1:C_2H_5，R_2:$C_{16}H_{33}$
R_2:CH_3，R_2:C_8H_{17},$C_{12}H_{25}$,$C_{18}H_{37}$

11

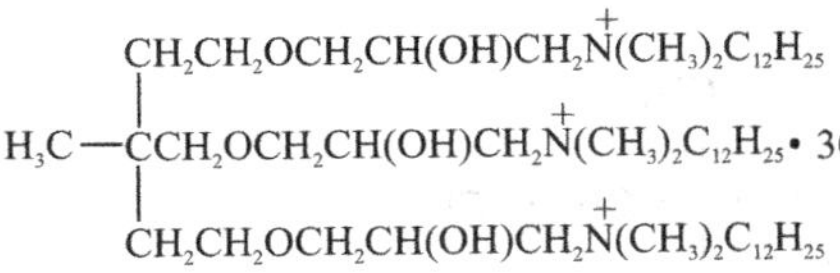

$CH_2CH_2OCH_2CH(OH)CH_2\overset{+}{N}(CH_3)_2C_{12}H_{25}$
$H_3C—CCH_2OCH_2CH(OH)CH_2\overset{+}{N}(CH_3)_2C_{12}H_{25} \cdot 3Cl^-$
$CH_2CH_2OCH_2CH(OH)CH_2\overset{+}{N}(CH_3)_2C_{12}H_{25}$

12

$\overset{+}{N}H(CH_3)_2(CH_2)_8CH=CH(CH_2)_7CH_3$
C_2H_4
$\overset{+}{N}(CH_3)_2(CH_2)_8CH=CH(CH_2)_7CH_3 \cdot 3Cl^-$
C_2H_4
$\overset{+}{N}H(CH_3)_2(CH_2)_8CH=CH(CH_2)_7CH_3$

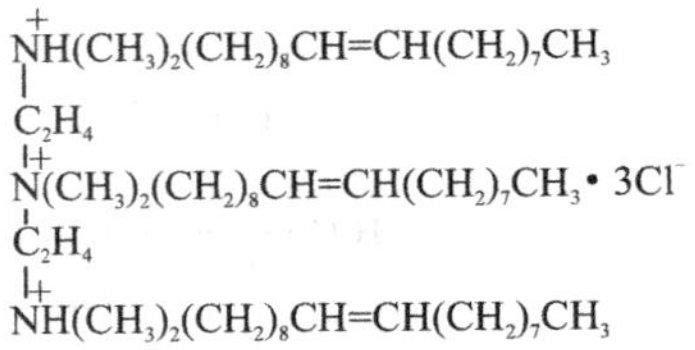

13

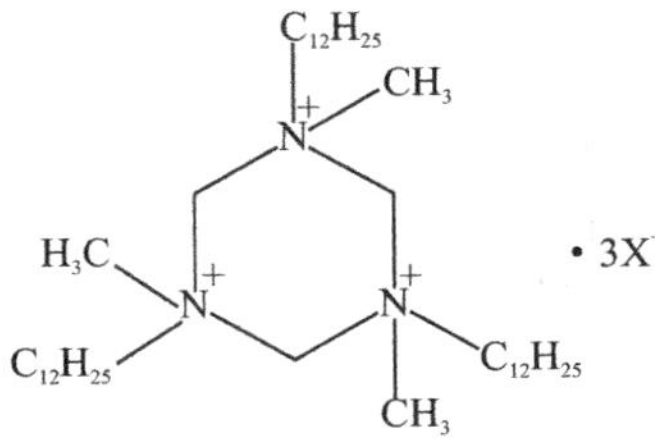

$C_{12}H_{25}$, CH_3, H_3C, $C_{12}H_{25}$, $C_{12}H_{25}$, CH_3 $\cdot 3X^-$

X^- : I^-, Br^-

14

R, $\overset{+}{N}(CH_3)_2$, $OCOCH_2$, $(H_3C)_2\overset{+}{N}$, H_2COCO, $\overset{+}{N}(CH_3)_2 \cdot 3Br^-$, $OCOCH_2$

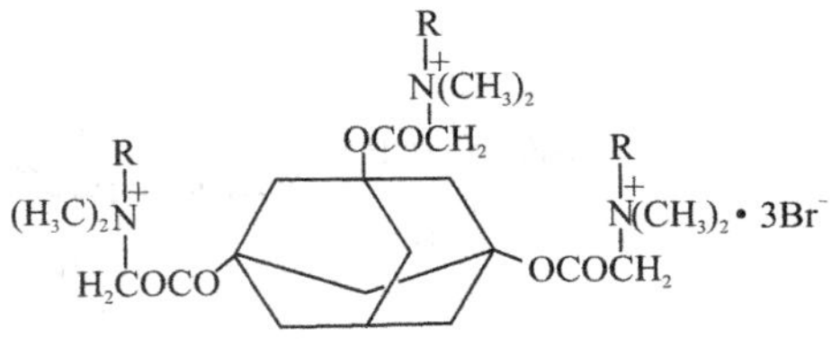

R:C_8H_{17},$C_{10}H_{21}$,$C_{12}H_{25}$

15

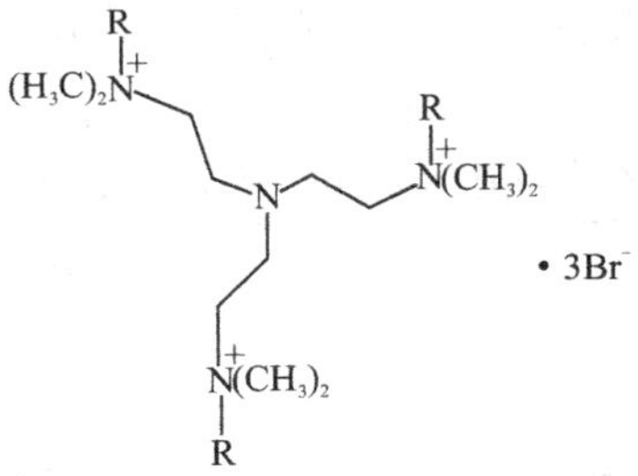

$(H_3C)_2\overset{+}{N}$, R, N, $\overset{+}{N}(CH_3)_2$, $\cdot 3Br^-$, $\overset{+}{N}(CH_3)_2$

R:C_8H_{17},$C_{10}H_{21}$,$C_{12}H_{25}$,$C_{14}H_{29}$

16

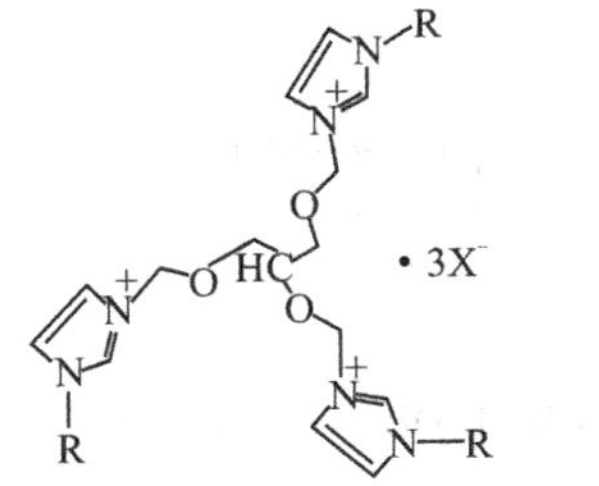

$\cdot 3X^-$

R:$CH_2C_6H_5$ — X^-:BF_4^-
R:CH_3,C_8H_{17} — X^-:Cl^-
R:CH_3,$CH=CH_2$,$CH_2C_6H_5$ — X^-:NTf_2^-

17

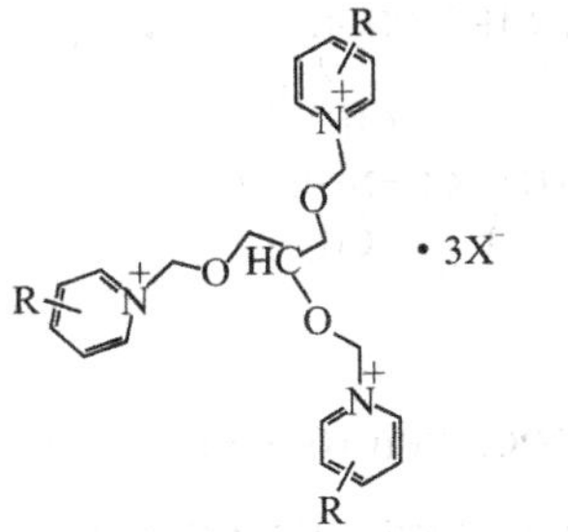

$\cdot 3X^-$

R:3−$CONH_2$ — X^-:Cl^-, BF_4^-, NTf_2^-
R:4−$N(CH_3)_2$ — X^-:Cl^-, NTf_2^-, $N(CN)_2^-$

18

续图 1-2

(2)阴离子型三聚表面活性剂,见图1-3。

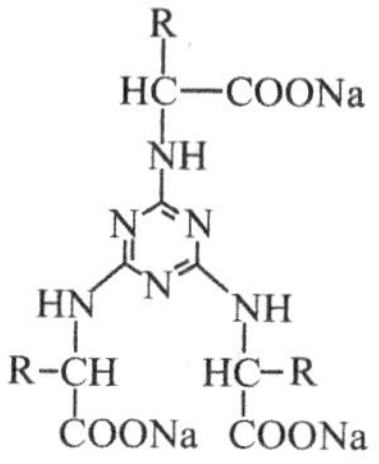

R: C_4H_9, $C_{10}H_{21}$

1

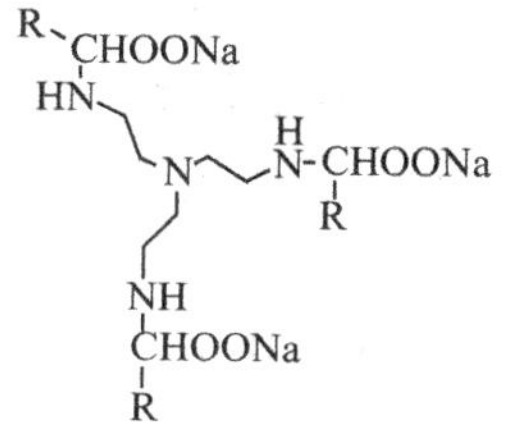

R: C_4H_9, C_6H_{13}, C_8H_{17}, $C_{10}H_{21}$, $C_{12}H_{25}$

2

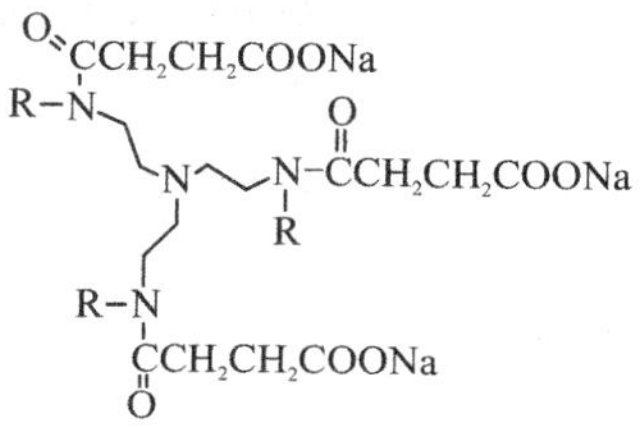

R: C_8H_{17}, $C_{10}H_{21}$, $C_{12}H_{25}$

3

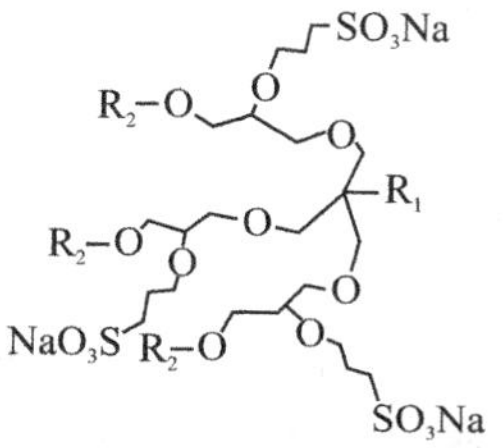

R_1: CH_3, R_2: $C_{10}H_{21}$, $C_{12}H_{25}$, $C_{14}H_{29}$

R_1: H, R_2: C_8H_{17}, $C_{10}H_{21}$, $C_{12}H_{25}$, $C_{14}H_{29}$, $C_{16}H_{33}$

4

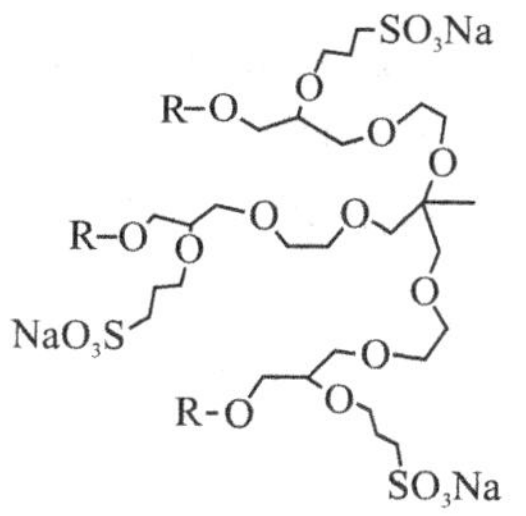

R: $C_{10}H_{21}$, $C_{12}H_{25}$

5

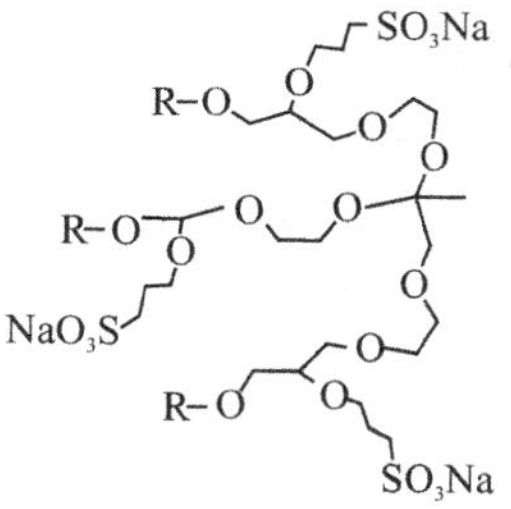

R: $C_{10}H_{21}$, $C_{12}H_{25}$

6

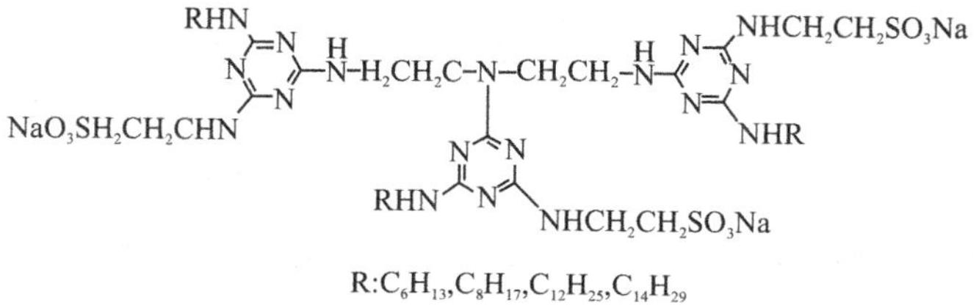

R: C_6H_{13}, C_8H_{17}, $C_{12}H_{25}$, $C_{14}H_{29}$

7

图1-3 阴离子型三聚表面活性剂化学结构

(3)非离子型三聚表面活性剂,见图 1-4。

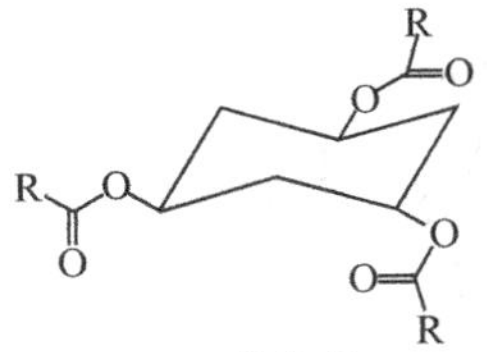

$R:C_{17}H_{35}$

1

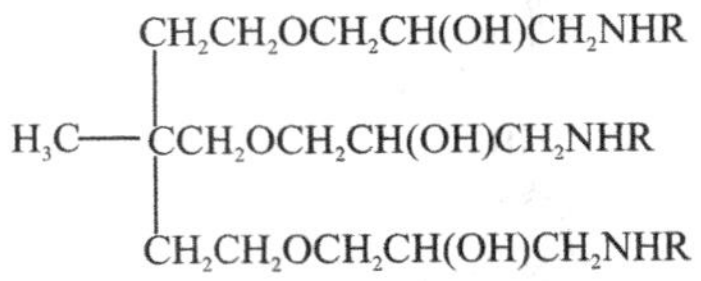

$CH_2CH_2OCH_2CH(OH)CH_2NHR$

$H_3C—CCH_2OCH_2CH(OH)CH_2NHR$

$CH_2CH_2OCH_2CH(OH)CH_2NHR$

$R:C_8H_{17},C_{12}H_{25},C_{18}H_{37}$

2

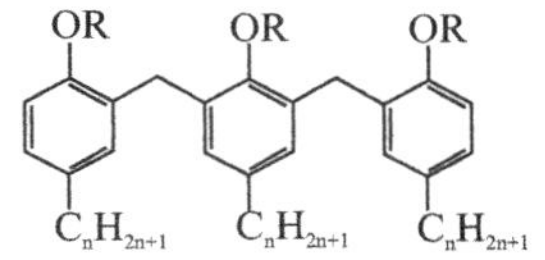

n:8,9,10,12,14,16

$R:(CH_2CH_2O)_mH$,m:4,7,10,15,20,30

3

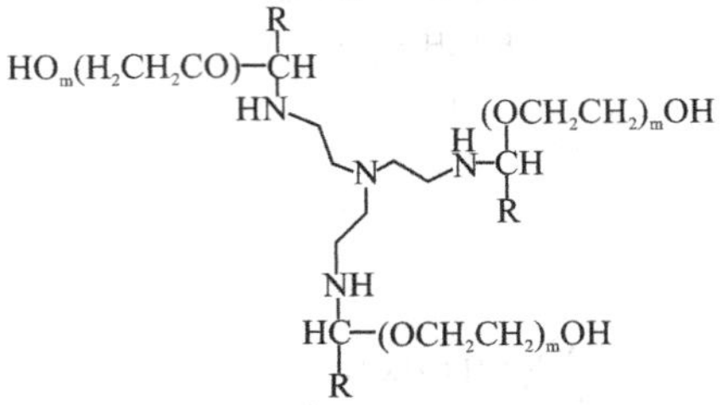

m:11,25,47

$R:C_8H_{17},C_{10}H_{21},C_{12}H_{25}$

4

图 1-4　非离子型三聚表面活性剂化学结构

1.2.1　阳离子型三聚表面活性剂的合成

迄今为止,已报道的阳离子型三聚表面活性剂绝大部分是季铵盐类表面活性剂(见图 1-2),与 Gemini 表面活性剂类似,其合成主要也是通过氮原子与卤素原子的亲核取代反应来实现的。因此,阳离子三聚表面活性剂中的阴离子(又叫抗衡离子)一般为 Cl^-、Br^- 和 I^-,其中以 Cl^- 和 Br^- 较为常见,I 原子通常是用来提高亲核取代反应活性的,通过离子交换可以替换成 Cl^- 或 Br^-。除了季铵盐类,Juliusz 等合成了咪唑盐和吡啶盐类三聚表面活性剂,且阴离子为 Cl^- 和不常见的 BF_4^-、$N(CN)^-$(二氰胺阴离子)与 NTf_2^-(双三氟磺酰亚胺阴离子)。不过,其合成方法同样也是利用氮原子与卤素原子的亲核取代反应。阳离子型三聚表面活性剂的合成策略各异,大致可分为四类:

(1)连结基团与准亲水头基连在一起,再接上多个疏水链。其代表合成路线是 m-2-m-2-m 型三聚表面活性剂的合成,如图 1-5 所示。Yoshimura 等以五甲基二乙烯基三胺为原料,与过量的溴代烷分两步进行反应,整个反应进程超过 250 h,操作烦琐。通过采用氧化铝柱色谱分离目标产物的方法,可以将此反应的时间缩减到 40 h。

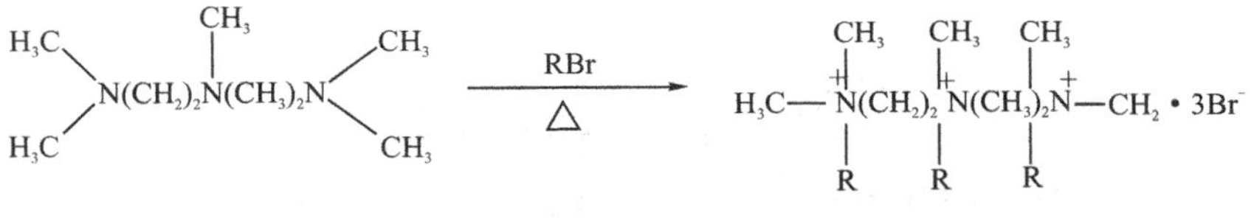

$$(H_3C)_2N(CH_2)_2N(CH_3)(CH_2)_2N(CH_3)_2 \xrightarrow[\triangle]{RBr} H_3C—\overset{+}{N}R(CH_3)(CH_2)_2\overset{+}{N}R(CH_3)(CH_2)_2\overset{+}{N}R(CH_3)—CH_3 \cdot 3Br^-$$

$R:C_8H_{17},C_{10}H_{21},C_{12}H_{25}$

图 1-5　直链 m-2-m-2-m 型季铵盐阳离子三聚表面活性剂合成路线

(2)连接基团直接将三个双亲单体在亲水头基处连接起来。通常双亲单体为长链叔胺,其作为亲核试剂与连接基团尾端发生亲核取代反应生成亲水头基。

Murguía 等以 1,1,1-三羟甲基乙烷、环氧氯丙烷和叔胺为原料合成了如图 1-6 所示的季铵盐阳离子三聚表面活性剂。1,1,1－三羟甲基乙烷与环氧氯丙烷反应生成尾端为环氧基的中间体,再与叔胺反应得到目标产物。此方法适用于合成连接基团为醇或酸与环氧氯丙烷缩合物的三聚表面活性剂。

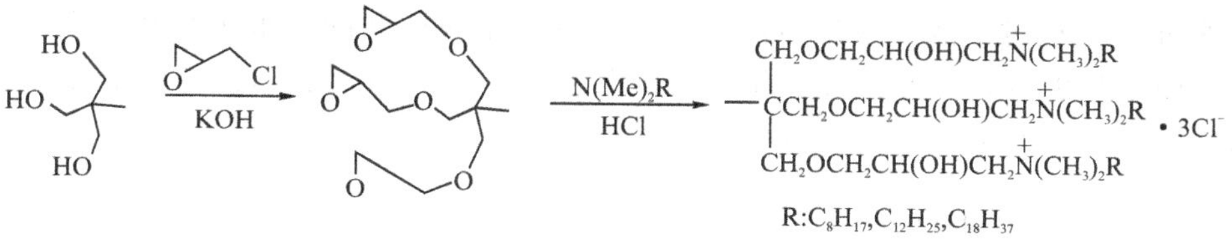

HO HO HO　Cl　KOH　O O O O O　$N(Me)_2R$ HCl

$CH_2OCH_2CH(OH)CH_2\overset{+}{N}(CH_3)_2R$

$—CCH_2OCH_2CH(OH)CH_2\overset{+}{N}(CH_3)_2R$ · $3Cl^-$

$CH_2OCH_2CH(OH)CH_2\overset{+}{N}(CH_3)_2R$

$R:C_8H_{17},C_{12}H_{25},C_{18}H_{37}$

图 1-6　醇与环氧氯丙烷缩合物型季铵盐阳离子三聚表面活性剂合成路线

Zhu 等合成了以金刚烷基刚性结构为连接基团的阳离子三聚表面活性剂,合成路线如图 1-7所示。先通过 CrO_3 氧化金刚烷,得到 1,3,5－三羟基金刚烷,然后使用溴乙酰溴与羟基进行酯化反应,从而获得尾端是溴代烃的中间体。将中间体与过量的叔胺反应得到三聚表面活性剂。分子尾端结构为三羟基或者氨基的原料可以参考此方法来合成三聚表面活性剂。

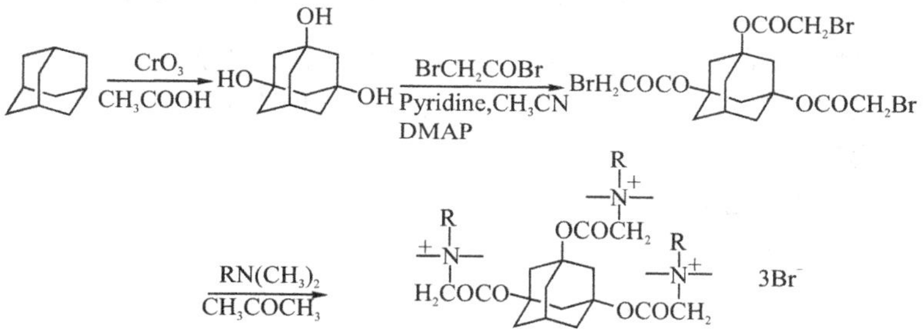

CrO_3　CH_3COOH　HO OH OH　$BrCH_2COBr$　Pyridine,CH_3CN　DMAP　BrH_2COCO　$OCOCH_2Br$　$OCOCH_2Br$

$RN(CH_3)_2$　CH_3COCH_3　R　R　R　H_2COCO　$OCOCH_2$　$OCOCH_2$　$OCOCH_2$　$3Br^-$

图 1-7　金刚烷连接基团季铵盐阳离子三聚表面活性剂合成路线

(3)先合成一端的亲水头基和疏水链,引入连接基团再接上中间的亲水头基和疏水链。

Laschewsky 等报道合成的直链烯基型季铵盐三聚表面活性剂即是先通过 1,4－二氯－2－丁烯与叔胺反应生成一端是单链表面活性剂,另一端是卤代烃的中间体,再与仲胺发生两次取代反应生成目标产物(见图 1-8)。

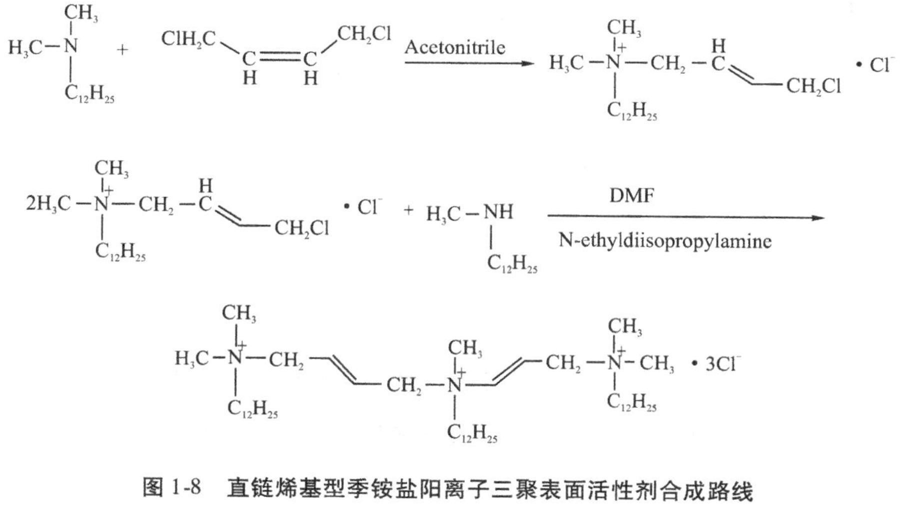

CH_3　$H_3C—N$　$C_{12}H_{25}$　+　ClH_2C　$C=C$　H H　CH_2Cl　Acetonitrile　CH_3　$H_3C—\overset{+}{N}—CH_2—\overset{H}{C}=$　CH_2Cl · Cl^-　$C_{12}H_{25}$

CH_3　$2H_3C—\overset{+}{N}—CH_2—\overset{H}{C}=$　CH_2Cl · Cl^-　$C_{12}H_{25}$　+　$H_3C—NH$　$C_{12}H_{25}$　DMF　N-ethyldiisopropylamine

CH_3　$H_3C—\overset{+}{N}—CH_2$　$C_{12}H_{25}$　CH_3　$CH_2—\overset{+}{N}$　$C_{12}H_{25}$　CH_3　$CH_2—\overset{+}{N}—CH_3$　$C_{12}H_{25}$ · $3Cl^-$

图 1-8　直链烯基型季铵盐阳离子三聚表面活性剂合成路线

(4)先合成中间的亲水头基和疏水链,引入连接基团后再接上两端的亲水头基和疏水链。

Joanna 等合成了连接基团为羟丙基的阳离子型三聚表面活性剂。其合成路线如图 1-9所示。先通过单链季铵盐与环氧氯丙烷反应生成中间的亲水头基和疏水链,同时引进了尾端结构为卤代烃的活性基团,可继续与叔胺进行季铵化反应,连上两端的亲水头基和疏水链,得到相应三聚表面活性剂。

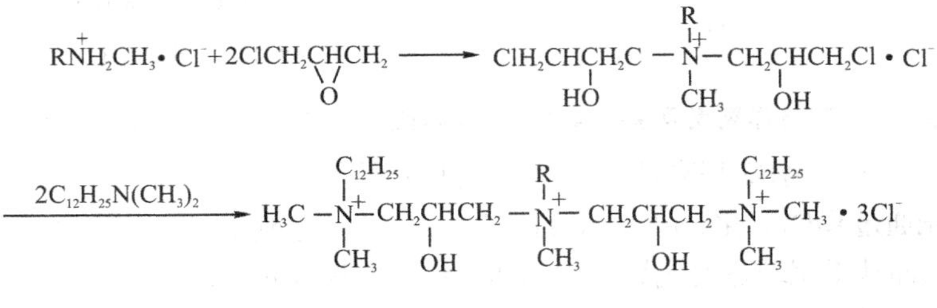

$$R\overset{+}{N}H_2CH_3\cdot Cl^- + 2ClCH_2\underset{O}{CHCH_2} \longrightarrow ClH_2CCH(OH)CH_2-\overset{+}{N}(R)(CH_3)-CH_2CH(OH)CH_2Cl\cdot Cl^-$$

$$\xrightarrow{2C_{12}H_{25}N(CH_3)_2} H_3C-\overset{+}{N}(C_{12}H_{25})(CH_3)-CH_2CH(OH)CH_2-\overset{+}{N}(R)(CH_3)-CH_2CH(OH)CH_2-\overset{+}{N}(C_{12}H_{25})(CH_3)-CH_3\cdot 3Cl^-$$

图 1-9　羟丙基季铵盐阳离子三聚表面活性剂合成路线

以上阳离子型三聚表面活性剂的合成路线看似并不很复杂,提供合适的可季铵化的活性连接基团,只需一两步反应便可以得到目标产物,但在实际操作中,却比较耗时、烦琐,不易于大规模生产,目前仅仅局限于实验室少量合成。

1.2.2　阴离子型三聚表面活性剂的合成

阴离子型三聚表面活性剂数量相较于阳离子型三聚表面活性剂少很多,仅有少量磺酸盐和羧酸盐类三聚表面活性剂。合成路线主要分为两种:①连接基团先将三个疏水链连接起来,再接上亲水头基(见图 1-10);②连接基团直接与双亲单体发生取代反应生成目标产物(见图 1-11)。

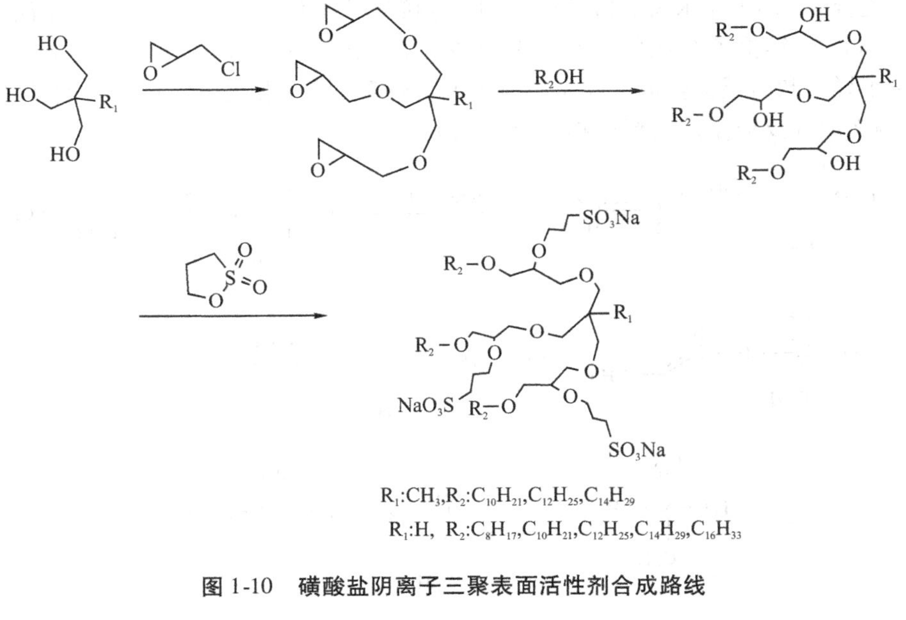

R_1:CH_3,R_2:$C_{10}H_{21}$,$C_{12}H_{25}$,$C_{14}H_{29}$

R_1:H, R_2:C_8H_{17},$C_{10}H_{21}$,$C_{12}H_{25}$,$C_{14}H_{29}$,$C_{16}H_{33}$

图 1-10　磺酸盐阴离子三聚表面活性剂合成路线

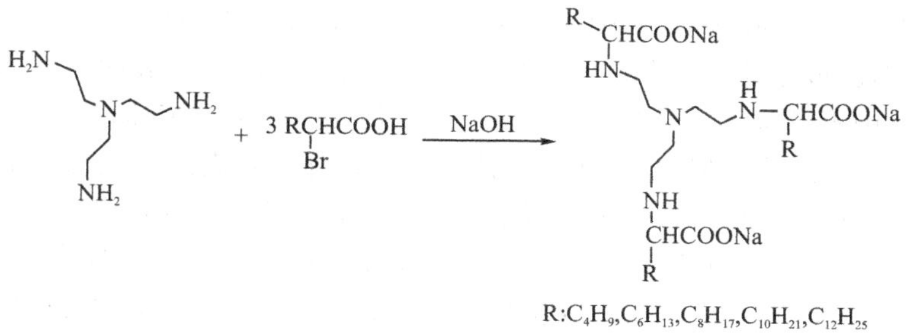

$H_2N(CH_2)_2N[(CH_2)_2NH_2]_2$ + 3 RCH(Br)COOH $\xrightarrow{NaOH}$ $N[(CH_2)_2NHCH(R)COONa]_3$

R: C_4H_9, C_6H_{13}, C_8H_{17}, $C_{10}H_{21}$, $C_{12}H_{25}$

图 1-11　羧酸盐阴离子三聚表面活性剂合成路线

1.2.3　非离子型三聚表面活性剂的合成

非离子型三聚表面活性剂的亲水头基主要为醇醚结构，生物相容性好。主要合成方法是先合成连接链上有羟基或者卤代烃的中间体，然后与环氧乙烷或者聚乙二醇反应生成醇醚结构的亲水头基，代表合成路线如图 1-12 和图 1-13 所示。

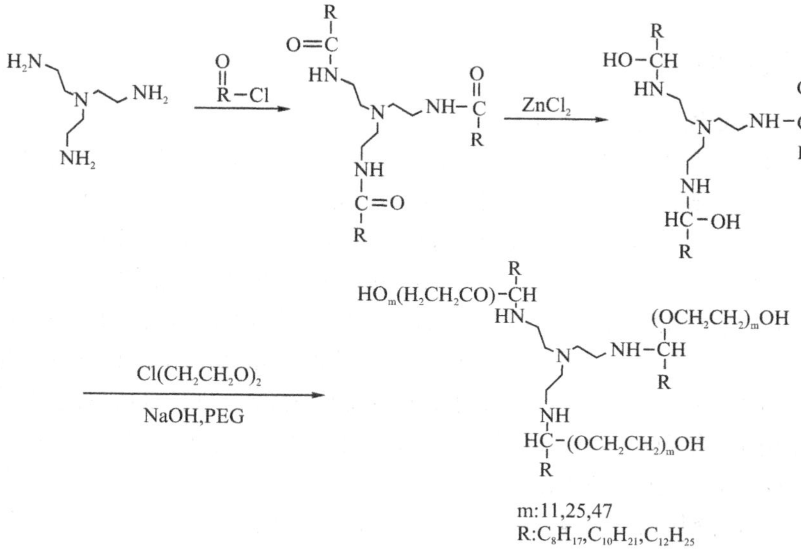

$H_2N(CH_2)_2N[(CH_2)_2NH_2]_2$ $\xrightarrow{R-C(=O)-Cl}$ $N[(CH_2)_2NH-C(=O)-R]_3$ $\xrightarrow{ZnCl_2}$ $N[(CH_2)_2NH-CH(OH)-R]_3$

$\xrightarrow[NaOH,PEG]{Cl(CH_2CH_2O)_2}$ $N[(CH_2)_2NH-CH(R)-(OCH_2CH_2)_mOH]_3$

m: 11, 25, 47

R: C_8H_{17}, $C_{10}H_{21}$, $C_{12}H_{25}$

图 1-12　非离子三聚表面活性剂合成路线

4-C_9H_{19}-苯酚 + 2HCHO $\xrightarrow{NaOH}$ 2,6-二(羟甲基)-4-C_9H_{19}-苯酚 $\xrightarrow[HO-C_6H_4-C_9H_{19}]{SO_4^{2-}/Al_2O_3}$ 三聚壬基酚(OH) $\xrightarrow[环氧乙烷]{KOH}$ 三聚壬基酚(OR)

R: $(CH_2CH_2O)mH$, m: 4, 7, 10, 15, 20, 30

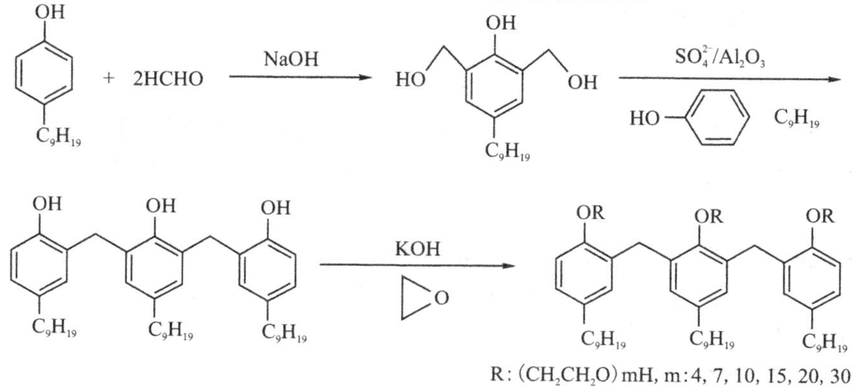

图 1-13　壬基酚非离子三聚表面活性剂合成路线

综合以上三聚表面活性剂的种类和代表合成路线，虽然合成路线与 Gemini 表面活性剂比较相似，但已报道的三聚表面活性剂的数量大大少于 Gemini 表面活性剂。主要原因在于反应过程中不可避免地会产生副产物杂质，尤其是产生二聚体（三个反应位置只有两个反应位置参与反应）杂质。由于二聚体杂质与目标三聚表面活性剂在结构性质上比较相近，二者的分离较难解决，严重阻碍了新型三聚表面活性剂的合成研究工作。

目前，可以通过两种方法来解决这一难题：①使用高活性反应来提高反应产率，尽量避免较多二聚体杂质的生成，例如，在阳离子三聚表面活性剂的合成中可以使用反应活性较高的溴代或碘代原料，三聚表面活性剂的产率会比较高，并且通过离子交换可以比较简单地变换抗衡离子；②尝试多种分离方法，主要包括重结晶和柱色谱。筛选合适的重结晶混合溶剂（通常采用的溶剂有乙酸乙酯、乙醇、甲醇、丙酮、乙醚等）和柱色谱所用填料（一般为正相、反相硅胶和氧化铝色谱柱）及淋洗剂尤为重要，其中选择合适的淋洗剂难度较大。一般分离方法首选重结晶，如果某些三聚表面活性剂很难重结晶，则可以考虑柱色谱分离的方法。

1.3　三聚表面活性剂的性质研究

1.3.1　三聚表面活性剂在气/液界面上的吸附

物质在界面上富集的现象叫作吸附。表面活性剂的很多实际应用，包括乳化、发泡、分散等都与其在界面上的吸附有关。表面活性剂是两亲分子，容易吸附在气/液（一般为水）界面上，从而引起水的表面张力降低。表面活性剂能把水的表面张力降到的最低值（大致等于临界胶团浓度时的表面张力 γ_{cmc}）与其在界面上的吸附行为密切相关，吸附的表面活性剂分子越多，排列越紧密，γ_{cmc} 就越低。由于连接基团的拉近效果，削弱了亲水头基的相互排斥作用，三个亲水头基间距和三个碳链间距缩短，从而使疏水链之间的相互作用增强，疏水链相互间排列更紧密，三聚表面活性剂能够更有效地吸附在水的表面，降低水的表面张力，这也是导致三聚表面活性剂比相应传统单链和 Gemini 表面活性剂具有更高表面活性的根本原因。

1875 年，Gibbs 从经典的吸附热力学研究导出著名的 Gibbs 吸附公式，是整个吸附领域中极为重要的理论基础。时至今日，Gibbs 吸附公式仍然得到广泛应用，在表面活性剂物理化学研究中不可替代，也同样适用于三聚表面活性剂在空气/水界面的吸附研究。Gibbs 吸附公式的最简单形式为：

$$\Gamma_{max} = \frac{-1}{2.303nRT}\left(\frac{d\gamma}{d\lg C}\right)_T \tag{1-1}$$

式中，Γ_{max} 为极限吸附量，是一种表面过剩量；n 为常数，取决于空气/水界面吸附的组分的种类；R 为气体常数（$8.314\ J \cdot K^{-1} \cdot mol^{-1}$）；$T$ 为绝对温度；γ 为表面张力；C 为表面活性剂浓度。

Gibbs 吸附公式在计算不同类型表面活性剂的 Γ_{max} 时存在一定的差别，即 n 的取值不同，对于离子型三聚表面活性剂，文献中一般 n 取 4，认为表面活性剂在溶液中完全电离，吸附层中存在 4 个组分（1 个表面活性剂离子和 3 个抗衡离子）；而对于非离子型三聚表面活性剂，n 取 1，吸附层中只存在单一组分。

由 Γ_{max} 可按下式算出极限吸附时平均每个吸附分子所占表面积 A_{min}。其中，N_A 为阿伏加德罗常数。

$$A_{min} = (N_A \Gamma_{max})^{-1} \times 10^{16} \tag{1-2}$$

离子型三聚表面活性剂在气/液界面上的吸附会受到连接基团种类、疏水链长度不同程度的影响。Yoshimura 等研究了不同疏水链长度的柔性亚甲基连接基团的季铵盐三聚表面活性剂 m－2－m－2－m（m 为疏水链碳原子数，取 8、10、12；见图 1-2 中化学结构式 1）在空气/水界面的吸附行为，发现 10－2－10－2－10 的 γ_{cmc} 为 25.8 mN/m，远低于 8－2－8－2－8 和 12－2－12－2－12 的 γ_{cmc} 值，通过 Gibbs 吸附公式计算得到的 A_{min} 也证实了 10－2－10－2－10在界面上排列更加紧密。而在研究不同疏水链长度的星形连接基团的三聚表面活性剂 $3C_n$trisQ（n 取 8、10、12、14；见图 1-2 中化学结构式 14）的吸附时，发现除 $3C_8$trisQ（疏水链太短，不能形成胶束）外，A_{min} 随疏水链长变化不大，γ_{cmc} 均在 32 mN/m 左右，比相应单链表面活性剂低。Yoshimura 认为星形三聚表面活性剂多疏水链之间的相互作用克服了多离子头基之间的静电排斥，导致疏水链被拉近，表面活性剂分子能够定向紧密吸附在界面，有效降低表面张力。Murguía 等在研究醇与环氧氯丙烷缩合物型连接基团的季铵盐表面活性剂时发现，γ_{cmc} 均在 34 mN/m 左右，A_{min} 基本不随疏水链长变化。Laschewsky 等研究了连接基团为烯基和含苯基刚性结构的季铵盐三聚表面活性剂（见图 1-2 中化学结构式 3、4、5），发现它们的 γ_{cmc} 均在 40 mN/m 左右，与相应单链、Gemini 表面活性剂相当，而高于相同疏水链长的亚甲基连接基团三聚表面活性剂。这说明烯基和苯基刚性结构不利于三聚表面活性剂在界面上紧密排列，导致较大的 A_{min} 和 γ_{cmc}。

非离子型三聚表面活性剂在气/液界面上的吸附受亲水基的影响较大，而仅受疏水链微弱的影响。Yang 等研究了不同 $(CH_2CH_2O)_mH$（m 代表氧乙烯聚集数）型亲水基链长和不同疏水链长度的非离子三聚表面活性剂（见图 1-4 中化学结构式 3），发现当疏水链不变时，其 γ_{cmc} 随 m 增大而增大，而 A_{min} 减小；当 m 不变时，随疏水链变长，γ_{cmc} 和 A_{min} 都增大，但变化幅度特别小。这是由于当 m 增大时，亲水基间相互作用增强，拉近了三个单体的距离，使表面活性剂分子排列更紧密，A_{min} 减小，而同时由于疏水性降低，一部分疏水链进入水相，γ_{cmc} 增大；当疏水链变长时，疏水性增强，胶团化倾向增强，极限吸附量降低，A_{min} 增大，γ_{cmc} 也增大。此外，Yang 还发现此类表面活性剂的 A_{min} 的 1/3（每个单体平均所占的面积）要比相应单链表面活性剂低得多，推测其在界面上的排列不是肩并肩的，而是立体交错的，如图 1-14 所示。

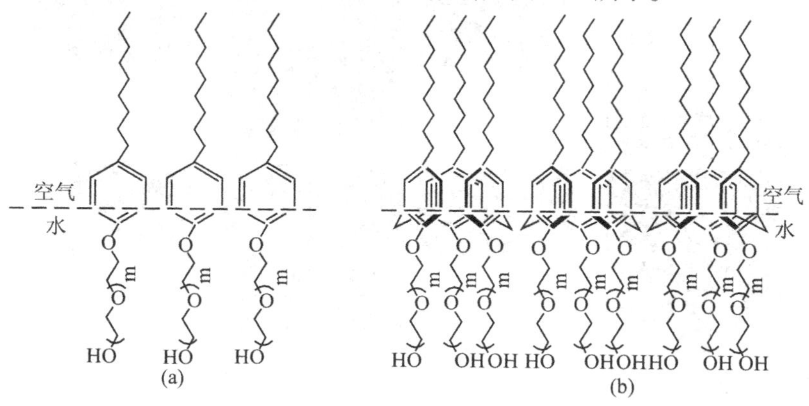

图 1-14　单链和三聚非离子表面活性剂排列方式

1.3.2 三聚表面活性剂在固/液界面上的吸附

表面活性剂在固/液界面上的吸附能引起界面自由能变化和形成吸附层，赋予体系新的特性和应用性能，如固体表面润湿性的双向调节、固体质点在液体中的分散性改善、表面加溶、电化学性质和催化效应、纳米器件模板。其吸附机制包括离子交换吸附、离子对吸附、氢键形成吸附、π 电子极化吸附和色散力吸附。相比于单链和 Gemini 表面活性剂，三聚表面活性剂头基电荷密度更大，理论上更易吸附在固/液界面上。目前，三聚表面活性剂在固/液界面上的吸附研究较少，仍需更多的探索。

Martin 等通过测试吸附量研究了线形 12 - s - 12 - s - 12 · 3Br⁻（s 为亚甲基连接基团碳原子数，取 3、6）三聚表面活性剂在二氧化硅/水界面上的吸附行为，发现它们在很高浓度时才能达到饱和吸附，并将测试结果与 Manne 等的研究对比，推测 12 - 3 - 12 - 3 - 12 · 3Br⁻ 在二氧化硅上形成双分子层，而 12 - 6 - 12 - 6 - 12 · 3Br⁻ 形成棒状胶束，吸附聚集体曲率随着连接基团长度增加而升高，与相应 Gemini 表面活性剂类似。由 Gibbs 吸附公式计算得到的 A_{min} 表明此类线形三聚表面活性剂在二氧化硅上的排列紧密程度远低于其空气/水界面的排列，推测此类三聚表面活性剂在二氧化硅/水界面的吸附机制是色散力吸附。

王毅琳小组通过原子力显微镜（AFM）和 X 射线光电子能谱（XPS）详细研究了 DTAD（见图 1-2 中化学结构式 7）三聚表面活性剂在云母表面上的吸附特性，发现在云母表面上 DTAD 能形成高度有序的双分子层聚集体形态，如图 1-15 所示。在低浓度时，DTAD 在云母表面呈现连续和断断续续的岛屿状聚集体；随着浓度的增加，平行的条状聚集体逐渐形成且不断变长变宽；浓度到达 10 mM 时，整个区域基本由条状聚集体构成；当浓度增加到 20 mM 时，条状聚集体长度超过 2 μm、宽度超过 100 nm，并且聚集体表面很光滑。截面分析表明，聚集体的厚度将近 2 倍于 CPK 精确分子模型计算的表面活性剂分子的长度，因此推测条状聚集体为双分子层结构，其可能的吸附模型见图 1-16。由于头基间距与三个云母晶格节点距离匹配，DTAD 分子三个正电头基均与云母表面补偿电荷 K^+ 进行电荷交换，通过静电吸引作用吸附在带负电的云母表面上。接着，被吸附的 DTAD 分子一方面通过疏水链吸引其他 DTAD 分子聚集，形成双分子层；另一方面通过分子间氢键作用吸引 DTAD 分子按锯齿形吸附在云母表面，促进了双分子层的定向生长。此外，在二氧化硅表面上，DTAD 呈无规则双分子层分布。

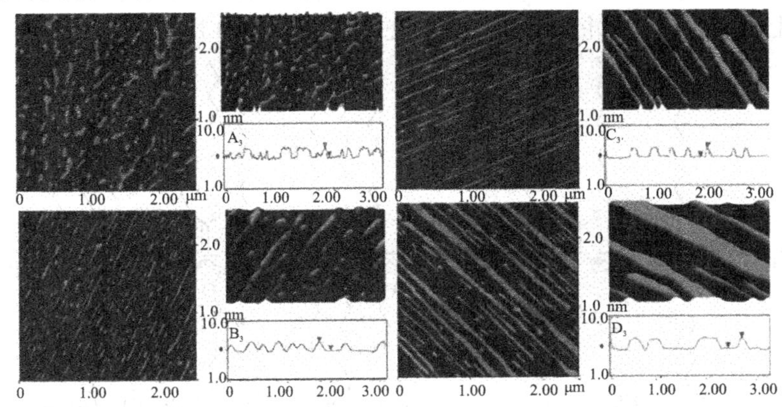

图 1-15 不同浓度的 DTAD 在云母表面吸附聚集体形态的 AFM 高度图（2.5 μm × 2.5 μm）、三维图（625 nm × 625 nm）和相应截面分析：（A_{1-3}）0.08 mM，（B_{1-3}）2 mM，（C_{1-3}）10 mM，（D_{1-3}）20 mM

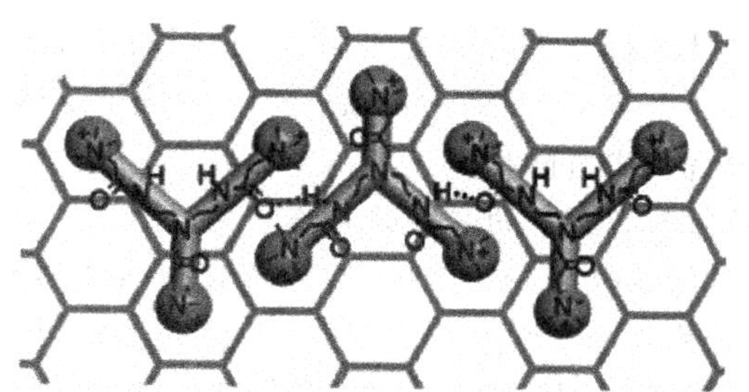

(a) DTAD在云母表面可能的排布方式(六边形网格代表云母晶格，球代表亲水头基)

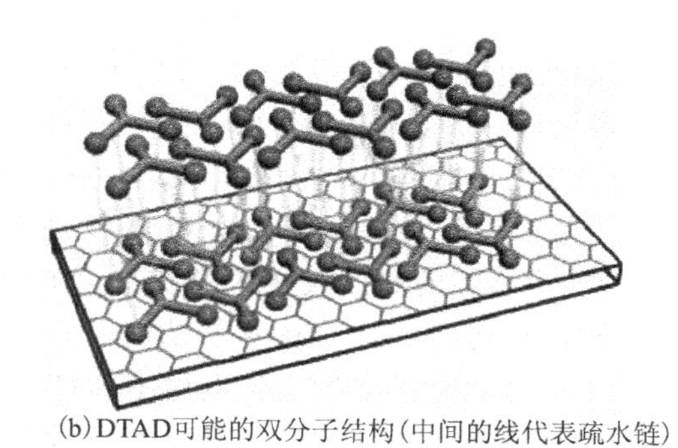

(b) DTAD可能的双分子结构(中间的线代表疏水链)

图 1-16 DTAD 可能的吸附模型

由此可见,三聚表面活性剂在固/液界面上的吸附行为不仅与本身的性质结构相关,与固体表面性质也密切关联。在固体表面形成有序稳定的吸附层需要两个条件:①表面活性剂分子的几何构型与固体表面晶体结构相匹配;②表面活性剂分子间相互作用强,包括疏水作用、氢键作用和 π－π 堆积作用。

1.3.3 三聚表面活性剂在水溶液中的聚集行为

1.3.3.1 临界胶束浓度

临界胶束浓度(cmc,表面活性剂在溶液中缔结形成聚集体的最低浓度)作为表面活性剂的基本性质,是衡量表面活性剂胶团化能力的重要参数。在很多实际应用领域,它是选取表面活性剂种类和浓度的重要标准。如前所述,由于连接基团的拉近效果,亲水头基间距和碳链间距缩短,疏水链相互作用增强,三聚表面活性剂易于在极低浓度时形成胶束。从三聚表面活性剂的分子结构来考虑,亲水头基、疏水尾链和连接基团均对三聚表面活性剂的 cmc 有不同程度的影响。然而由于合成难度较大,目前合成的三聚表面活性剂同系物主要是疏水尾链长度的差异。

三聚表面活性剂 cmc 的大小与疏水尾链的长度息息相关,对于离子型单链表面活性剂,其 cmc 通常随疏水链长度的增加而降低,这个规律适用于大部分离子型三聚表面活性剂。随着疏水链长度的增加,三聚表面活性剂疏水链间的相互作用增强,有利于形成胶束,导致 cmc 降低。研究发现,部分离子型三聚表面活性剂的 cmc 与单个疏水链碳原子数或者三个疏水链碳原子总数成正比。但对于某些特殊种类连接基团的三聚表面活性剂,它们的 cmc 却随着疏水链的增长而增加。Sumida 等合成的以甘油或 2－甲基甘油为连接基团的三聚表面活性剂(见图 1-3 中化学结构式 4、5、6)呈现这一反常现象,推测是由于三羟甲基乙烷骨架结构不利于表面活性剂分子聚集在一起。对于非离子单链表面活性剂，增加疏水链碳原子数引起 cmc 下降的程度较大，一般每增加两个碳原子，cmc 下降至原来的 1/10，而对于非离子三聚表面活性剂（见图 1-3 中化学结构式 2、3），即使疏水链长度增加很多，其 cmc 仅表现出少许降低。

1.3.3.2　三聚表面活性剂在水溶液中的聚集体形态

三聚表面活性剂具有极低的临界胶束浓度，比传统表面活性剂更易在水溶液中自聚。随着分子结构（连接基团、疏水尾链）和浓度的变化，三聚表面活性剂在水溶液中可以形成多种有序聚集体，如球形胶束、棒状胶束、分枝线状胶束、囊泡等。这些聚集体在减阻剂、生物学模拟、介孔材料模板、纳米材料模板、相转移催化剂等方面有重要用途。

Zana 等在研究线形三聚表面活性剂 12 - 3 - 12 - 3 - 12 · $3Br^-$ 的聚集行为时就发现其浓度在 9 mM 时的胶团聚集数可以达到 140（以疏水尾链数目计）且水溶液的黏度明显增大，推测这种聚集体不是球形胶束，可能是某种细长的胶束。在后续研究中，Zana 等通过冷冻透射电镜（cryo - TEM）清楚观察到分枝蠕虫状胶束，并发现当亚甲基连接基团增加到 6 个碳原子时，却只能形成曲率更高的球形或类球状胶束，如图 1-17 所示。此外，当三聚表面活性剂的连接基团为刚性结构（见图 1-2 中化学结构式 3、4、5）时，Laschewsky 等发现即使表面活性剂浓度高达 3%，水溶液的黏度变化也很小，而且动态光散射测试只能观察到 2 nm 左右的聚集体。这说明刚性结构不利于三聚表面活性剂分子聚集。

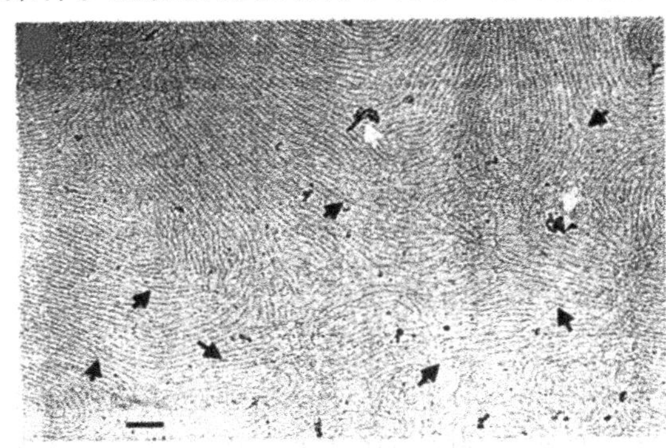

(a) 12-3-12-3-12·$3Br^-$,浓度1. 5%, bar=100 nm

(b) 12-6-12-6-12·$3Br^-$,浓度1%, bar=50 nm

图 1-17　三聚表面活性剂冷冻透射电镜图

(a) $3C_{12}$trisQ,浓度13. 9 mM (100 cmc), bar=100 nm

(b) $3C_{12}$trisQ,浓度27. 8 mM (200 cmc), bar=100 nm

(c) $3C_{14}$trisQ,浓度0. 324 mM (50 cmc), bar=200 nm

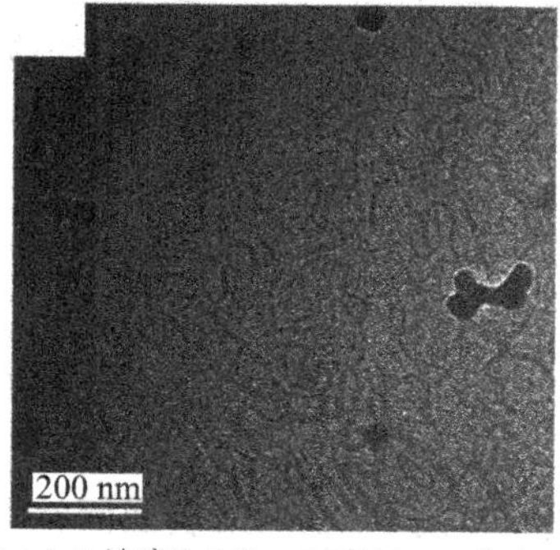

(d) $3C_{14}$trisQ,浓度0. 648 mM (100 cmc), bar=200 nm

图 1-18　三聚表面活性剂冷冻透射电镜图

除了连接基团外，疏水尾链的长度和表面活性剂的浓度也会影响三聚表面活性剂在水溶液中的聚集体形态。Yoshimura 等通过黏度剪切测试、小角度中子散射（SANS）和 cryo－TEM 研究了不同疏水尾链长度的星形三聚表面活性剂 $3C_n$trisQ（见图 1-2 中化学结构式 16）在水中的聚集行为。结果显示：$3C_{10}$trisQ 形成球形或类球状胶束；$3C_{14}$trisQ 形成分枝线状胶束；$3C_{12}$trisQ 的聚集体形态随浓度增大而变化，在 25 倍 cmc 浓度时，聚集体为球形或椭球形胶束，在 100 倍 cmc 时，聚集体为分枝线状胶束。此外，从 $3C_{12}$trisQ 和 $3C_{14}$trisQ的冷冻透射电镜图（见图 1-18）可以清楚地观察到线状胶束会随着浓度的增加而变长。

随着计算机科学的发展，分子模拟技术也被广泛应用到表面活性剂在水溶液中聚集体行为的研究中。相比于其他方法，分子模拟能够演算聚集体形成的整个具体过程，有助于人们对聚集体微结构变化的理解。Hoogerbrugge 等和 Groot 等引进了耗散颗粒动力学方法，允许模拟复杂体系的水动力学且模拟时间可以延长到微秒级别。Wu 等利用这一方法研究了单链、Gemini 和三聚表面活性剂的胶束形状、尺寸和扩散系数随浓度变化的演变过程，从分子水平解释了某些三聚表面活性剂聚集体形态独特变化的原因。

1.3.4　三聚表面活性剂的应用性质

目前，三聚表面活性剂的研究主要还停留在实验室合成、界面和体相基础性质研究阶段，对其应用性质的探索还比较少，已报道涉及的应用性质包括以下几种：

（1）乳化性。Yoshimura 等测试了一类羧酸盐三聚表面活性剂（见图 1-4 中化学结构式 2）在水/甲苯体系中的乳化性，发现该类三聚表面活性剂能在浓度为 25 mM 时形成油包水型的乳状液，而同等浓度的十二烷基磺酸钠（SDS）不能形成乳化；其乳化稳定性随着疏水尾链的变长而减弱，当尾链碳原子数为 8 时，高度乳化可以保持 25 h。Manar 等研究了一系列非离子三聚表面活性剂（见图 1-4 中化学结构式 4）在水/原油体系中的乳化性，发现非离子三聚表面活性剂能在浓度为 300 ppm（10^{-6}）时形成水包油的乳状液且乳化比例最低为 50%。此外，该系列非离子表面活性剂的乳化稳定性基本不随聚氧乙烯醚亲水基链长和疏水链长度变化，均可以达到 24 h 不破乳。

（2）抗静电性。Węgrzyńska 等研究了季铵盐三聚表面活性剂（见图 1-2 中化学结构式 2，中间疏水链碳原子数为 6）在聚乙烯膜和聚丙烯无纺布上的抗静电性能，发现此类表面活性剂具有极优异的抗静电能力，能大大降低静电电压（聚乙烯膜从 950 V 降低到 200 V，聚丙烯无纺布从 950 V 降低到 10 V）、表面电阻（聚乙烯膜降低到原来的千万分之一，聚丙烯无纺布降低到原来的百万分之一）和静电半衰期（聚乙烯膜和聚丙烯无纺布从大于 600 s 分别降低到 0.2 s 和 0 s）。

（3）抗菌性。Murguía 等首次研究了阳离子和非离子三聚表面活性剂（分别见图 1-2 中化学结构式 12 和图 1-4 中化学结构式 2）对不同细菌的抗性，发现三聚表面活性剂对革兰氏阳性菌抗性最强；阳离子表面活性剂比非离子表面活性剂抗性强；疏水链越长，抗菌性越强。

（4）复配性能。Yoshimura 等研究了线形三聚表面活性剂（见图 1-2 中化学结构式 1）与癸基磺酸钠（SOS）的复配，发现复配体系能够更有效地降低表面张力且混合胶束浓度大大降低。

(5)催化增强效应。Fu 等探索了环形阳离子三聚表面活性剂(见图1-2中化学结构式14)在高碳烯烃的两相氢甲酰化反应中的催化增强效应,发现此类三聚表面活性剂不仅能减少催化剂配体三磺化三苯基膦(TPPTS)的用量,而且能使反应更有选择性地进行,降低了合成气的压力。

鉴于三聚表面活性剂优异的界面和体相性质,其尚有许多应用性质未被发掘。根据单链和 Gemini 表面活性剂的应用情况,三聚表面活性剂必有更广阔的应用前景。

1.4 表面活性剂与水溶性大分子的相互作用研究

表面活性剂可以与水溶性大分子相互作用,形成复合物,往往能够大大改善表面活性剂或水溶性大分子的性能。因此,在实际应用中,表面活性剂经常与水溶性大分子一起复配使用。在胶片的生产过程中,表面活性剂是照相乳剂主要成分明胶中的重要助剂。制备乳状液时,经常需要表面活性剂与高分子物一起作为乳化剂。在洗涤剂、药物、化妆品、涂料等生产中,表面活性剂—高分子混合体系也有着非常广泛的应用。在生物、生理过程中更是有很多至今尚未了解清楚的生物高分子与表面活性剂相互作用的问题。所以,对表面活性剂与水溶性大分子之间相互作用的研究是多年来的热点研究课题。

水溶性大分子按来源通常分为三大类:①天然水溶性大分子,以天然动植物为原料提取获得;②化学改性天然聚合物;③合成聚合物,按荷电性质分为非离子、阳离子、阴离子和两性离子高分子,其中后三类又被称为聚电解质。以下将重点介绍表面活性剂分别与天然水溶性大分子——蛋白质及合成聚合物——水溶性荧光共轭聚合物的相互作用。

1.4.1 表面活性剂与蛋白质的相互作用

蛋白质是细胞的重要成分,是生命的物质基础,在细胞和生物体各种形式的生命活动中起着极其重要的作用。它的基本结构单元是氨基酸,在蛋白质中出现的氨基酸总共有20种。氨基酸以肽键彼此连接成肽链,随着氨基酸分子数目、排列次序、肽链数目及空间结构的不同,形成的蛋白质具有复杂的结构。其结构可以分为:一级结构,构成蛋白质多肽链的氨基酸残基的排列次序;二级结构,多肽链主链原子的局部空间排列;三级结构,蛋白质分子所有原子的空间排布;四级结构,蛋白质亚基和亚基之间的立体排布和相互作用。

表面活性剂与蛋白质的相互作用可以追溯到20世纪初人们对天然大分子蛋白质和天然脂类聚集的研究。20世纪40~50年代起蛋白质和合成表面活性剂体系的相互作用得到了广泛的研究,表面活性剂和蛋白质混合体系涉及许多广泛而重要的应用领域,例如一些食品配方中常常要加入表面活性剂和蛋白质;在化妆品行业中必须考虑表面活性剂对皮肤角质蛋白的刺激作用;在制药和照相领域表面活性剂和凝胶的相互作用尤为重要;洗涤剂中常常要加入酶来提高洗涤效果;借助表面活性剂提取和纯化蛋白;利用 SDS-聚丙烯酰胺凝胶电泳确定蛋白质分子量(相对分子质量);微乳液的酶催化等。随着科学技术的发展,其研究方法也多样化,大致可以分为三类:①测试体系宏观性质的变化,如表面张力法、平衡渗析法、电导法、黏度法、离子选择电极、量热法等;②测量试样分子相互作用中环境的变化,如核磁共振法(NMR)、电子顺磁共振法(EPR)、荧光光谱法、Zeta 电位法、光散射法等;③测定试样分子精细结构变化,如圆二色谱法、小角中子散射法(SANS)、X

射线小角散射法(SAXS)、原子力显微镜(AFM)、扫描近场光学显微镜(SNOM)、Brewster角显微镜等。

离子型表面活性剂能够通过多种物理化学作用与蛋白质结合,其离子头基可以通过静电吸引作用结合在带相反电荷的蛋白质基团上,疏水尾链通过疏水作用与蛋白质的非极性区域结合;非离子表面活性剂则主要通过疏水作用与蛋白质的非极性区域结合,如图1-19所示。目前,表面活性剂和蛋白质的相互作用研究主要集中在体相性质和界面性质的研究。

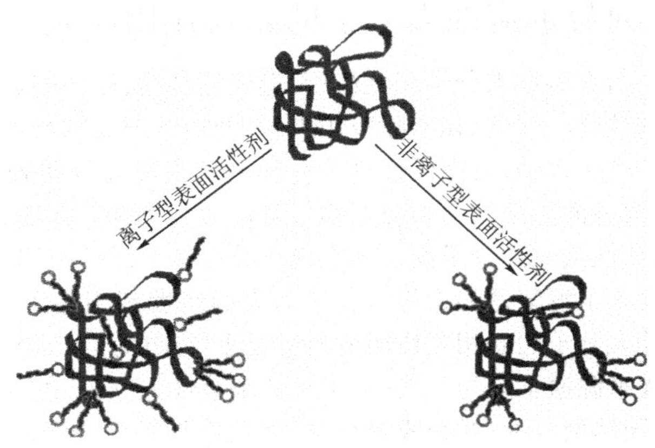

图1-19　离子型和非离子型表面活性剂与蛋白质相互作用示意图

Li等研究了阳离子Gemini表面活性剂 $C_{12}-s-C_{12}\cdot 2Br^-$(s为连接基团碳原子,取3、6、12)和相应单链表面活性剂DTAB与BSA的相互作用。实验结果显示:Gemini表面活性剂与BSA的结合能力要强于DTAB;很低浓度的 $C_{12}-s-C_{12}$ 就能引起BSA的明显变性。此外,$C_{12}-s-C_{12}$ 与蛋白质的结合机制和DTAB有所不同,DTAB只能引起BSA二级结构的展开,而 $C_{12}-s-C_{12}$ 却表现出两种相反的作用,在低浓度时,$C_{12}-s-C_{12}$ 具有稳定BSA二级结构的作用,在高浓度时,$C_{12}-s-C_{12}$ 具有破坏BSA二级结构的作用。Pi等对Gemini表面活性剂 $C_{12}-s-C_{12}\cdot 2Br^-$(s取3、4、6)及DTAB与BSA的相互作用做了进一步研究,发现 $C_{12}-s-C_{12}\cdot 2Br^-$ 与BSA的结合能力更强且随着连接链长度的增加而增强;在低浓度时,$C_{12}-s-C_{12}\cdot 2Br^-$ 主要通过静电作用特异性结合到BSA上并引起BSA的展开;在较高浓度时,BSA上所带电荷由负变正,$C_{12}-s-C_{12}\cdot 2Br^-$ 开始在展开的BSA链上形成小的聚集体,其聚集体粒径随 $C_{12}-s-C_{12}\cdot 2Br^-$ 浓度的增加先增大后减小。

Gull等探索了单链表面活性剂十六烷基溴化铵(CTAB)和Gemini表面活性剂 $C_{16}-4-C_{16}\cdot 2Br^-$ 与BSA的相互作用,发现CTAB只有在较高的浓度时才能展开BSA,而 $C_{16}-4-C_{16}\cdot 2Br^-$ 在较低的浓度时就可以使BSA结构展开且在较高的浓度时能使BSA再折叠(复性)。这归因于Gemini表面活性剂的双离子头基和双疏水链与BSA的较强的静电和疏水作用。Gemini表面活性剂的复性作用通过人工分子伴侣方法可以用来重组蛋白,这在药物载体领域有重要的意义。

Faustino等报道了胱氨酸类Gemini表面活性剂和相应的单链表面活性剂与BSA的

相互作用,系统研究了 pH、温度和表面活性剂构型对混合体系相互作用的影响。结果表明:单链表面活性剂比胱氨酸类 Gemini 表面活性剂有更强的与 BSA 结合能力,但其与 BSA 饱和结合时的质量只有 Gemini 表面活性剂的一半;pH 升高和温度降低均有利于 Gemini 表面活性剂与 BSA 的结合;L 型 Gemini 表面活性剂与 BSA 的结合能力比 D 型强,外消旋型 Gemini 表面活性剂与 BSA 的相互作用最弱。Guo 等研究了谷氨酸类 Gemini 表面活性剂和相应的单链表面活性剂与血红蛋白(Hb)的相互作用,发现谷氨酸类 Gemini 表面活性剂与 Hb 的结合能力也要弱于单链表面活性剂;在浓度较低时,Gemini 表面活性剂具有稳定 Hb 二级结构的作用。

Mackie 等研究非离子表面活性剂 Tween20 与无规卷曲蛋白 β-酪蛋白、球形蛋白 β-乳球蛋白和 α-乳白蛋白在空气/水界面的竞争吸附时,发现表面活性剂取代界面吸附蛋白质不是简单置换,而是表面活性剂分子先吸附到界面蛋白质凝胶似网状结构中的空隙位置,然后围绕成核位点生长并压缩蛋白质网状结构,使蛋白质界面膜逐渐弯曲,最终过高的表面压导致蛋白质膜破裂,蛋白质分子开始从界面解吸,表面活性剂分子取代蛋白质吸附在界面上,此即著名的"山岳形成"机制。

Gunning 等研究了 β-酪蛋白与 β-乳球蛋白在气/液界面上被离子型表面活性剂 CTAB、SDS、十二酰溶血软磷脂和非离子表面活性剂 Tween20、Tween60 置换的过程。实验结果表明,离子型表面活性剂单位界面面积所包含的微区平均数目是非离子表面活性剂的 2.5~3 倍,其置换机制主要是微区的成核且伴随少量微区的生长,而非离子表面活性剂的置换不仅包括微区的成核,还包括微区的生长。

表面活性剂与蛋白质结合可以稳定或改变蛋白质的结构,取决于表面活性剂的种类、浓度和环境状况。蛋白质分子结构的变化会影响蛋白质与其他分子的结合、自组装和界面性质的变化,从而引起其功能特征的变化。因此,研究表面活性剂与蛋白质的相互作用是非常重要的。

1.4.2 表面活性剂与水溶性荧光共轭聚合物的相互作用

荧光共轭聚合物是一类具有 $\pi-\pi^*$ 共轭离域电子结构的线性高分子聚合物。一般按其溶解性可以分为脂溶性和水溶性两类。脂溶性聚合物主要包括聚乙炔(PA)、聚苯撑(PPP)、聚苯撑乙烯(PPV)及聚苯撑乙炔(PPE)。水溶性聚合物是在脂溶性聚合物的基础上,通过在其侧链连接各种类型的亲水性离子型基团而得到的。离子型官能团包括季铵盐、羧酸根、磺酸根、磷酸根等。

自 20 世纪 90 年代中期,Swager 等首次报道了荧光共轭聚合物 $\pi-\pi^*$ 共轭的分子导线结构能够有效地放大荧光响应信号,即分子导线效应。所谓分子导线效应,是指受光子激发产生的激发子可以沿着聚合物的主链自由迁移,其中任何一个发色官能团与分析物作用时,就会促使主链上其他发色团出现相同的效应,从而产生一种集体效应。对于荧光小分子,一个猝灭剂分子只能猝灭与之结合的小分子的荧光,猝灭效率较低。而对于荧光共轭聚合物,如图 1-20 所示,光致激发子可以在荧光共轭聚合物主链上自由迁移,在没有猝灭剂分子存在时,激发子经辐射方式激发,产生荧光发射;当猝灭剂分子与聚合物链上任何一个位点作用时,不仅该位点的荧光性质会发生变化,其他位点的激发子迁移到该位点时,荧光性质也会改变,即一个猝灭剂分子可能导致整个聚合物分子的荧光被猝灭,从而显著地放大荧光响应信号。因此,荧光共轭聚合物被广泛用于生物化学传感器领域,检测小分子、金属离子、生物大分子(蛋白质、抗体和核酸)等。

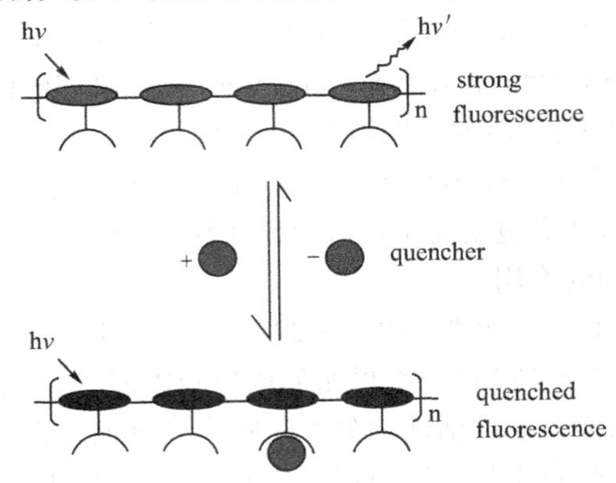

图 1-20 荧光共轭聚合物的分子导线效应原理示意图

相对于水溶性较差的脂溶性共轭聚合物,水溶性共轭聚合物在传感器领域具有更重要的研究价值。但是,由于疏水性共轭骨架的存在,水溶性聚合物易于在水溶液中自聚,从而大大降低荧光量子产率和检测灵敏度。2000 年,Whitten 小组率先报道表面活性剂可以与共轭聚合物形成复合物,改变聚合物在水中的几何构型,并可以大幅提高其荧光量子产率。随后,Lavigne 等在非离子表面活性剂与水溶性糖基取代 PPV 相互作用的研究中也发现了这一现象,并将其命名为"surfactochromicity"。其后的大量研究表明,不同类型的表面活性剂与共轭聚合物的相互作用有所不同。在低浓度时,离子型表面活性剂亲水头基通过静电吸引作用与带相反电荷的聚合物侧链离子头基结合引起聚合物的聚集,导致聚合物荧光量子产率降低,而非离子表面活性剂缺乏强烈的静电作用,无此现象;随着表面活性剂浓度的增加,离子型表面活性剂和非离子型表面活性剂均主要以疏水作用与聚合物形成复合物或者将聚合物包裹在胶束里,打破聚合物的聚集状态,引起聚合物光谱的蓝移和荧光量子产率的较大提高。

目前已有少量报道,这种相互作用可以用于生物化学传感器领域。Chen 等报道了一种基于咪唑啉季铵盐聚丁二炔类水溶性共轭聚合物的表面活性剂传感器,其水溶液的颜色随着荧光强度的变化而变化,不同表面活性剂与之相互作用引起的不同荧光变化会产生不同颜色变化。因此,这种传感器可以用来简便、快速地测定表面活性剂的类型。Attar 等研究了非离子表面活性剂对阳离子共轭聚合物检测 DNA 传感体系的影响,发现非离子表面活性剂减少了聚合物的自聚并屏蔽了缓冲液对聚合物的猝灭,从而提高了荧光共振能量转移(FRET)效率,进一步提高了 DNA 检测的灵敏度。此外,表面活性剂对共轭聚合物结构的影响也可以用于聚合物膜材料的改良。Treger 等通过静电自组装技术将 SDS 和季铵盐聚苯撑乙烯制备成多层薄膜,发现插入的表面活性剂能够抵消聚合物侧链的静电排斥,使聚合物骨架更平坦并增加了共轭长度,大幅度提升了薄膜对可见光(500 nm)的吸收和抗光氧化性。因此,研究表面活性剂对共轭聚合物性能的影响对共轭聚合物的广泛应用具有重要意义。

查阅大量文献发现,表面活性剂与水溶性大分子的相互作用研究主要集中于传统单链表面活性剂和一些 Gemini 表面活性剂方面，目前尚无三聚表面活性剂的相关报道。作为一类性质更优异的新型表面活性剂，三聚表面活性剂与大分子的相互作用研究能够为其在多领域的应用发展奠定坚实的基础。

1.5 本书的研究背景和研究内容

1.5.1 本书的研究背景

随着表面活性剂的应用领域不断扩大，传统表面活性剂已渐渐不能满足人们的需求，具有独特结构和诸多优良性质的低聚表面活性剂应运而生。低聚表面活性剂的研究起源于 Gemini 表面活性剂，目前关于 Gemini 表面活性剂结构和性质的研究较为系统，而对更高聚合度的三聚表面活性剂的研究相对较少，还处于探索阶段。已有的少量三聚表面活性剂报道表明，与相应的单链和 Gemini 表面活性剂相比，三聚表面活性剂具有更优异的表面活性、更低的临界胶束浓度和更丰富的自组织行为。此外，三聚表面活性剂在乳化性、抗静电性、抗菌性、复配性能和催化增强剂等方面也有优异的表现，显示出良好的应用前景。但因其分离纯化较难，已成功合成的三聚表面活性剂数量有限，严重阻碍了对其结构性能的系统研究。因此，合成新型结构的三聚表面活性剂，有助于理解三聚表面活性剂结构与性质的关系，为其应用发展奠定基础。

表面活性剂与水溶性大分子的相互作用研究由来已久，在实际应用中，经常需要考虑表面活性剂对大分子性质的影响，例如表面活性剂与天然大分子蛋白质结合可以稳定或改变蛋白质的结构，进而引起其功能特征的改变；表面活性剂与荧光共轭聚合物的相互作用会影响聚合物在水中的存在形态，改变其光谱性能。而目前尚无文献报道三聚表面活性剂与蛋白质、水溶性荧光共轭聚合物相互作用的研究，鉴于三聚表面活性剂的优异性质，探索其与蛋白质、水溶性荧光共轭聚合物的相互作用对发掘它们的潜在应用具有重要的理论意义和实际意义。

1.5.2 本书的研究内容

（1）新型季铵盐三聚表面活性剂的合成和基本分子结构表征（FT - IR，^{1}H NMR，^{13}C NMR，ESI - MS 和元素分析）。

（2）测试新型三聚表面活性剂 T_n 的化学稳定性；测定克拉夫特点；通过表面张力、电导和稳态荧光等方法研究三聚表面活性剂在空气/水界面的吸附行为、临界胶束浓度及聚集体微极性；通过动态光散射、透射电镜、核磁共振方法初步探索三聚表面活性剂水溶液中的聚集体形态。

（3）通过内源荧光光谱、同步荧光光谱、芘荧光光谱、表面张力、圆二色谱和动态光散射等方法研究不同疏水链长度的季铵盐三聚表面活性剂和牛血清蛋白的相互作用，并提出可能的相互作用模型。

（4）通过紫外可见吸收光谱、荧光光谱、表面张力和分子动力学模拟等方法研究用 4% DMSO 水溶液溶解的阳离子水溶性荧光聚合物 9，9 - 双（6′ - N，N，N - 三甲基溴化铵）己基芴 - alt - 1，4 - 苯（PFP）与季铵盐三聚表面活性剂 T_n 的相互作用，同时对比考察阴离子 Gemini 表面活性剂对 PFP 光谱性能的影响，并对它们与 PFP 的作用结果做出合理的解释。

参考文献

[1]唐善法,刘忠运,胡小冬.双子表面活性剂研究与应用[M].北京:化学工业出版社,2011.

[2]Menger F M, Littau C A. Gemini surfactants a new class of self - assembling molecules [J]. Journal of the American Chemical Society, 1993,115:10083-10090.

[3]Masuyama A, Yokota M, Zhu Y P, et al. Unique interfacial properties of a homologous series of novel triple - chain amphiphiles bearing three anionic head groups derived from 1,1,1 - tris(hydroxymethyl)ethane [J]. Journal of the Chemical Society, Chemical Communications, 1994,32:1435-1436.

[4]Jaeger D A, Brown L G. Double - chain surfactants with two carboxylate head groups that form vesicles [J]. Langmuir, 1995,12:1976-1980.

[5]Menger F M, Migulin V A. Synthesis and properties of multiarmed geminis [J]. Journal of Organic Chemistry, 1999,64:8916-8921.

[6]Shukla D, Tyagi V K. Cationic gemini surfactants: a review [J]. Journal of Oleo Science, 2006,55:381-390.

[7]Kreimeier O R, Woodstown N J. Process of preparing tertiary ethynyl carbinols and product thereby produced [P]. U. S. 02106180,1938-01-25.

[8]Bunton C A, Robinson L, Schaak J, et al. Catalysis of nucleophiphilic substitutions by micelles of dicationic detergent [J]. Journal of Organic Chemistry, 1971,36:2346-2350.

[9]Menger F M, Littau C A. Gemini - surfactants: synthesis properties [J]. Journal of the American Chemical Society, 1991,113:1451-1452.

[10]Zana R, Benerrroau M. Alkanediyl - α, ω - bis (dimethylalkylammonium bromide) surfactants [J]. Langmuir, 1991, 7:1072-1075.

[11]Zana R, Benrraou M, Rueff R. Alkanediyl - α, ω - bis (dimethylalkylammonium bromide) surfactants. 1. Effect of the spacer chain length on the critical micelle concentration and micelle ionization degree [J]. Langmuir, 1991,7:1072-1075.

[12]Alami E, Lévy H, Zana R. Alkanediyl - α, ω - bis (dimethylalkylammonium bromide) surfactants. 2. Structure of the lyotropic mesophases in the presence of water [J]. Langmuir, 1993, 21:940-944.

[13]Alami E, Beinert G, Marie P, et al. Alkanediyl - α, ω - bis (dimethylalkylammonium bromide) surfactants. 3. Behavior at the air - water interface [J]. Langmuir, 1993,9:1465-1467.

[14]Frindi M, Michels B, Levy H, et al. Alkanediyl - α, ω - bis (dimethylalkylammonium bromide) surfactants. 4. Ultrasonic absorption studies of amphiphilic exchange between micelles and bulk phase in aqueous micellar solutions [J]. Langmuir, 1994, 10:1140-1145.

[15]Danino D, Talmon Y, Zana R. Alkanediyl - α, ω - bis (dimethylalkylammonium bromide) surfactants (dimeric surfactants). 5. Aggregation and microstructure in aqueous solutions [J]. Langmuir, 1995,11:1148-1456.

[16]Zana R, Lévy H. Alkanediyl - α, ω - bis (dimethylalkylammonium bromide) surfactants (dimeric surfactants). 6. CMC of the ethanediyl - 1,2 - bis (dimethylalkylammonium bromide) series [J]. Colloid and Surfaces A: Physicochemical and Engineering Aspects, 1997,127:229-232.

[17]Zana R, In M, Levy H, et al. Alkanediyl - α, ω - bis (dimethylalkylammonium bromide) surfactants. 7. Fluorescence probing studies of micelle micropolarity and microviscosity [J]. Langmuir, 1997, 13:

5552-5557.

[18]Ulbricht W, Zana R. Alkanediyl – α, ω – bis (dimethylalkylammonium bromide) surfactants. 8. Pressure – jump study of the kinetics micellar equilibria in aqueous solutions of alkanediyl – α, ω – bis (dimethylalkylammonium bromide) surfactants [J]. Colloid and Surfaces A: Physicochemical and Engineering Aspects, 2001,15:183-185,487-494.

[19]Grosmaire L, Chorro M, Chorro C, et al. Alkanediyl – α, ω – bis (dimethylalkylammonium bromide) surfactants. 9. Effect of the spacer carbon number and temperature on the enthalpy of micellization [J]. Journal of Colloid and Interface Science, 2002,246:175-181.

[20]Zana R. Alkanediyl – α, ω – bis (dimethylalkylammonium bromide) surfactants. 10. Behavior in aqueous solution at concentrations below the critical micelle concentration: an electrical conductivity study [J]. Journal of Colloid and Interface Science, 2002,246:182-190.

[21]Okahara M, Masuyama A, Sumida Y, et al. Surface active properties of new types of amphipathic compounds with two hydrophilic ionic groups and two lipophilic alkyl chains [J]. Journal of Japan Oil Chemists' Society, 1988,37:746-748.

[22]Zhu Y P, Masuyama A, Okahara M. Preparation and surface active properties of amphipathic compounds with two sulfate groups and two lipophilic alkyl chains [J]. Journal of the American Oil Chemists' Society, 1990,67: 459-463.

[23]Zhu Y P, Masuyama A, Okahara M. Preparation and surface active properties of new amphipathic compounds with two phosphate groups and two long – chain alkyl groups [J]. Journal of the American Oil Chemists' Society, 1991,68:268-271.

[24]Zhu Y P, Masuyama A, Kirito Y I, et al. Preparation and properties of double – or triple – chain surfactants with two sulfonate groups derived from N – acyldiethanolamines [J]. Journal of the American Oil Chemists' Society, 1991,68:539-543.

[25]Zhu Y P, Masuyama A, Kirito Y I, et al. Preparation and properties of glycerol – based double – or triple – chain surfactants with two hydrophilic ionic groups [J]. Journal of the American Oil Chemists' Society, 1992,69:626-632.

[26]Masuyama A, Hirono T, Zhu Y P, et al. Synthesis and properties of bis (taurine) types of double – chain surfactants [J]. Journal of Japan Oil Chemists' Society, 1992,41:301-305.

[27]Zhu Y P, Masuyama A, Kobata Y, et al. Double – chain surfactants with two carboxylate groups and their relation to similar double – chain compunds [J]. Journal of Colloid and Interface Science, 1993, 158:40-45.

[28]Rosen M J, Gao T, Nakatsuji Y, et al. Synergism in binary mixtures of surfactants. 12. Mixtures containing surfactants with two hydrophilic and two or three hydrophobic groups [J]. Colloid and Surfaces A: Phisicochemical and Engineering Aspect, 1994,88:1-11.

[29]Rosen M J, Liu L. Surface activity and premicellar aggregation of some novel diquaternary Gemini surfactants [J]. Journal of the American Oil Chemists' Society, 1996,73:885-890.

[30]Rosen M J, Mathias J H, Davenport L. Aberrant aggregation behavior in cationic gemini surfactants investigated by surface tension, interfacial tension, and fluorescence methods [J]. Langmuir, 1999,15:7340-7346.

[31]Zana R, Levy H, Papoutsi D, et al. Micellization of two triquaternary ammonium surfactants in aqueous

solution [J]. Langmuir, 1995,11:3694-3698.

[32] Danino D, Talmon Y, Levy H, et al. Branched threadlike micelles in an aqueous solution of a trimeric surfactant [J]. Science, 1995,269:1420-1421.

[33] Esumi K, Taguma K, Koide Y. Aqueous properties of multichain quaternary cationic surfactants [J]. Langmuir, 1996,12:4039-4041.

[34] Kim T S, Kida T, Nakatsuji Y, et al. Preparation and properties of multiple ammonium salts quaternized by epichlorohydrin [J]. Langmuir, 1996,12:6304-6308.

[35] Yoshimura T, Yoshida H, Ohno A, et al. Physicochemical properties of quaternary ammonium bromide – type trimeric surfactants [J]. Journal of Colloid and Interface Science, 2003,267:167-172.

[36] Laschewsky A, Wattebled L, Arotçaréna M, et al. Synthesis and properties of cationic oligomeric surfactants [J]. Langmuir, 2005,21:7170-7179.

[37] Wattebled L, Laschewsky A, Moussa A, et al. Aggregation numbers of cationic oligomeric surfactants: a time – resolved fluorescence quenching study [J]. Langmuir, 2006,22:2551-2557.

[38] Yoshimura T, Ohno A, Esumi K. Mixed micellar properties of cationic trimeric – type quaternary ammonium salts and anionic sodium n – octyl sulfate surfactants [J]. Journal of Colloid and Interface Science, 2004,272:191-196.

[39] Yoshimura T, Esumi K. Physicochemical properties of ring – type trimeric surfactants from cyanuric chloride [J]. Langmuir, 2003,19:3535-3538.

[40] Yoshimura T, Kusano T, Iwase H, et al. Star – shaped trimeric quaternary ammonium bromide surfactants: adsorption and aggregation properties [J]. Langmuir, 2012,28:9322-9331.

[41] Kusano T, Iwase H, Yoshimura T, et al. Structural and rheological studies on growth of salt – free wormlike micelles formed by star – type trimeric surfactants [J]. Langmuir, 2012,28:16798-16806.

[42] Wu C X, Hou Y B, Deng M L, et al. Molecular conformation – controlled vesicle/micelle transition of cationic trimeric surfactants in aqueous solution [J]. Langmuir, 2010,26:7922-7927.

[43] Hou Y B, Cao M W, Deng M L, et al. Highly – ordered selective self – assembly of a trimeric cationic surfactant on a mica surface [J]. Langmuir, 2008,24:10572-10574.

[44] Zana R. Dimeric and oligomeric surfactants. Behavior at interfaces and in aqueous solution: a review [J]. Advances in Colloid and Interface Science, 2002,97:205-253.

[45] 李新宝,徐丽,孟校威,等.新型三联季铵盐阳离子表面活性剂的合成与性能[J].精细石油化工,2006,126:25-28.

[46] 宋冰蕾,宋湛谦,商士斌.油酸基三聚表面活性剂的合成与性能[J].化工进展,2012,30:2728-2731.

[47] Esumi K, Goino M, Koide Y. Adsorption and adsolubilization by monomeric, dimeric, or trimeric quaternary ammonium surfactant at silica/water interface [J]. Journal of Colloid and Interface Science, 1996, 183:539-545.

[48] Han Y C, Wang Y L. Aggregation behavior of gemini surfactants and their interaction with macromolecules in aqueous solution [J]. Physical Chemistry Chemical Physics, 2011,13:1939-1956.

[49] Fu H Y, Li M, Mao H, et al. Aqueous biphasic catalytic hydroformylation of higher olefins: promotion effect of cationic gemini and trimeric surfactants [J]. Catalysis Communications, 2008,9:1539-1544.

[50] Zhu H, Guo J W, Yang C F, et al. Synthesis of adamantane – based trimeric cationic surfactants [J]. Synthetic Communications, 2013,43:1161-1167.

[51]Węgrzyńska J, Chlebicki J. Preparation, surface - active and antielectrostatic properties of multiple quaternary ammonium salts [J]. Journal of Surfactants and Detergents, 2006,9:221-226.

[52]Xu H J, Chen D D, Cui Z G. Study on the synthesis and surface active properties of a novel surfactant with triple quaternary ammonium groups and triple dodecyl chains derived from glycerin [J]. Journal of Surfactants and Detergents, 2011,14:167-172.

[53]Pernak J, Skrzypczak A, Lota G, et al, Synthesis and properties of trigeminal tricationic ionic liquids [J]. Chemistry - A European Journal, 2007,13:3106-3112.

[54]Zhang J X, Zheng Y P, Yu P Y, et al. Synthesis, characterization and surface - activity of a polyoxyethylene ether trimeric quaternary ammonium surfactant [J]. Journal of Surfactants and Detergents, 2010, 13:155-158.

[55]Murguía M C, Cristaldi M D, Porto A, et al. Synthesis, surface - active properties, and antimicrobial activities of new neutral and cationic trimeric surfactants [J]. Journal of Surfactants and Detergents, 2008, 11:41-48.

[56]Onitsuka E, Yoshimura T, Koide Y, et al. Preparation and surface - active properties of complexane - type trimeric surfactants from tris (2 - aminoethyl) amine [J]. Journal of Oleo Science, 2001,50: 159-164.

[57]Sumida Y, Oki T, Masuyama A, et al. π - A isotherms for triple - chain amphiphiles bearing two or three hydroxyl groups. Effect of the backbone structure on the adsorption behavior of the molecules on the surface [J]. Langmuir, 1998,14:7450-7455.

[58]李晨,胡志勇,朱海林.磺酸盐型三聚表面活性剂的合成及其表面活性[J].化工中间体,2012,27: 38-43.

[59]Zhou M, Zhao J, Wang X, et al. Synthesis and Characterization of Novel Surfactants 1, 2, 3 - tri (2 - oxypropylsulfonate - 3 - alkylether - propoxy) Propanes [J]. Journal of Surfactants and Detergents, 2013,16:665-672.

[60]Yoshimura T, Kimura N, Onitsuka E, et al. Synthesis and surface - active properties of trimeric - type anionic surfactants derived from tris(2 - aminoethyl)amine [J]. Journal of Surfactants and Detergents, 2004,7:67-74.

[61]杨芳,黎钢,张松梅,等.壬基酚聚氧乙烯醚二聚和三聚表面活性剂的合成及表面性质[J].高等学校化学学报,2010,45:1465-1470.

[62]Abdul - Raouf M E S, Abdul - Raheim A R M, Maysour N E S, et al. Synthesis, surface - active properties, and emulsification efficiency of trimeric - type nonionic surfactants derived from tris (2 - aminoethyl) amine [J]. Journal of Surfactants and Detergents, 2011,14,185-193.

[63]Balcom B, Petersen N. Synthesis and surfactant behavior of an unusual cyclic triester based on a cis, cis - 1, 3, 5 - cyclohexanetriol headgroup [J]. Langmuir, 1991,7:2425-2427.

[64] Yang F, Li G, Qi J, et al. Synthesis and surface activity properties of alkylphenol polyoxyethylene nonionic trimeric surfactants [J]. Applied Surface Science, 2010,257:312-318.

[65]Esumi K, Taguma K, Koide Y. Aqueous properties of multichain quaternary cationic surfactants [J]. Langmuir, 1996,12:4039-4041.

[66]Yoshimura T, Esumi K. Physicochemical properties of anionic triple - chain surfactants in alkaline solutions [J]. Journal of Colloid and Interface Science, 2004,276:450-455.

[67]Zhu B Y, Zhao X L, Gu T R. Surface solubilization [J]. Journal of the Chemical Society, Faraday Transactions 1: Physical Chemistry in Condensed Phases ,1988,84:3951-3960.

[68]Clarke J G, Wicks S R, Farr S J. Surfactant mediated effects in pressurized metered dose inhalers formulated as suspensions. I. Drug/surfactant interactions in a model propellant system [J]. International Journal of Pharmaceutics, 1993,93:221-231.

[69]Jansen J, Treiner C, Vaution C, et al. Surface modification of alumina particles by nonionic surfactants: adsorption of steroids, barbiturates and pilocarpine [J]. International Journal of Pharmaceutics, 1994, 103:19-26.

[70]Franklin T C, Iwunze M. Catalysis of the hydrolysis of ethyl benzoate by inverted micelles adsorbed on platinum [J]. Journal of the American Chemical Society, 1981,103:5937-5938.

[71]Franklin T C, Ball D, Rodriguez R, et al. Catalysis of the hydrolysis of ethyl benzoate on surfactant – coated metal surfaces [J]. Surface technology, 1984,21:223-231.

[72]Van Hameren R, Schön P, Van Buul A M, et al. Macroscopic hierarchical surface patterning of porphyrin trimers via self – assembly and dewetting [J]. Science, 2006,314:1433-1436.

[73]In M, Bec V, Aguerre – Chariol O, et al. Quaternary ammonium bromide surfactant oligomers in aqueous solution: self – association and microstructure [J]. Langmuir, 2000,16:141-148.

[74]Manne S, Schäffer T, Huo Q, et al. Gemini surfactants at solid – liquid interfaces: control of interfacial aggregate geometry [J]. Langmuir, 1997,13:6382-6387.

[75]赵国玺,朱步瑶. 表面活性剂作用原理 [M].北京:中国轻工业出版社,2003.

[76]Yang J. Viscoelastic wormlike micelles and their applications [J]. Current Opinion in Colloid & Interface Science, 2002,7:276-281.

[77]Kim W J, Yang S M. Preparation of mesoporous materials from the flow – induced microstructure in aqueous surfactant solutions [J]. Chemistry of Materials, 2000,12:3227-3235.

[78]Han S H, Hou W G, Dang W X, et al. Synthesis of rod – like mesoporous silica using mixed surfactants of cetyltrimethylammonium bromide and cetyltrimethylammonium chloride as templates [J]. Materials Letters, 2003,57:4520-4524.

[79]Rosen M J, Dahanayake M. Industrial utilization of surfactants: principles and practice[M]. Champaign: AOCS Press, 2000.

[80]Zana R, Kaler E W. Giant micelles: properties and applications [M]. London: CRC Press, 2007.

[81]Esumi K, Hara J, Aihara N, et al. Preparation of anisotropic gold particles using a gemini surfactant template [J]. Journal of Colloid and Interface Science, 1998,208:578-581.

[82]Qiu L G, Xie A J, Shen Y H. Micellar – catalyzed alkaline hydrolysis of 2, 4 – dinitrochlorobenzene in a cationic gemini surfactant [J]. Colloids and Surfaces A: Physicochemical and Engineering Aspects, 2005,260:251-254.

[83]Li M, Fu H Y, Yang M, et al. Micellar effect of cationic gemini surfactants on organic/aqueous biphasic catalytic hydroformylation of 1 – dodecene [J]. Journal of Molecular Catalysis A: Chemical, 2005,235: 130-136.

[84]Kästner U, Zana R. Interactions between quaternary ammonium surfactant oligomers and water – soluble modified guars [J]. Journal of Colloid and Interface Science, 1999,218:468-479.

[85]Hoogerbrugge P J, Koelman J M V A. Simulating microscopic hydrodynamic phenomena with dissipative

particle dynamics [J]. Europhysics Letters, 1992,19:155.

[86]Groot R D, Warren P B. Dissipative particle dynamics: bridging the gap between atomistic and mesoscopic simulation [J]. Journal of Chemical Physics, 1997,107:4423.

[87]Wu H, Xu J B, He X F, et al. Mesoscopic simulation of self – assembly in surfactant oligomers by dissipative particle dynamics [J]. Colloids and Surfaces A: Physicochemical and Engineering Aspects, 2006, 290:239-246.

[88]Jones M. Surfactant interactions with biomembranes and proteins [J]. Chem Soc Rev, 1992,21: 127-136.

[89]Shirahama K, Tsujii K, Takagi T. Free – boundary electrophoresis of sodium dodecyl sulfate – protein polypeptide complexes with special reference to SDS – polyacrylamide gel electrophoresis [J]. Journal of Biochemistry, 1974,75:309-319.

[90]Miller R, Fainerman V B, Leser M E, et al. Surface tension of mixed non – ionic surfactant/protein solutions: comparison of a simple theoretical model with experiments [J]. Colloids and Surfaces A: Physicochemical and Engineering Aspects, 2004,233:39-42.

[91]Mir M A, Gull N, Khan J M, et al. Interaction of bovine serum albumin with cationic single chain + nonionic and cationic gemini + nonionic binary surfactant mixtures [J]. Journal of Physical Chemistry B, 2010,114:3197-3204.

[92]Jones M N. Surfactant interactions with biomembranes and proteins[J]. Chemical Society Reviews, 1992,21:127-136.

[93]Ruso J M, Gonzáez – Pérez A, Prieto G, et al. Study of the interaction between lysozyme and sodium octanoate in aqueous solutions [J]. Colloids and Surfaces A: Physicochemical and Engineering Aspects, 2004,249:45-50.

[94]Mackie A R, Gunning A P, Wilde P J, et al. Competitive displacement of β – lactoglobulin from the air/water interface by sodium dodecyl sulfate [J]. Langmuir, 2000,16:8176-8181.

[95]Rafati A A, Bordbar A K, Gharibi H, et al. The interactions of a homologous series of cationic surfactants with bovine serum albumin (BSA) studied using surfactant membrane selective electrodes [J]. Bulletin Chemical Society of Japan, 2004,77:1111-1116.

[96]Inoue K, Sekido T, Sano T. Binding of sodium alkyl sulfates to human erythrocyte studied with a surfactantion selective electrode [J]. Langmuir, 1996,12:4644-4650.

[97]Nielsen A D, Arleth L, Westh P. Analysis of protein – surfactant interactions – a titration calorimetric and fluorescence spectroscopic investigation of interactions between Humicola insolens cutinase and an anionic surfactant [J]. Biochimica et Biophysica Acta (BBA) – Proteins and Proteomics, 2005,1752: 124-132.

[98]Giancola C ,De Sena C, Fessas D, et al. DSC studies on bovine serum albumin denaturation effects of ionic strength and SDS concentration [J]. International Journal of Biological Macromolecules, 1997,20: 193-204.

[99]Gharibi H, Javadian S, Hashemianzadeh M. Investigation of interaction of cationic surfactant with HSA in the presence of alcohols using PFG – NMR and potentiometric technique [J]. Colloids and Surfaces A: Physicochemical and Engineering Aspects, 2004,232:77-86.

[100]Stenstam A, Topgaard D, Wennerström H. Aggregation in a protein – surfactant system. The interplay

between hydrophobic and electrostatic interactions [J]. Journal of Physical Chemistry B, 2003,107: 7987-7992.

[101] Gelamo E L, Itri R, Alonso A, et al. Small – angle X – ray scattering and electron paramagnetic resonance study of the interaction of bovine serum albumin with ionic surfactants [J]. Journal of Colloid and Interface Science, 2004,277:471-482.

[102] Hazra P, Chakrabarty D, Chakraborty A, et al. Probing protein – surfactant interaction by steady state and time – resolved fluorescence spectroscopy [J]. Biochemical and Biophysical Research Communications, 2004,314:543-549.

[103] Lissi E, Abuin E, Lanio M A E, et al. A new and simple procedure for the evaluation of the association of surfactants to proteins [J]. Journal of Biochemical and Biophysical Methods, 2002,50:261-268.

[104] 吴丹,徐桂英. 光谱法研究蛋白质与表面活性剂的相互作用[J]. 物理化学学报,2006,22:254-260.

[105] Sarmiento F, Ruso J M, Prieto G, et al. Potential study on the interactions between lysozyme and sodium n – alkylsulfates [J]. Langmuir, 1998,14:5725-5729.

[106] Valstar A, Almgren M, Brown W, et al. The interaction of bovine serum albumin with surfactants studied by light scattering [J]. Langmuir, 2000,16:922-927.

[107] Lu R C, Xiao J X, Cao A N, et al. Surfactant – induced refolding of lysozyme [J]. Biochimica et Biophysica Acta (BBA) – General Subjects, 2005,1722:271-281.

[108] Ruso J M, Deo N, Somasundaran P. Complexation between dodecyl sulfate surfactant and zein protein in solution [J]. Langmuir, 2004,20:8988-8991.

[109] Ge Y S, Tai S X, Xu Z Q, et al. Synthesis of three novel anionic gemini surfactants and comparative studies of their assemble behavior in the presence of bovine serum albumin [J]. Langmuir, 2012,28: 5913-5920.

[110] Sreerama N, Woody R W. Estimation of protein secondary structure from circular dichroism spectra: comparison of CONTIN, SELCON, and CDSSTR methods with an expanded reference set [J]. Analytical Biochemistry, 2000,287:252-260.

[111] Stenstam A, Montalvo G, Grillo I, et al. Small angle neutron scattering study of lysozyme – sodium dodecyl sulfate aggregates [J]. Journal of Physical Chemistry B, 2003,107:12331-12338.

[112] Gunning P A, Mackie A R, Gunning A P, et al. Effect of surfactant type on surfactant – protein interactions at the air – water interface [J]. Biomacromolecules, 2004,5:984-991.

[113] Gunning A P, Mackie A R, Kirby A R, et al. Scanning near field optical microscopy of phase separated regions in a mixed interfacial protein (BSA) – surfactant (Tween 20) film [J]. Langmuir, 2001,17: 2013-2018.

[114] Mackie A R, Gunning A P, Ridout M J, et al. In situ measurement of the displacement of protein films from the air/water interface by surfactant [J]. Biomacromolecules, 2001,2:1001-1006.

[115] Dickinson E. Adsorbed protein layers at fluid interfaces: interactions, structure and surface rheology [J]. Colloids and Surfaces B: Biointerfaces, 1999,15:161-176.

[116] Green R, Su T, Lu J, et al. The displacement of preadsorbed protein with a cationic surfactant at the hydrophilic SiO_2 – water interface [J]. Journal of Physical Chemistry B, 2001,105:9331-9338.

[117] Sahu K, Roy D, Mondal S K, et al. Study of protein – surfactant interaction using excited state proton transfer [J]. Chemical Physics Letters, 2005,404:341-345.

[118]Sreerama N, Woody R W. Computation and analysis of protein circular dichroism spectra [J]. Methods in Enzymology, 2004,121:318-350.

[119]Rogers D M, Hirst J D. Calculations of protein circular dichroism from first principles [J]. Chirality, 2004,16:234-243.

[120]Krägel J, Wüstneck R, Husband F, et al. Properties of mixed protein/surfactant adsorption layers [J]. Colloids and surfaces B: Biointerfaces, 1999,12:399-407.

[121]Fainerman V, Miller R, Wüstneck R. Adsorption of proteins at liquid/fluid interfaces [J]. Journal of Colloid and Interface Science, 1996,183:26-34.

[122]Miller R, Fainerman V, Makievski A, et al. Adsorption characteristics of mixed monolayers of a globular protein and a non - ionic surfactant [J]. Colloids and Surfaces A: Physicochemical and Engineering Aspects, 2000,161:151-157.

[123]Makievski A, Fainerman V, Bree M, et al. Adsorption of proteins at the liquid/air interface [J]. Journal of Physical Chemistry B, 1998,102:417-425.

[124]Moore P N, Puvvada S, Blankschtein D. Role of the surfactant polar head structure in protein - surfactant complexation: zein protein solubilization by SDS and by SDS/C12En surfactant solutions [J]. Langmuir, 2003,19:1009-1016.

[125]Li Y J, Wang X Y, Wang Y L. Comparative studies on interactions of bovine serum albumin with cationic gemini and single - chain surfactants [J]. Journal of Physical Chemistry B, 2006,110:8499-8505.

[126]Pi Y, Shang Y, Peng C, et al. Interactions between bovine serum albumin and gemini surfactant alkanediyl - α, ω - bis (dimethyldodecyl - ammonium bromide) [J]. Biopolymers, 2006,83:243-249.

[127]Gull N, Sen P, Khan R H. Interaction of bovine (BSA), rabbit (RSA), and porcine (PSA) serum albumins with cationic single - chain/gemini surfactants: a comparative study [J]. Langmuir, 2009,25: 11686-11691.

[128]Faustino C M, Calado A R, Garcia - Rio L S. Gemini surfactant - protein interactions: effect of pH, temperature, and surfactant stereochemistry[J]. Biomacromolecules, 2009,10:2508-2514.

[129]Wang Y S, Guo R. Xi J Q. Comparative studies of interactions of hemoglobin with single - chain and with gemini surfactants [J]. Journal of Colloid and Interface Science, 2009,331:470-475.

[130]Mackie A R, Gunning A P, Wilde P J, et al. Orogenic displacement of protein from the air/water interface by competitive adsorption [J]. Journal of Colloid and Interface Science, 1999,210:157-166.

[131]Deep S, Ahluwalia J C. Interaction of bovine serum albumin with anionic surfactants [J]. Physical Chemistry , 2001,3:4583-4591.

[132]Jisha V S, Arun K T, Hariharan M, et al. Site - selective binding and dual mode recognition of serum albumin by a squaraine dye [J]. Journal of the American Chemical Society, 2006,128:6024-6025.

[133]Sułkowska A, Bojko B, Rownicka J, et al. Effect of urea on serum albumin complex with antithyroid drugs: fluorescence study [J]. Journal of Molecular Structure, 2003, 651:237-243.

[134]Aime S, Barge A, Botta M, et al. A calix [4] arene Gd III complex endowed with high stability, relaxivity, and binding affinity to serum albumin [J]. Angewandte Chemie International Edition, 2001,40: 4737-4739.

[135]Kamat B, Seetharamappa J. In vitro study on the interaction of mechanism of tricyclic compounds with bovine serum albumin [J]. Journal of Pharmaceutical and Biomedical Analysis, 2004,35:655-664.

[136] Farruggia B, Nerli B, Di Nuci H, et al. Thermal features of the bovine serum albumin unfolding by polyethylene glycols [J]. International Journal of Biological Macromolecules, 1999, 26: 23-33.

[137] Miller R, Fainerman V, Makievski A, et al. Dynamics of protein and mixed protein/surfactant adsorption layers at the water/fluid interface [J]. Advances in Colloid and Interface Science, 2000, 86: 39-82.

[138] Zhou Q, Swager T M. Fluorescent chemosensors based on energy migration in conjugated polymers: the molecular wire approach to increased sensitivity [J]. Journal of the American Chemical Society, 1995, 117: 12593-12602.

[139] Achyuthan K E, Bergstedt T S, Chen L, et al. Fluorescence superquenching of conjugated polyelectrolytes: applications for biosensing and drug discovery [J]. Journal of Materials Chemistry, 2005, 15: 2648-2656.

[140] Chi C Y, Mikhailovsky A, Bazan G C. Design of cationic conjugated polyelectrolytes for DNA concentration determination [J]. Journal of the American Chemical Society, 2007, 129: 11134-11145.

[141] Hoven C V, Garcia A, Bazan G C, et al. Recent applications of conjugated polyelectrolytes in optoelectronic devices [J]. Advanced Materials, 2008, 20: 3793-3810.

[142] Thomas S W, Joly G D, Swager T M. Chemical sensors based on amplifying fluorescent conjugated polymers [J]. Chemical Reviews, 2007, 107: 1339-1386.

[143] Satrijo A, Swager T M. Anthryl – doped conjugated polyelectrolytes as aggregation – based sensors for nonquenching multicationic analytes [J]. Journal of the American Chemical Society, 2007, 129: 16020-16028.

[144] Feng X L, Liu L B, Wang S, et al. Water – soluble fluorescent conjugated polymers and their interactions with biomacromolecules for sensitive biosensors [J]. Chemical Society Reviews, 2010, 39: 2411-2419.

[145] Al Attar H A, Monkman A P. Effect of surfactant on water – soluble conjugated polymer used in biosensor [J]. The Journal of Physical Chemistry B, 2007, 111: 12418-12426.

[146] Chen L H, Xu S, Mcbranch D, et al. Tuning the properties of conjugated polyelectrolytes through surfactant complexation [J]. Journal of the American Chemical Society, 2000, 122: 9302-9303.

[147] Lavigne J J, Broughton D L, Wilson J N, et al. "Surfactochromic" conjugated polymers: surfactant effects on sugar – substituted PPEs [J]. Macromolecules, 2003, 36: 7409-7412.

[148] Burrows H, Lobo V, Pina J, et al. Fluorescence enhancement of the water – soluble poly {1, 4 – phenylene – [9, 9 – bis – (4 – phenoxybutylsulfonate)] fluorene – 2, 7 – diyl} copolymer in n – dodecylpentaoxyethylene glycol ether micelles [J]. Macromolecules, 2004, 37: 7425-7427.

[149] Tapia M, Burrows H, Valente A, et al. Interaction between the water soluble poly {1, 4 – phenylene – [9, 9 – bis (4 – phenoxy butylsulfonate)] fluorene – 2, 7 – diyl} copolymer and ionic surfactants followed by spectroscopic and conductivity measurements [J]. The Journal of Physical Chemistry B, 2005, 109: 19108-19115.

[150] Burrows H, Lobo V, Pina J, et al. Interactions between surfactants and {1, 4 – phenylene – [9, 9 – bis (4 – phenoxy – butylsulfonate)] fluorene – 2, 7 – diyl} [J]. Colloids and Surfaces A: Physicochemical and Engineering Aspects, 2005, 270: 61-66.

[151] Knaapila M, Almasy L, Garamus V M, et al. Solubilization of polyelectrolytic hairy – rod polyfluorene in aqueous solutions of nonionic surfactant [J]. The Journal of Physical Chemistry B, 2006, 110: 10248-10257.

[152]Tapia M J, Burrows H D, Knaapila M, et al. Interaction between the Conjugated Polyelectrolyte Poly {1, 4 - phenylene [9, 9 - bis (4 - phenoxybutylsulfonate)] fluorene - 2, 7 - diyl} Copolymer and the Lecithin Mimic 1 - O - (L - Arginyl) - 2, 3 - O - dilauroyl - sn - glycerol in Aqueous Solution [J]. Langmuir, 2006,22:10170-10174.

[153]Fonseca S M, Eusébio M E, Castro R, et al. Interactions between hairy rod anionic conjugated polyelectrolytes and nonionic alkyloxyethylene surfactants in aqueous solution: Observations from cloud point behaviour [J]. Journal of Colloid and Interface Science, 2007,315:805-809.

[154]Fütterer T, Hellweg T, Findenegg G H, et al. Aggregation of an amphiphilic poly (p - phenylene) in micellar surfactant solutions. Static and dynamic light scattering [J]. Macromolecules, 2005, 38: 7443-7450.

[155]Burrows H D, Tapia M J, Silva C L, et al. Interplay of electrostatic and hydrophobic effects with binding of cationic gemini surfactants and a conjugated polyanion: experimental and molecular modeling studies [J]. The Journal of Physical Chemistry B, 2007,111:4401-4410.

[156]Chen X, Kang S, Kim M J, et al. Thin - film formation of imidazolium - based conjugated polydiacetylenes and their application for sensing anionic surfactants [J]. Angewandte Chemie International Edition, 2010,49:1422-1425.

[157]Attar H A, Monkman A P. Effect of surfactant on FRET and quenching in DNA sequence detection using conjugated polymers [J]. Advanced Functional Materials, 2008,18:2498-2509.

[158]Treger J S, Ma V Y, Gao Y, et al. Controlling layer thickness and photostability of water - soluble cationic poly (p - phenylenevinylene) in multilayer thin films by surfactant complexation [J]. Langmuir, 2008,24:13127-13131.

第 2 章　新型季铵盐三聚表面活性剂的合成

2.1　引　言

随着表面活性剂应用领域的不断扩大,传统表面活性剂已渐渐不能满足人们的需求。具有独特结构和诸多优良性质的三聚表面活性剂已渐渐成为新型表面活性剂合成的热点。

目前,合成季铵盐三聚表面活性剂的策略较多,但在实际操作中,却比较耗时、烦琐。本章采用简单易行的两步合成法,以三乙醇胺、溴乙酰溴和长链叔胺为原料合成了四种不同疏水链长度且连接基团含酯基的新型季铵盐三聚表面活性剂 T_n(n 取 10、12、14、16),并对其结构进行了红外光谱、核磁共振氢谱、核磁共振碳谱、电喷雾质谱和元素分析表征。

2.2　实验部分

2.2.1　实验试剂和仪器

主要试剂:三乙醇胺,分析纯,阿拉丁试剂有限公司;溴乙酰溴,分析纯,阿拉丁试剂有限公司;N,N－二甲基癸胺,化学纯,阿拉丁试剂有限公司;N,N－二甲基十二胺、N,N－二甲基十四胺、N,N－二甲基十六胺,均为化学纯,上海金山经纬化工有限公司;无水碳酸钾、二氯甲烷、石油醚、乙酸乙酯、丙酮、无水乙醚,均为分析纯,国药集团化学试剂有限公司。

主要仪器:DF－101S 型恒温加热磁力搅拌器(河南省予华仪器有限公司);RE－52C 型旋转蒸发仪(巩义市英峪予华仪器厂);SHB－Ⅲ型循环水式多用真空水泵(郑州长城科工贸有限公司);AUY120 型电子天平(日本岛津公司);NICOLET 5700 型红外光谱仪(美国 Nicolet 公司);MERCURY－VX300MHZ 型核磁共振波谱仪(美国 Varian 公司);P/ACE MDQ型质谱仪(美国贝克曼公司);Vario EL Ⅲ型元素分析仪(德国元素公司)。

2.2.2　合成

四种不同疏水链长度的新型季铵盐三聚表面活性剂 T_n的合成路线如图 2-1 所示。由于仅仅第二步反应所用长链叔胺存在差别,合成方法类似,这里仅以 T_{12}为代表来具体介绍此类三聚表面活性剂的合成。

2.2.2.1　三乙醇胺三溴乙酸酯的合成

在 100 mL 三口烧瓶中,将 4.00 g(0.027 mol)三乙醇胺溶于 20 mL 二氯甲烷中,室温下剧烈搅拌,然后同时缓慢滴加溴乙酰溴的二氯甲烷溶液(24.35 g,0.16 mol 溴乙酰溴溶于 20 mL 二氯甲烷中)和碳酸钾的水溶液(20.00 g,0.14 mol 碳酸钾溶于 25 mL 水中),2 h滴加完毕后,继续剧烈搅拌反应 3 h。停止反应后,将有机层用 45 mL 水洗涤三次,并用无水硫酸镁干燥 12 h。过滤,减压除去溶剂,粗产品经硅胶柱色谱纯化,淋洗剂为乙酸乙酯: 石油醚(2:1,体积比),得到无色透明液体三乙醇胺三溴乙酸酯 7.55 g,产率 55%。

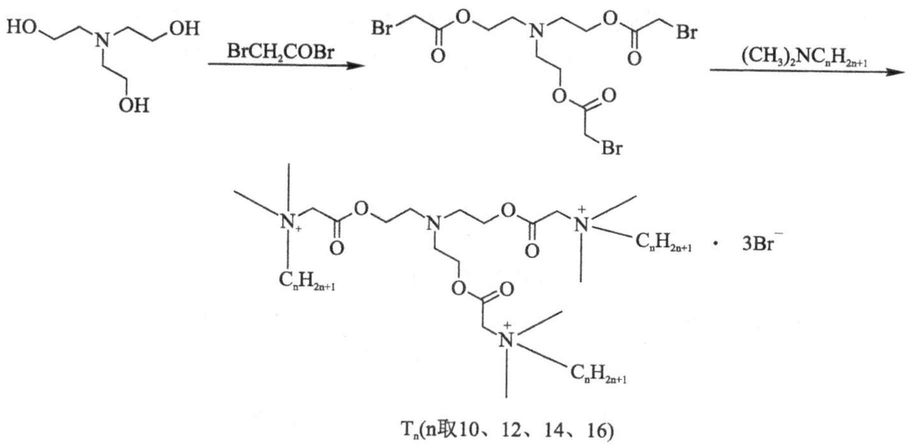

T_n(n取10、12、14、16)

图2-1　季铵盐三聚表面活性剂 T_n 合成路线

2.2.2.2　三聚表面活性剂 T_{12} 的合成

在50 mL圆底烧瓶中，将3.00 g(0.005 8 mol)三乙醇胺三溴乙酸酯和5.55 g(0.026 mol) N,N－二甲基十二胺溶于30 mL丙酮中，回流反应6 h。停止反应后，减压除去大部分溶剂，加入过量无水乙醚，有大量白色沉淀出现，离心，然后用无水乙醚洗涤5～6次，最后减压除去残留的有机溶剂，得到高纯度产物 T_{12}（白色固体粉末）3.88 g，产率58%。

合成过程中操作注意事项：

(1)第一步反应中，溴乙酰溴的二氯甲烷溶液与碳酸钾的水溶液的滴加速度一定要慢，如果滴加稍快，剧烈反应会导致体系温度过高，在剧烈搅拌下会大量鼓泡，甚至冲出反应容器，不利于反应的进行。

(2)第二步反应中，加入无水乙醚前，不需要将丙酮完全除去，保留几毫升丙酮，得到粗产物的丙酮浓缩液，在搅拌情况下慢慢滴加无水乙醚直至不再析出固体，有利于杂质的去除，得到高纯度产物。

2.3　结果与讨论

2.3.1　合成方法

缚酸剂的选择：三乙胺(TEA)在许多酰氯或酰溴与醇或胺的酯化或酰胺化反应中可以用作缚酸剂，也经常用在三聚表面活性剂连接基团尾端卤代烃的合成中。在合成三乙醇胺三溴乙酸酯的前期工作中，TEA也被用作缚酸剂来中和酯化反应产生的HCl。反应过程将三乙醇胺和TEA(1∶4)溶于适量二氯甲烷中，然后缓慢滴加溴乙酰溴(物质的量为三乙醇胺的3.3倍)的二氯甲烷溶液，其中二氯甲烷和三乙胺均事先使用氢化钙回流干燥。但是，实验过程中发现，即使在－20 ℃时，稀释过的溴乙酰溴只要一滴加到反应体系中，体系也变为棕黄色；在0 ℃和室温时，颜色更深，体系变为红色，略带黑色。反应数小时结束后，均采用有机溶剂萃取，水洗三次，无水硫酸镁干燥后柱色谱分离的后处理流程，发现三乙醇胺三溴乙酸酯的产率极低，均不超过3%。为探究颜色问题的来源，将溴乙酰溴的二氯甲烷溶液分别缓慢滴加到0 ℃的三乙醇胺或TEA的二氯甲烷溶液中，发现只含三乙醇胺的体系生成略带黄色的固体并粘在瓶壁上，而只含TEA的体系则变为红色。

Cai 等曾报道 TEA 能够与不饱和酰氯生成带颜色的反应中间体,不只充当缚酸剂的角色(见图 2-2),副反应的发生会降低酯化反应的产率并增大后处理的难度。因此,可能由于 Br 原子的拉电子效应,TEA 也与溴乙酰溴反应生成了类似带颜色的中间体,导致产率大大降低。

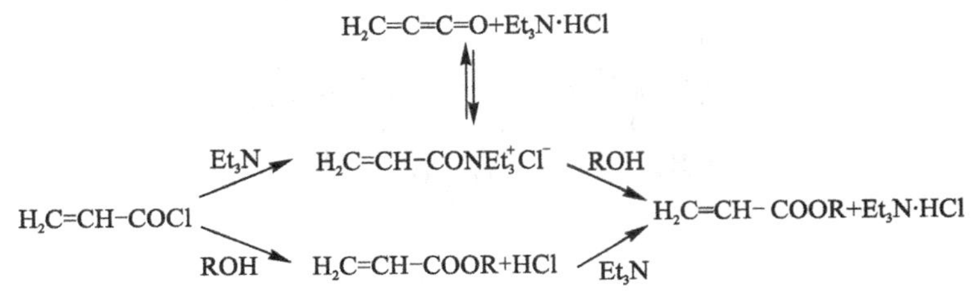

图 2-2　不饱和酰氯与醇在 TEA 存在下反应机制

此外,Cai 等和 Wang 等均采用碳酸钾作为缚酸剂的方法成功解决了这一问题,提高了目标产物的收率和纯度。在接下来的实验中,采用碳酸钾作为缚酸剂,并将反应体系由有机均相变为有机相/水相。整个反应过程中两相体系呈无色,并有白色沉淀形成,反应停止后分离得到三乙醇胺三溴乙酸酯,产率高达 55%。碳酸钾缚酸剂和两相反应体系的应用不仅降低了实验条件要求(溶剂不需要预先干燥,反应温度为室温即可),而且大大提高了反应产率,降低了三乙醇胺三溴乙酸酯的分离难度。

终产物的纯化:分离纯化是三聚表面活性剂合成中最具难度的,往往需要复杂的重结晶过程或者难度更大的柱色谱分离,这也是目前三聚表面活性剂数量稀少的主要原因。本实验采用了反应活性较高的尾端是溴代烃的连接基团,季铵化反应易于进行且产率较高(T_{10}、T_{14}、T_{16}的产率分别可以达到 50%、67%、80%),无水乙醚沉淀即可得到高纯度产物,大大简化了终产物的分离方法。

2.3.2　产物结构表征

2.3.2.1　红外光谱(FT－IR)

三聚表面活性剂 T_n的 FT－IR 谱图如图 2-3 所示。

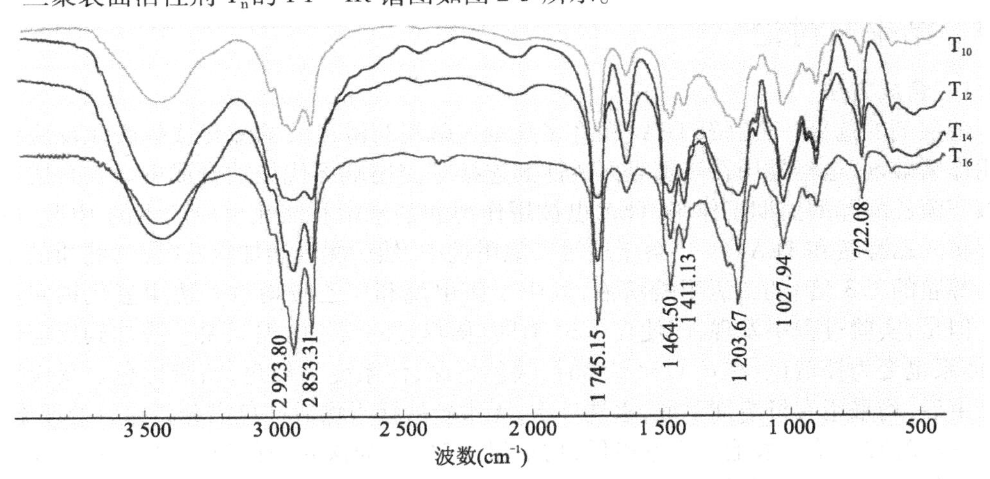

图 2-3　季铵盐三聚表面活性剂 T_n的 FT－IR 谱图

其中 2 924 cm^{-1}、2 853 cm^{-1}两处吸收峰分别对应 C－H 的反对称伸缩振动和对称伸缩振动;1 746 cm^{-1}处吸收峰对应羰基C＝O双键的伸缩振动;1 464 cm^{-1}、1 411 cm^{-1}两处吸收峰分别对应 C－H 的不对称弯曲振动和对称弯曲振动;1 204 cm^{-1}处吸收峰对应 C－O－C 的伸缩振动;1 028 cm^{-1}处吸收峰对应 C－N^+的伸缩振动;722 cm^{-1}处吸收峰对应长链亚甲基 C－H 平面摇摆振动。

2.3.2.2　核磁共振氢谱(^{1}H NMR)

中间产物三乙醇胺三溴乙酸酯的^{1}H NMR 谱图如图 2-4 所示,分子中三种氢(a－c)原子的化学位移值(δ)归属已在图中标明。具体化学位移值归纳如下:^{1}H NMR (CDCl$_3$, ppm): δ 4.23 (t, 6 H), 3.86 (s, 6 H), 2.89 (t, 6 H)。

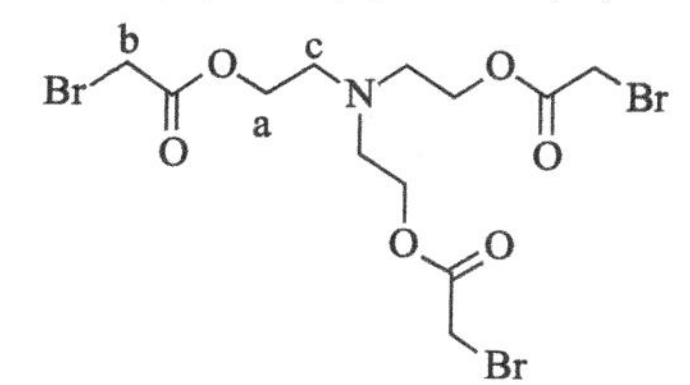

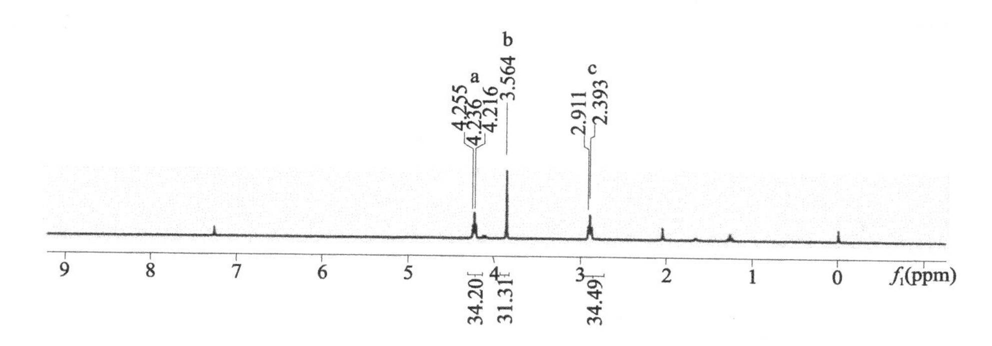

图 2-4　三乙醇胺三溴乙酸酯的^{1}H NMR 谱图

三聚表面活性剂 T_n的^{1}H NMR 谱图分别如图 2-5～图 2-8 所示,分子中八种氢原子(a－h)的化学位移值归属已在图中标明。T_{10}、T_{12}、T_{14}、T_{16}的^{1}H NMR 谱图类似,只有 g 处氢原子的相对积分面积不同,与它们的分子结构吻合。具体氢原子化学位移值归纳如下:

T_{10}(CDCl$_3$, ppm): δ 5.29 (s, 6 H), 4.32 (s, 6 H), 3.86 (s, 6 H), 3.57 (s, 18 H), 2.91 (s, 6 H), 1.78 (d, 6 H), 1.35～1.25(t, 42 H), 0.88 (t, 9 H)。

T_{12}(CDCl$_3$, ppm): δ 5.42 (s, 6 H), 4.32 (s, 6 H), 3.86 (t, 6 H), 3.55 (s, 18 H), 2.89 (s, 6 H), 1.77 (s, 6 H), 1.35～1.25(d, 54 H), 0.88 (t, 9 H)。

T_{14}(CDCl$_3$, ppm): δ 5.38 (s, 6 H), 4.31 (s, 6 H), 3.88 (t, 6 H), 3.56 (s, 18 H), 2.87 (s, 6 H), 1.77 (s, 6 H), 1.35～1.25(d, 66 H), 0.88 (t, 9 H)。

T_{16}(CDCl$_3$, ppm): δ 5.37 (s, 6 H), 4.31 (s, 6 H), 3.86 (s, 6 H), 3.56 (s, 18 H), 2.88 (s, 6 H), 1.78 (s, 6 H), 1.35～1.25(d, 78 H), 0.88 (t, 9 H)。

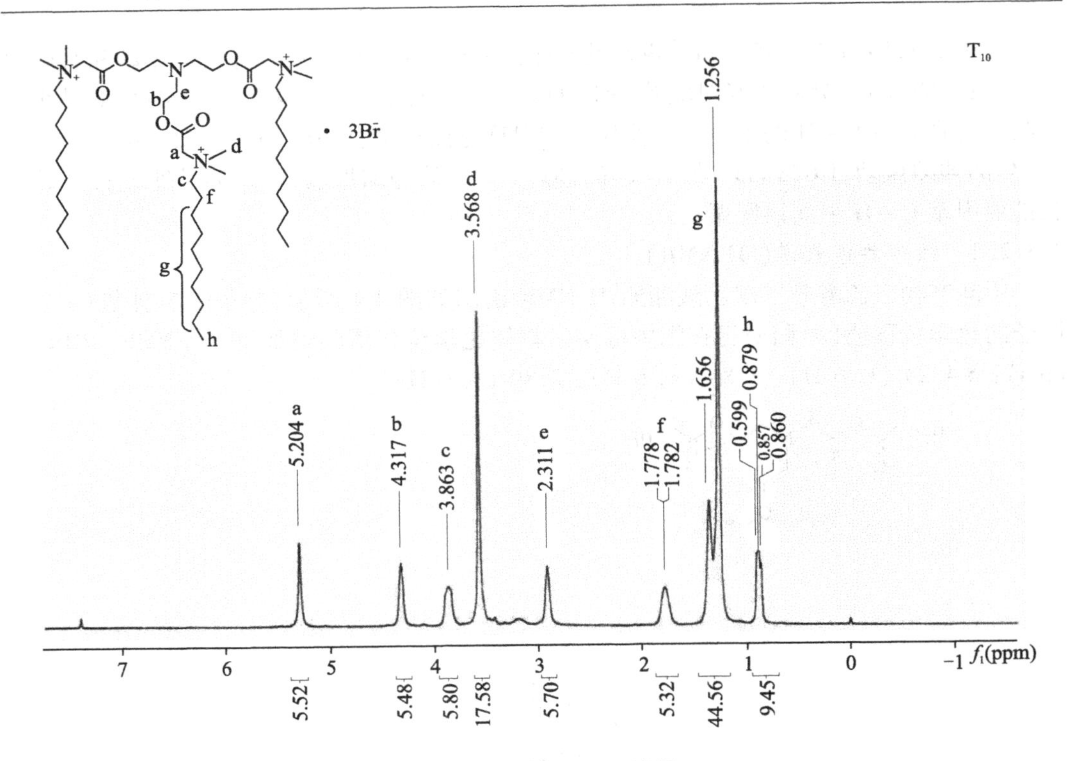

图 2-5　T_{10}的^{1}H NMR 谱图

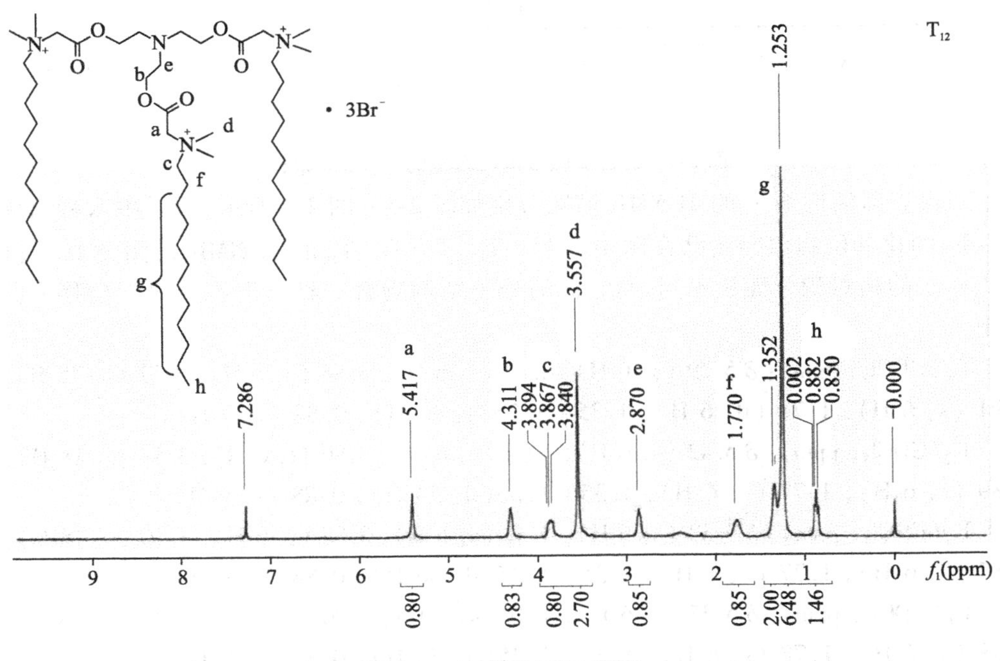

图 2-6　T_{12}的^{1}H NMR 谱图

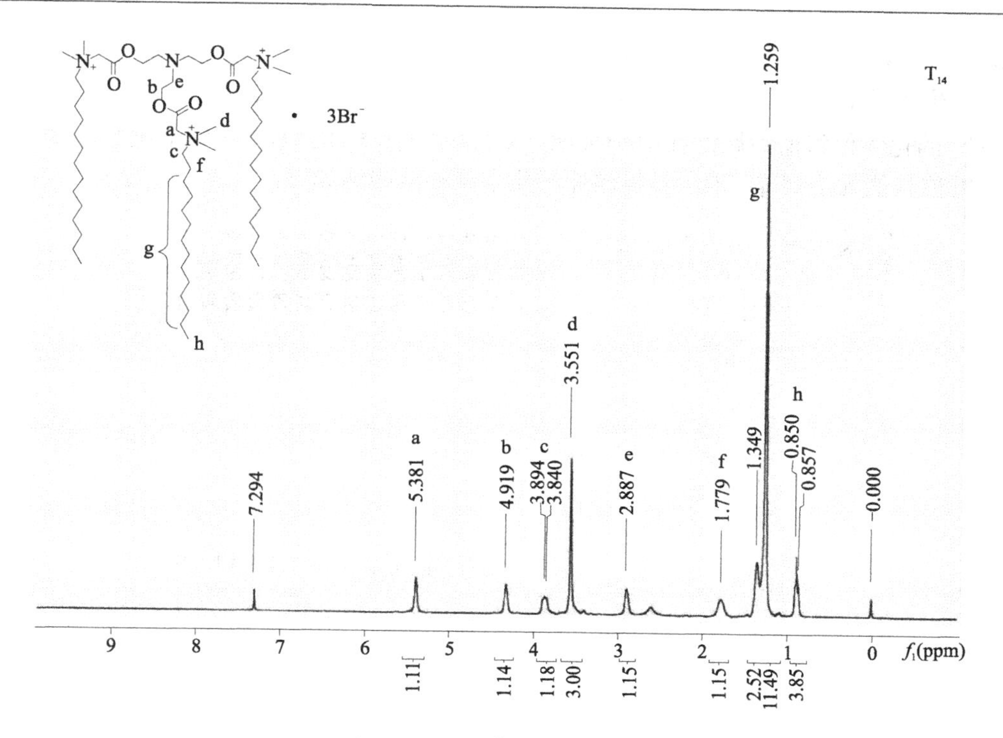

图 2-7　T_{14}的^{1}H NMR 谱图

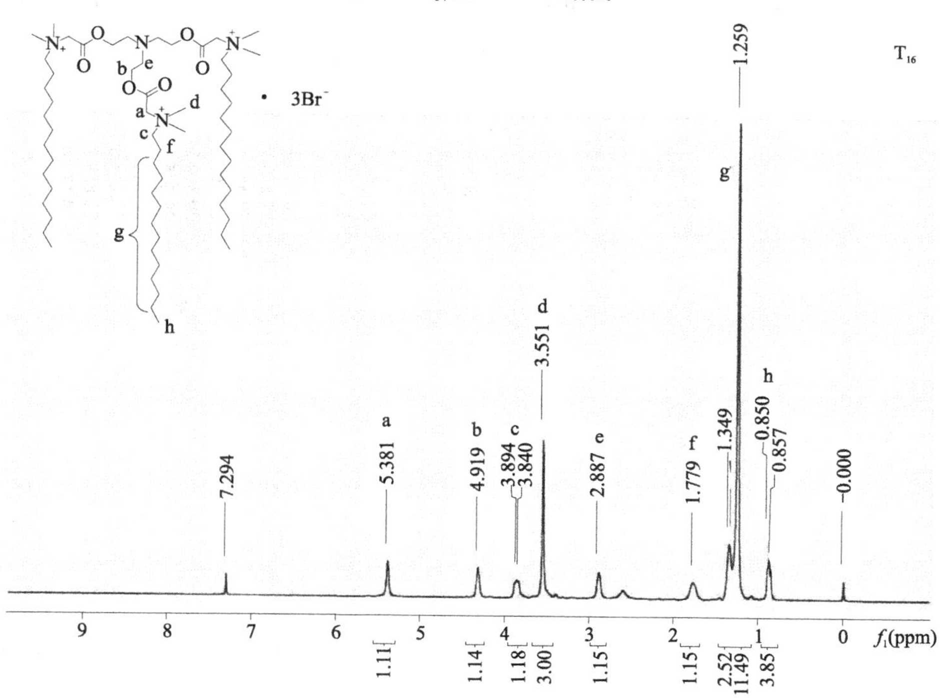

图 2-8　T_{16}的^{1}H NMR 谱图

2.3.2.3 核磁共振碳谱(^{13}C NMR)

三聚表面活性剂 T_n 的^{13}C NMR 谱图分别如图 2-9 ~ 图 2-12 所示，分子中 11 种碳原子(a－h)的化学位移值归属已在图中标明。T_{10}、T_{12}、T_{14}、T_{16} 的^{13}C NMR 谱图类似，其中 77 左右的位移值为溶剂 $CDCl_3$。具体碳原子化学位移值归纳如下：

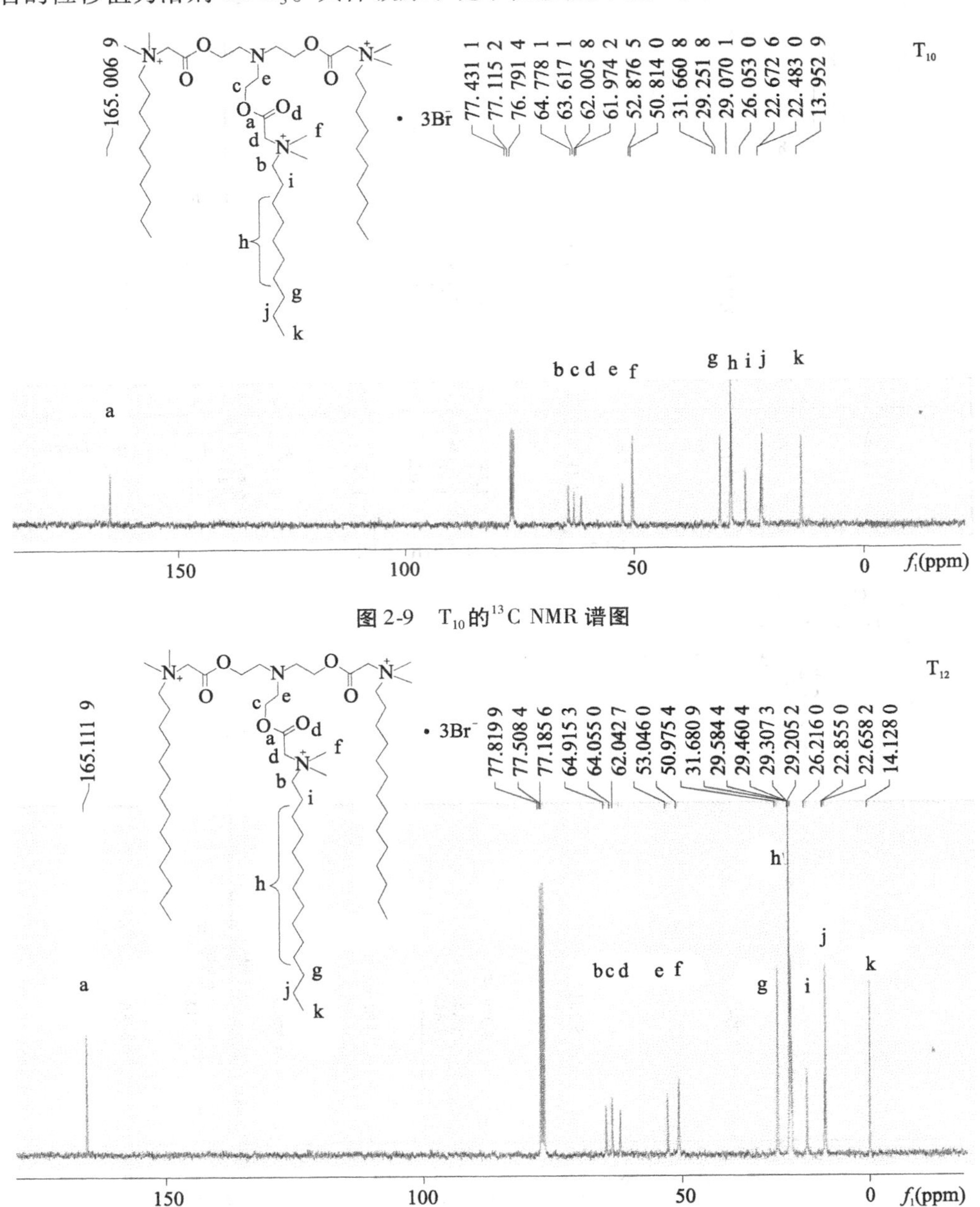

图 2-9 T_{10} 的^{13}C NMR 谱图

图 2-10 T_{12} 的^{13}C NMR 谱图

T_{10}($CDCl_3$, ppm)：165.0, 64.8, 63.6, 62.0, 61.9, 52.9, 50.8, 31.7, 29.2, 29.1, 26.0, 22.7, 22.5, 14.0。

T_{12}（$CDCl_3$，ppm）：165.1，64.9，64.0，62.0，53.0，51.0，31.9，29.6，29.5，29.3，29.2，26.2，22.8，22.6，14.1。

T_{14}（$CDCl_3$，ppm）：165.2，65.0，63.8，62.3，53.1，51.0，32.0，29.7，29.6，29.5，29.4，29.3，26.3，22.9，22.7，14.2。

T_{16}（$CDCl_3$，ppm）：165.1，64.8，63.4，62.2，52.9，50.8，31.8，29.6，29.4，29.3，29.2，29.1，26.1，22.7，22.6，14.0。

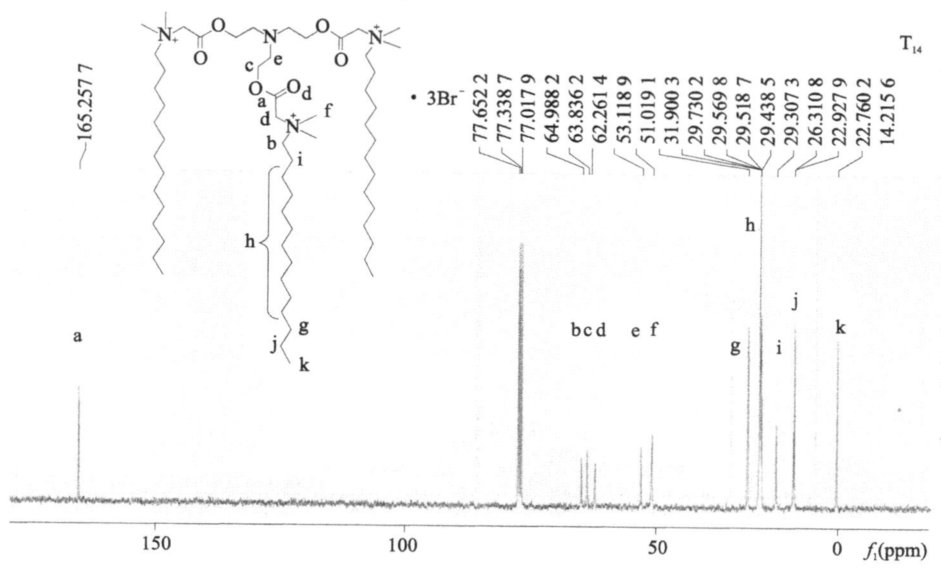

图 2-11　T_{14}的^{13}C NMR 谱图

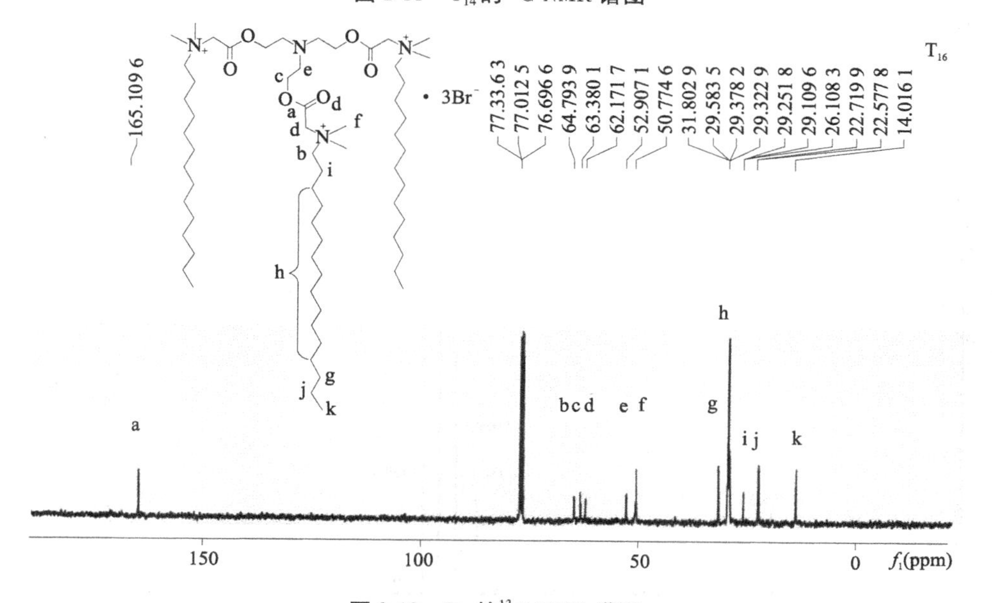

图 2-12　T_{16}的^{13}C NMR 谱图

2.3.2.4　电喷雾质谱(ESI－MS)

T_{10}、T_{12}、T_{14}、T_{16}的ESI－MS谱图分别如图2-13～图2-16所示。它们的分子离子峰理论值M依次为1 068.0、1 152.2、1 236.4、1 320.5，各自的碎片离子峰归属如下：

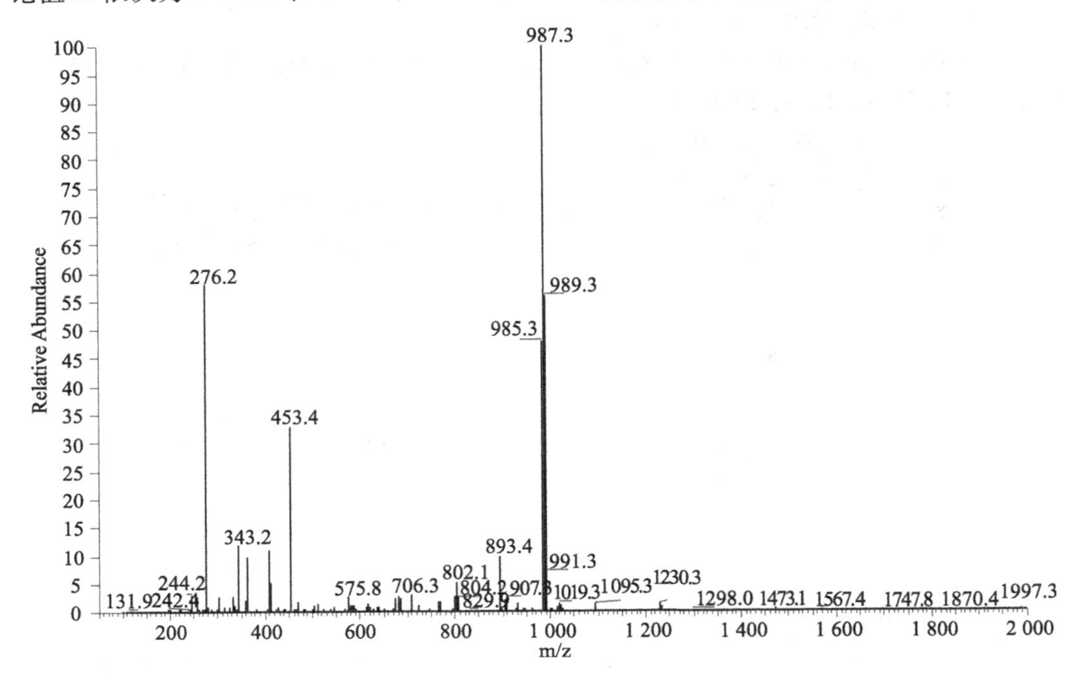

图2-13　T_{10}的ESI－MS谱图

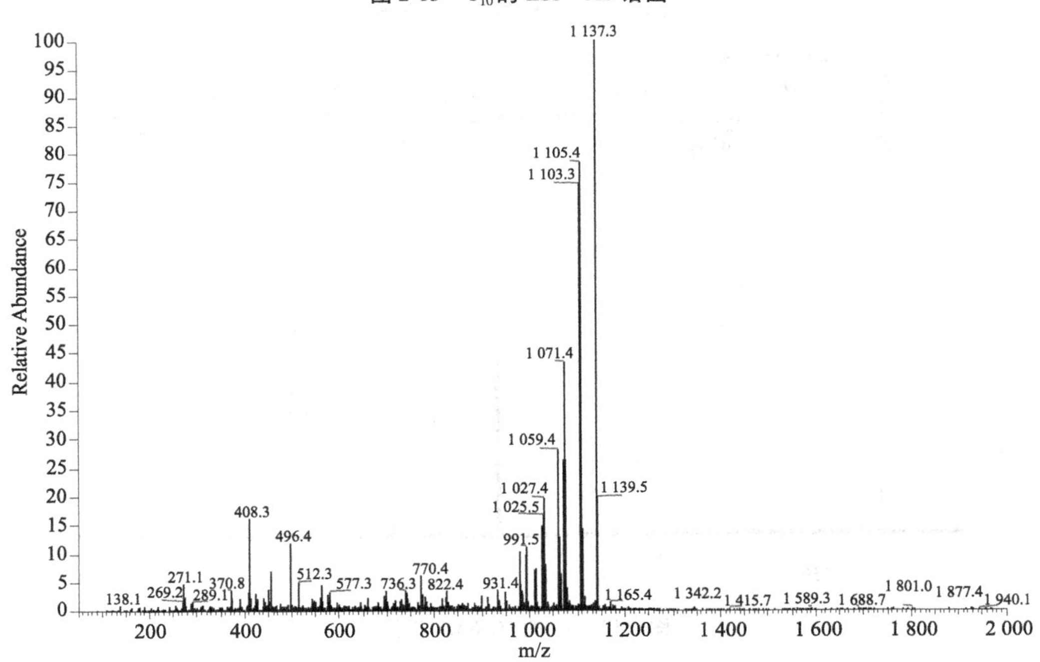

图2-14　T_{12}的ESI－MS谱图

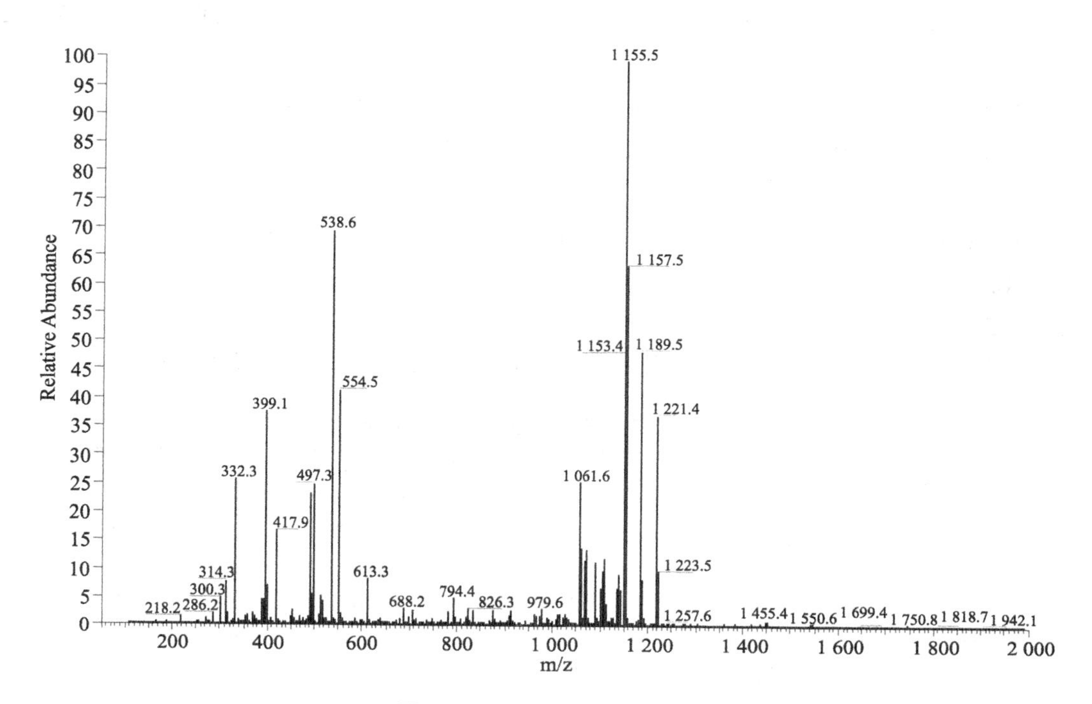

图 2-15　T_{14}的 ESI－MS 谱图

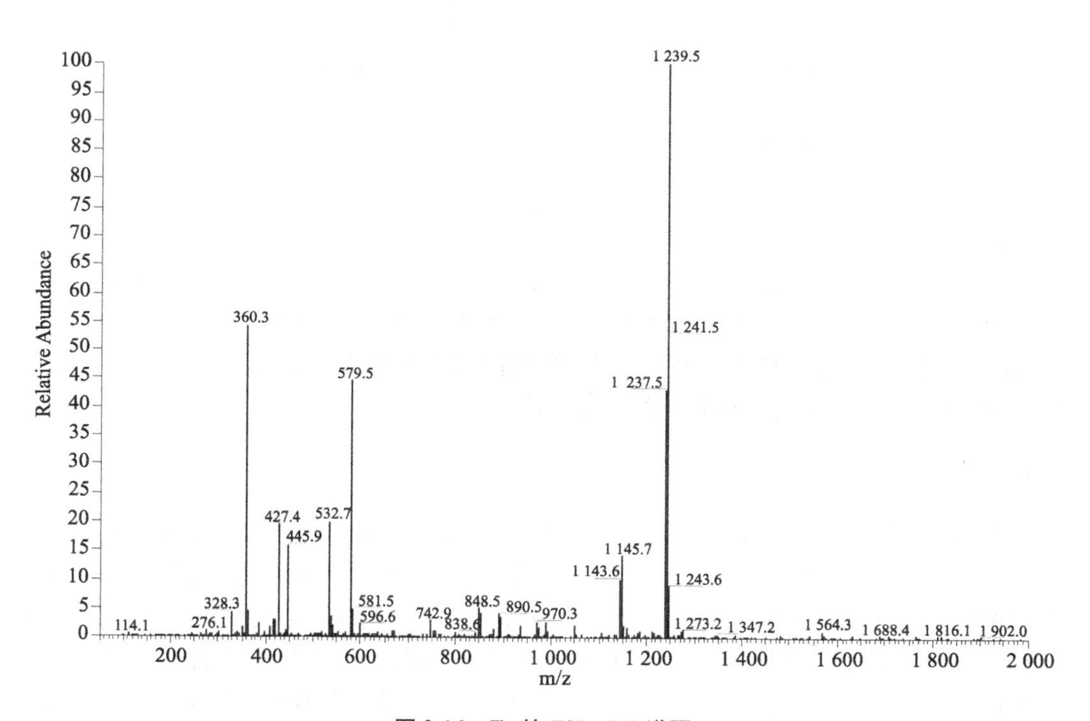

图 2-16　T_{16}的 ESI－MS 谱图

T_{10}(positive, CH_3CN, m/z): 276.2 [$M-3Br^-$]$^{3+}$, 453.4 [$M-2Br^-$]$^{2+}$, 987.3 [$M-Br^-$]$^+$。

T_{12}(positive, CH_3CN, m/z): 496.4 [$M-2Br^-$]$^{2+}$, 1071.4 [$M-Br^-$]$^+$。

T_{14}(positive, CH_3CN, m/z): 332.3 [$M-3Br^-$]$^{3+}$, 538.6 [$M-2Br^-$]$^{2+}$, 1155.5 [$M-Br^-$]$^+$。

T_{16}(positive, CH_3CN, m/z): 360.3 [$M-3Br^-$]$^{3+}$, 579.5 [$M-2Br^-$]$^{2+}$, 1239.5 [$M-Br^-$]$^+$。

2.3.2.5 元素分析

三聚表面活性剂 T_n中 C、H、N 含量的理论值与分析结果比对如表 2-1 所示。

表 2-1 三聚表面活性剂 T_n元素分析

三聚表面活性剂		C(%)	H(%)	N(%)
T_{10}	理论值	53.98	9.34	5.25
	测量值	53.60	10.10	5.02
T_{12}	理论值	56.29	9.71	4.86
	测量值	55.93	10.13	4.72
T_{14}	理论值	58.29	10.03	4.53
	测量值	57.34	10.72	4.36
T_{16}	理论值	60.03	10.30	4.24
	测量值	59.79	10.56	4.20

综合以上红外光谱、核磁共振氢谱、核磁共振碳谱、电喷雾质谱和元素分析结果,所合成的三聚表面活性剂确为纯度较高的目标产物。

2.4 小 结

以三乙醇胺、溴乙酰溴和长链叔胺为原料,通过简便高效的两步反应成功合成了四种不同疏水链长度的新型季铵盐三聚表面活性剂。经红外光谱、核磁共振氢谱、核磁共振碳谱、电喷雾质谱和元素分析等结构表征方法确认其分子结构确为目标产物且具有较高的纯度。这为其后续性质测试和应用研究提供了可靠的保障。此外,碳酸钾缚酸剂和两相反应体系的应用降低了反应条件要求,简化了实验操作,对于类似连接基团的合成具有重要的参考价值。

参考文献

[1] Yoshimura T, Kusano T, Iwase H, et al. Star-shaped trimeric quaternary ammonium bromide surfactants: adsorption and aggregation properties [J]. Langmuir, 2012, 28:9322-9331.

[2] Xu H J, Chen D D, Cui Z G, et al. Study on the synthesis and surface active properties of a novel surfactant with triple quaternary ammonium groups and triple dodecyl chains derived from glycerin [J]. Journal of Surfactants and Detergents, 2011, 14:167-172.

[3] Zhou M, Zhao J, Wang X, et al. Synthesis and Characterization of Novel Surfactants 1, 2, 3 - tri (2 - oxypropylsulfonate - 3 - alkylether - propoxy) Propanes [J]. Journal of Surfactants and Detergents, 2013, 16: 665-672.

[4] Yang F, Li G, Qi J, et al. Synthesis and surface activity properties of alkylphenol polyoxyethylene nonionic trimeric surfactants [J]. Applied Surface Science, 2010, 257:312-318.

[5] Pernak J, Skrzypczak A, Lota G, et al. Synthesis and properties of trigeminal tricationic ionic liquids [J]. Chemistry - A European Journal, 2007, 13:3106-3112.

[6] Yoshimura T, Yoshida H, Ohno A, et al. Physicochemical properties of quaternary ammonium bromide - type trimeric surfactants [J]. Journal of Colloid and Interface Science, 2003, 267:167-172.

[7] Laschewsky A, Wattebled L, Arotçaréna M, et al. Synthesis and properties of cationic oligomeric surfactants [J]. Langmuir, 2005, 21:7170-7179.

[8] Zhu H, Guo J W, Yang C F, et al. Synthesis of adamantane - based trimeric cationic surfactants [J]. Synthetic Communications, 2013, 43:1161-1167.

[9] Węgrzyńska J, Chlebicki J, Preparation, surface - active and antielectrostatic properties of multiple quaternary ammonium salts [J]. Journal of Surfactants and Detergents, 2006, 9:221-226.

[10] Wu C X, Hou Y B, Deng M L, et al. Molecular conformation - controlled vesicle/micelle transition of cationic trimeric surfactants in aqueous solution [J]. Langmuir, 2010, 26:7922-7927.

[11] Yoshimura T, Kimura N, Onitsuka E, et al. Synthesis and surface - active properties of trimeric - type anionic surfactants derived from tris(2 - aminoethyl) amine [J]. Journal of Surfactants and Detergents, 2004, 7:67-74.

[12] Abdul - Raouf M E S, Abdul - Raheim A R M, Maysour N E S, et al. Synthesis, surface - active properties, and emulsification efficiency of trimeric - type nonionic surfactants derived from tris (2 - aminoethyl) amine [J]. Journal of Surfactants and Detergents, 2011, 14:185-193.

[13] Cai L, Wang S F. Elucidating colorization in the functionalization of hydroxyl - containing polymers using unsaturated anhydrides/acyl chlorides in the presence of triethylamine [J]. Biomacromolecules, 2009, 11:304-307.

[14] Wang S F, Lu L C, Gruetzmacher J A, et al. Synthesis and characterizations of biodegradable and crosslinkable poly (epsilon - caprolactone fumarate), poly (ethylene glycol fumarate), and their amphiphilic copolymer [J]. Biomaterials, 2006, 27:832-841.

[15] 杨发福，郭红玉，黄秋锋，等. 具有酯基和酰氨基的新型杯[4]冠醚与杯[6]冠醚的合成 [J]. 有机化学，2004，23:1435-1437.

[16] 常军，郑玉斌，尚宏周. 主链含 5 - 氟尿嘧啶聚酯酰胺的合成及体外释药性能研究 [J]. 沈阳理工大学学报，2009，28:50-54.

[17] Kim Y H, Stites W E. Effects of excluded volume upon protein stability in covalently cross – linked proteins with variable linker lengths [J]. Biochemistry, 2008, 47:8804-8814.
[18] Zana R. Dimeric and oligomeric surfactants, behavior at interfaces and in aqueous solution: a review [J]. Advances in Colloid and Interface Science, 2002, 97:205-253.

第3章　新型季铵盐三聚表面活性剂的性质研究

3.1　引　言

近年来,作为低聚表面活性领域的新秀,三聚表面活性剂的性质研究已逐渐成为胶体界面科学领域的热点。由于连接基团的拉近效果,削弱了亲水头基间的相互排斥作用,三个亲水头基间距和三个疏水链间距缩短,从而使疏水链之间的相互作用增强,疏水链排列更紧密,三聚表面活性剂不仅能够更有效地吸附在水的表面,降低水的表面张力,而且胶团稳定性增强,胶团化倾向更强。但是由于合成难度较大,成功合成的三聚表面活性剂数量十分有限,国内外科研工作者对三聚表面活性剂的研究还停留在初步探索阶段,对其结构和性质关系缺乏系统认识。对新型结构三聚表面活性剂的物理化学性质研究有利于表面活性剂理论的发展和完善,同时也为其他新型低聚表面活性剂的开发和应用提供重要数据和理论支持。

本章对新型季铵盐三聚表面活性剂 T_n 的性质研究包括以下内容:在乙醇溶液中的化学稳定性测试;临界溶解温度克拉夫特点(Krafft point)的测定;通过表面张力、电导和稳态荧光方法研究三聚表面活性剂在空气/水界面的吸附行为、临界胶束浓度和聚集体微极性;通过动态光散射、透射电镜、核磁方法初步探索三聚表面活性剂浓度对其在水溶液中聚集体形态的影响。

3.2　实验部分

3.2.1　实验试剂和仪器

主要试剂:季铵盐三聚表面活性剂 T_{10}、T_{12}、T_{14}、T_{16}(合成过程见第2章);芘,Alfa Aesar公司(纯度≥98%),使用前用无水乙醇重结晶三次;无水乙醇、乙酸乙酯,分析纯,国药集团化学试剂有限公司;实验中所用水均为超纯水。

主要仪器:DF-101S型恒温加热磁力搅拌器(河南省予华仪器有限公司);RE-52C型旋转蒸发仪(巩义市英峪予华仪器厂);SHB-Ⅲ型循环水式多用真空水泵(郑州长城科工贸有限公司);AUY120型电子天平(日本岛津公司);NICOLET 5700型红外光谱仪(美国Nicolet公司);MERCURY-VX300MHZ型核磁共振波谱仪(美国Varian公司);P/ACE MDQ型质谱仪(美国贝克曼公司);QBZY-2型全自动表面张力仪(上海方瑞仪器有限公司);DC0506型超级恒温槽(上海方瑞仪器有限公司);InoLab Cond 730型台式电导率仪(德国WTW公司);Hitachi F-4600型荧光光谱仪(日本日立公司);Malvern Zeta-Size Nano ZS型动态光散射粒度分析仪(英国马尔文仪器有限公司);JEM-2100型透射

电子显微镜(日本电子公司)。

3.2.2 实验方法

3.2.2.1 乙醇溶液中的化学稳定性测试

分别称取1.50 g三聚表面活性剂T_{10}、T_{12}、T_{14}、T_{16}溶于35 mL无水乙醇中,均加热回流4 h,停止反应后,减压除去乙醇溶剂,使用乙酸乙酯重结晶5次(T_{10}反应产物易溶于乙酸乙酯,难以结晶,未得到反应产物),得到白色粉末固体,并进行了红外光谱、核磁共振氢谱、核磁共振碳谱、电喷雾质谱表征。

3.2.2.2 克拉夫特点的测定

室温下,分别配制质量分数为0.5%的三聚表面活性剂T_{10}、T_{12}、T_{14}、T_{16}水溶液,然后静置于4 ℃的冰箱中24 h,观察溶液状态。如果溶液呈浑浊状态,则从4 ℃起缓慢加热并搅拌,直至浑浊消失,溶液恢复澄清透明,记录此时温度。

3.2.2.3 表面张力的测量

采用逐级稀释法分别配制一系列10 mL不同浓度的三聚表面活性剂T_{10}、T_{12}、T_{14}、T_{16}水溶液,置于50 mL烧杯中,然后用保鲜膜密封以防水分挥发和空气中粉尘的干扰,室温平衡12 h后采用白金环法测量表面活性剂溶液的表面张力。在测量表面张力的过程中需要注意:移动平衡后的测试溶液到恒温测试台时一定要避免扰动溶液界面;每个浓度样品恒温25 min以后才可以测量;每测量一个样品后,白金环一定要彻底清洗并用酒精灯灼烧,定期测量超纯水的表面张力来保证白金环的洁净程度,确保测量数据的有效性。测量过程中,温度保持在(25.0 ± 0.1)℃。

3.2.2.4 电导率的测量

首先配制一定浓度的三聚表面活性剂水溶液,然后准确移取30 mL超纯水到50 mL洁净的烧杯(内含干净磁子一个)中,并将其置于恒温水浴中。随后将预先清洗过的电极插入烧杯水溶液中,搅拌至溶液温度达到25.0 ℃即可开始测量电导率(注意:若此时溶液电导率值超过1.0 μS/cm,则说明电极或者烧杯和磁子不洁净,需要重新清洗,直至电导率值低于1.0 μS/cm)。使用微量移液器将100 μL已知浓度的三聚表面活性剂水溶液迅速加入到烧杯中,待电导率仪数值稳定后记录电导率值,然后加入100 μL表面活性剂水溶液并记录电导率值,如此循环测量不同浓度的三聚表面活性剂水溶液的电导率。测量过程中,温度保持在(25.0 ± 0.1)℃。

3.2.2.5 稳态荧光测量

首先配制浓度为10^{-3} mol/L的芘的丙酮溶液,然后采用逐级稀释法配制4 mL不同浓度的三聚表面活性剂水溶液,置于10 mL具塞比色管中,并向每个样品中注入4 μL芘的丙酮溶液(每个样品中芘的浓度为10^{-6} mol/L)。超声震荡1 h后,在荧光光谱仪上测量芘的发射光谱。由于丙酮的浓度极低,其对测量结果的影响完全可以忽略不计。荧光测量条件设置:激发波长335 nm,发射波长扫描范围为350~450 nm,激发和发射狭缝均为2.5 nm。测试过程中,温度保持在25.0 ℃左右。

3.2.2.6　动态光散射

配制 3 份 5 mL 不同浓度的三聚表面活性剂水溶液(浓度为电导率法测得的临界胶束浓度的 2、10、50 倍),然后均用 0.22 μm 混合纤维素酯膜过滤除尘,将过滤液置于预先使用滤膜过滤除尘的水清洗过的样品瓶中,随后将样品瓶密封,在室温下静置 8 h。将静置后的样品移至清洗除尘过的聚丙烯测试样品池,用动态光散射粒度分析仪测试其粒径分布。粒度仪采用入射波长为 632.8 nm 的固态 He - Ne 激光光源,散射角固定为 173°。光散射测量自相关函数使用 CONTIN 方法分析,流体力学半径(R_h)用 Stokes - Einstein 方程 $R_h = k_B T/(6\pi\eta D)$ 计算得到,其中 k_B 为玻尔兹曼常数,T 为绝对温度,D 为扩散系数,η 为溶液黏度。测量过程中,温度保持在 25.0 ℃。

3.2.2.7　透射电镜

配制 2 份 5 mL 不同浓度的三聚表面活性剂水溶液(浓度为电导率法测得的临界胶束浓度的 10、50 倍),室温静置 12 h。透射电镜样品采用负染法制备,以 3% 质量浓度的磷钨酸钠(pH = 7)为染色剂。用微量移液器滴加一滴表面活性剂溶液于碳膜覆盖的铜网(200 mesh)上,静置 5 min 后,用滤纸从铜网的边缘将过量的溶液吸走并保证在铜网上能够形成均匀的薄膜。然后将适量的磷钨酸钠滴加在铜网上,静置 3 min 后,用滤纸小心地从铜网的边缘将过量的磷钨酸钠溶液吸走,再在微弱的红外灯下静置 15 min 后,上机观察样品。

3.2.2.8　核磁共振氢谱

以 D_2O 为溶剂,配制 5 份 0.5 mL 不同浓度的 T_{12} 溶液(浓度为电导率法测得的临界胶束浓度的 5、10、25、50、100 倍),室温静置 12 h 后,在 MERCURY - VX300MHZ 型核磁仪上测定它们的氢谱。测试过程中,溶剂峰化学位移值均设定为 4.790 ppm。

3.3　结果与讨论

3.3.1　乙醇溶液中的化学稳定性

在表面活性剂的合成和实际应用中,乙醇作为一种经常使用的表面活性剂良溶剂,对表面活性剂结构稳定性的影响是必须考虑的。Menger 等曾报道含酯基连接基团的四聚和六聚表面活性剂可以在水溶液中较长时间保持结构稳定,但在醇溶液中数小时内结构就会发生明显变化。本书中所合成的含酯基连接基团的三聚表面活性剂 T_n 与 Menger 合成的低聚表面活性剂具有相同的主要官能团,其在醇溶液中也可能发生类似的结构变化。由于 T_n 本身是不能溶于热乙酸乙酯的,而实验中 T_n 在热乙醇中的产物却能溶于热乙酸乙酯,这说明 T_n 在乙醇中确实发生了结构变化。其中,除了 T_{10} 在乙醇中的产物难以结晶外,T_{12}、T_{14}、T_{16} 的反应产物均可由乙酸乙酯重结晶得到。鉴于三种反应产物结构表征结果类似,这里仅以 T_{12} 的反应产物结构表征为代表来分析 T_n 在乙醇溶液中的具体结构变化(T_{12} 本身的红外光谱、核磁共振氢谱、核磁共振碳谱、电喷雾质谱见第 2 章)。

如图 3-1 所示，2 925 cm^{-1}、2 854 cm^{-1}两处吸收峰分别对应 C－H 的反对称伸缩振动和对称伸缩振动；1 751 cm^{-1}处吸收峰对应羰基 C＝O 双键的伸缩振动；1 470 cm^{-1}、1 414 cm^{-1}两处吸收峰分别对应 C－H 的不对称弯曲振动和对称弯曲振动；1 230 cm^{-1}、1 208 cm^{-1}处吸收峰对应 C－O－C 的伸缩振动；1 033 cm^{-1}处吸收峰对应 $C-N^+$的伸缩振动；721 cm^{-1}处吸收峰对应长链亚甲基 C－H 平面摇摆振动。T_{12}在乙醇中反应产物与 T_{12}具有相同的红外吸收峰，意味着其分子结构也包含 $-CH_3$、C＝O、C－O、$C-N^+$、$-CH_2-$等结构单元。

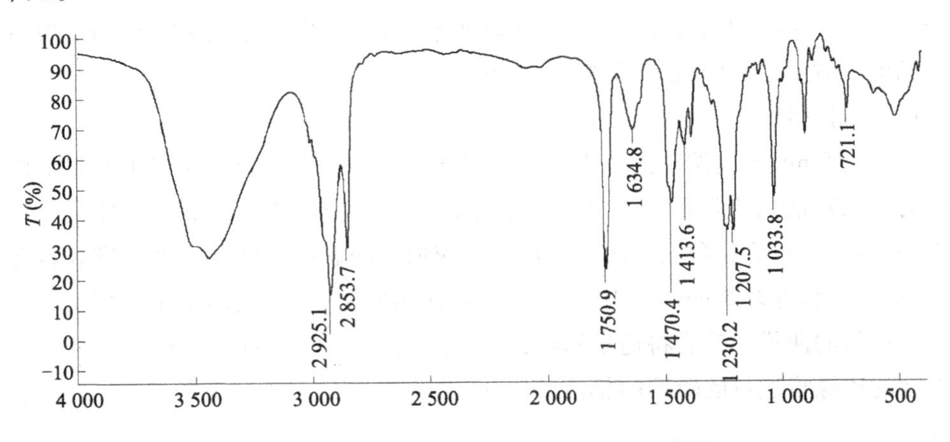

图 3-1　T_{12}在乙醇中反应产物的 FT－IR 谱图

T_{12}在乙醇中反应产物的^{1}H NMR 谱图如图 3-2 所示，以下是其氢原子具体化学位移值 δ_H($CDCl_3$, ppm)：5.01 (s, 2 H), 4.26 (q, 2 H), 3.82 (t, 2 H), 3.66 (s, 6 H), 1.77 (s,2 H), 1.36～1.28(d, 21 H), 0.91 (t, 3 H)。与 T_{12}(化学结构式见图 3-3(a))的^{1}H NMR 谱图相比，e 处氢的化学位移值消失；b 处氢的化学位移值变化不大，但自旋裂分峰由三重峰变为四重峰，说明旁边不再是亚甲基，而是甲基；g 处氢裂分峰增加且个数增加了 3 个；其他位置氢的个数保持不变，位移值变化很小。以上现象说明 e 处不再是亚甲基，而是甲基，氢的化学位移值和个数也正好能够归属到 g 处氢。结合红外光谱分析结果，推测 T_{12}在乙醇溶液中反应产物应为图 3-3(b)所示结构，其分子中七种氢(1～7)均与^{1}H NMR 谱图匹配。

此外，T_{12}在乙醇中反应产物的^{13}C NMR 谱图如图 3-4 所示，以下是其碳原子化学位移值 δ_C($CDCl_3$, ppm)：164.3, 63.5, 61.8, 60.5, 51.1, 31.2, 28.9, 28.7, 28.6, 28.4, 25.5, 22.1, 21.9, 13.4, 13.3。T_{12}在乙醇中反应产物的 ESI－MS 谱图如图 3-5 所示，离子峰(positive, CH_3CN, m/z)为 300.2。以上结果均与图 3-3(b)所示结构吻合，证实了 T_{12}在乙醇中反应产物确为此结构。

综合以上结构表征分析结果，三聚表面活性剂 T_n易与乙醇发生酯交换反应，分解生成单链表面活性剂。因此，在 T_n的应用中要避免与醇溶液的接触。其他类似含酯基表面活性剂的合成和应用也需要注意这一点。

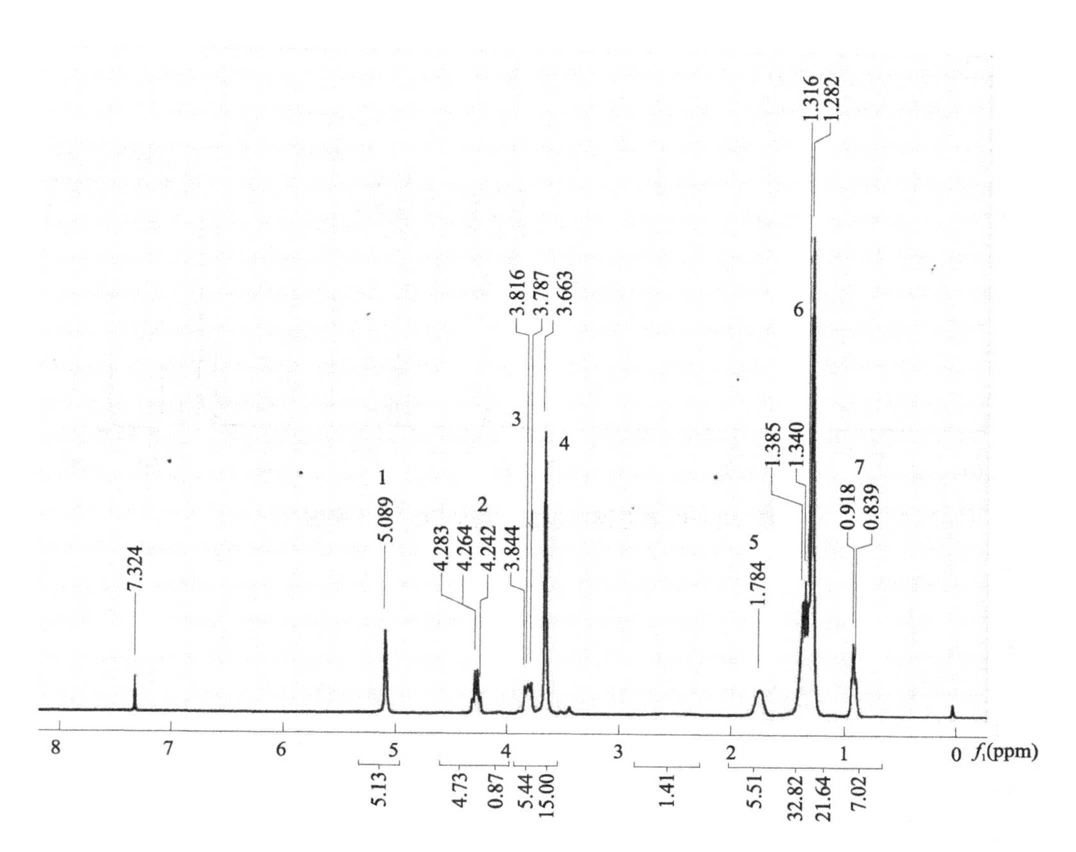

图 3-2　T_{12}在乙醇中反应产物的^{1}H NMR 谱图

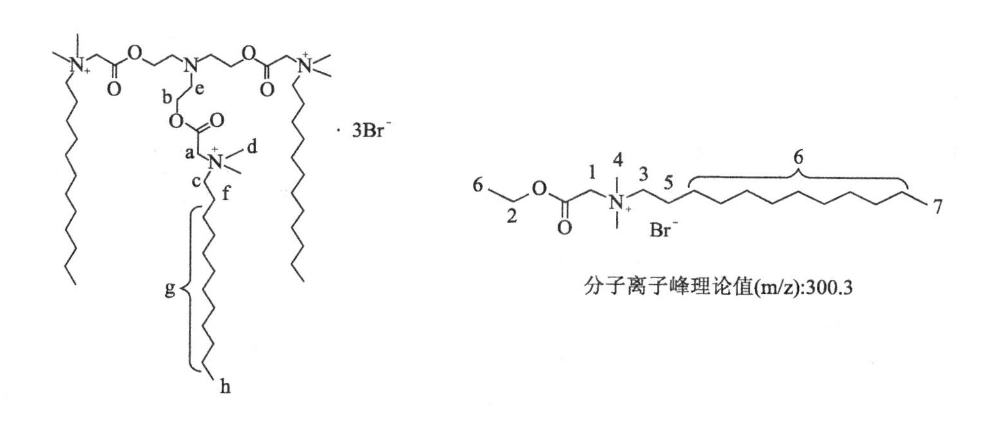

(a) T_{12}化学结构式　　(b) T_{12}在乙醇中反应产物化学结构式

图 3-3　T_{12}及其在乙醇中反应产物的化学结构式

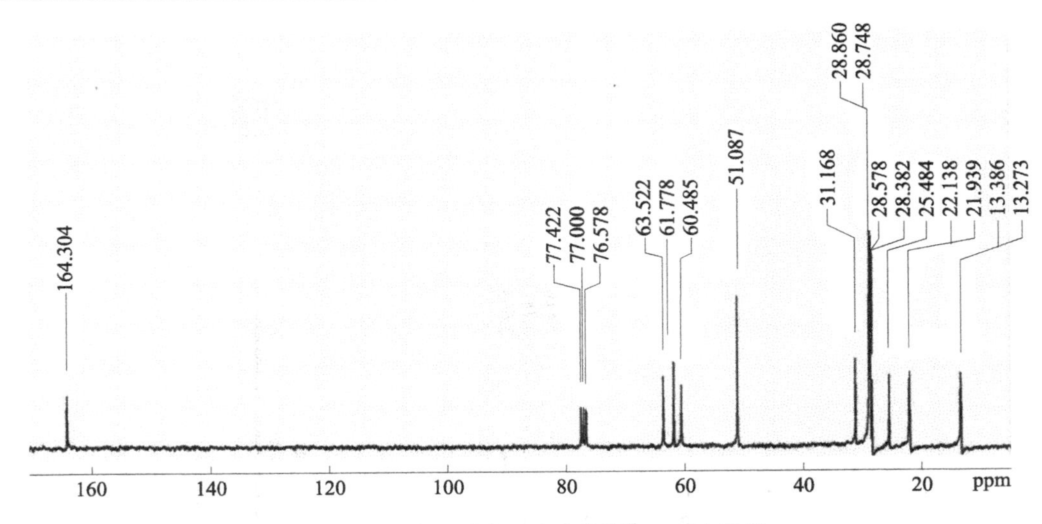

图 3-4 T_{12}在乙醇中反应产物的^{13}C NMR 谱图

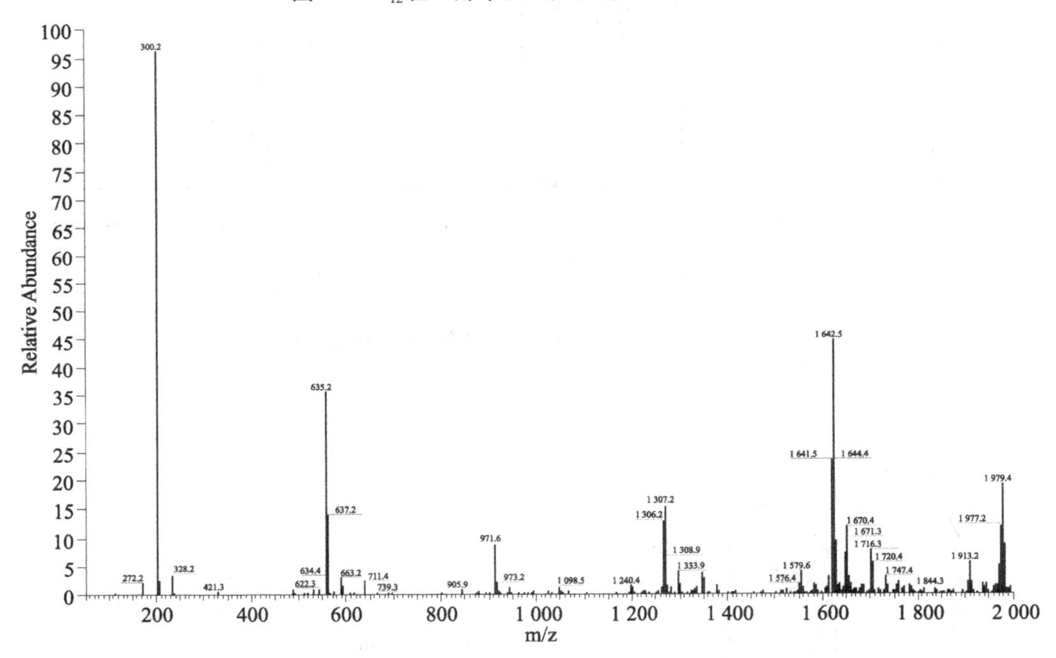

图 3-5 T_{12}在乙醇中反应产物的 ESI－MS 谱图

3.3.2 克拉夫特点

离子型表面活性剂在水溶液中的溶解度随温度的变化而变化，当温度升高至某一点时，表面活性剂的溶解度会急剧升高，此时的温度称为克拉夫特点。克拉夫特点代表表面活性剂应用时的温度下限，只有当环境温度高于它时，表面活性剂才能较好地发挥作用。一般情况下，克拉夫特点越低，表面活性剂水溶性越好，应用性能越好。

本书采用浊度分析法对三聚表面活性剂 T_n的克拉夫特点进行了测试。4 ℃温度下静置 24 h 的 T_n溶液如图 3-6 所示，T_{10}、T_{12}和 T_{14}水溶液均未出现沉淀，T_{16}水溶液析出白色沉淀。缓慢加热 T_{16} 的浑浊溶液，当温度上升至 6.5 ℃时，沉淀迅速溶解，溶液重新恢复澄清。以上结果表明，T_{10}、T_{12} 和 T_{14} 的克拉夫特点在 4 ℃以下，T_{16} 的克拉夫特点为 6.5 ℃，均低于 25 ℃。因此，尽管 T_n 具有三个长疏水链，但其在室温下的水溶性还是比较好的，保证了 T_n 在水溶液中的应用。

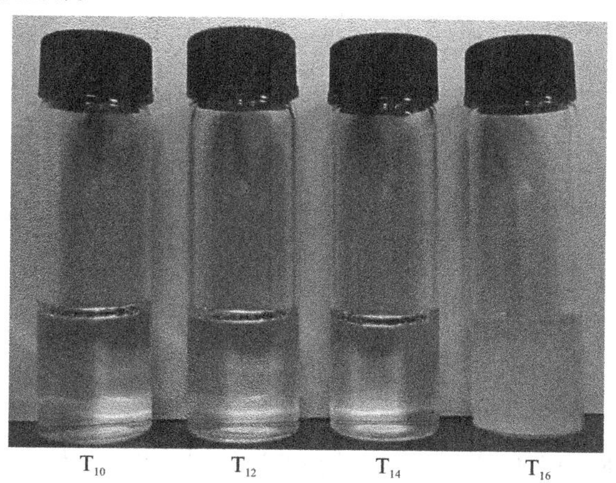

图 3-6　在 4 ℃温度下静置 24 h 的 T_n 溶液

3.3.3　三聚表面活性剂在空气/水界面的吸附行为

表面活性剂是一种两亲分子，由于疏水作用容易吸附在空气/液（一般为水）界面上，形成疏水链朝向空气一侧、亲水离子头基朝向水相的定向吸附层，从而引起水的表面张力降低。表面活性剂能够在加入量很小时就大大降低水的表面张力，对于新型低聚表面活性剂——三聚表面活性剂更是如此。

由季铵盐三聚表面活性剂 T_n 的 γ—lg C 曲线（见图 3-7）可以看出，随着 T_n 浓度的增加，其水溶液的表面张力迅速下降，随后到达一个平台，表面张力基本保持不变。转折点所对应的浓度即为表面活性剂的临界胶束浓度（cmc），意味着表面活性剂分子不再继续吸附在表面上，而是开始在水相中形成聚集体。因此，当 T_n 浓度超过其 cmc 后，表面张力随浓度的增加基本不再变化。在此浓度时的表面张力值 γ_{cmc} 大致等于表面活性剂能把水的表面张力降到的最低值，通常被用来评价表面活性剂降低表面张力的能力。γ_{cmc} 越小，降低表面张力的能力越强。另外两个用来描述表面活性剂表面活性的重要参数 pC_{20}（C_{20} 为使水的表面张力降低 20 mN/m 所需表面活性剂的浓度，pC_{20} 为其负对数）和 cmc/C_{20} 也可以由 γ—lg C 曲线求得。pC_{20} 代表表面活性剂降低水的表面张力的效率。pC_{20} 越大，降低表面张力的效率越高，在实际使用中需要量越少。cmc/C_{20} 可以用来衡量表面活性剂分子吸附在界面或在水相中形成胶束的倾向，较大的 cmc/C_{20} 值说明表面活性剂易于吸附在界面；较小的 cmc/C_{20} 值说明表面活性剂倾向于在水相中形成胶束。

三聚表面活性剂在空气/水界面的极限吸附量 Γ_{max} 及其在饱和吸附时平均每个分子所占有的表面积 A_{min} 也可由 γ—lg C 曲线通过以下公式计算得到。A_{min} 能够直观地反映表面活性剂分子在界面中吸附层的排列紧密程度，其值越小，排列越紧密。

$$\Gamma_{max} = \frac{-1}{2.303nRT}\left(\frac{d\gamma}{d\lg C}\right)_T \tag{3-1}$$

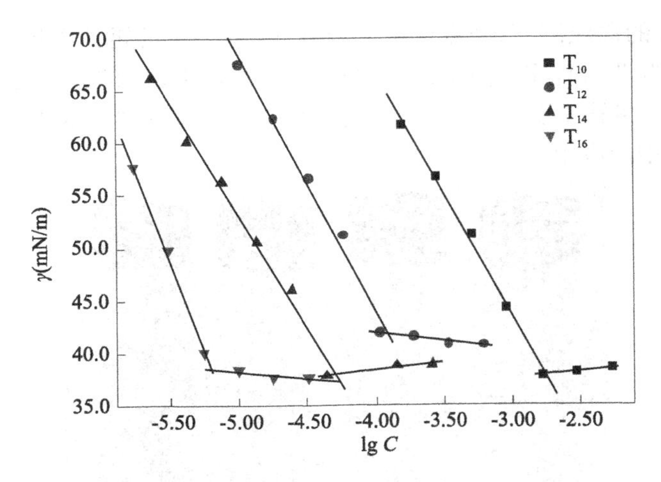

图 3-7　季铵盐三聚表面活性剂 T_n 的 γ—lg C 曲线

$$A_{min} = (N_A \Gamma_{max})^{-1} \times 10^{16} \qquad (3\text{-}2)$$

式中，R 为气体常数（8.314 J·K^{-1}·mol^{-1}）；T 为绝对温度；γ 为表面张力；C 为表面活性剂浓度；n 为常数，取决于空气/水界面吸附的组分的种类；N_A为阿伏加德罗常数。对于不同类型的表面活性剂，Gibbs 吸附公式在计算不同类型表面活性剂吸附参数 Γ_{max}时存在一定的差别，即 n 的取值不同。对于离子型三聚表面活性剂，文献中一般 n 取 4，认为表面活性剂在溶液中完全电离，吸附层中存在 4 个组分（1 个表面活性剂离子和 3 个抗衡离子）。

以上由 γ—lg C 曲线计算得到的三聚表面活性剂 T_n的表面活性参数 cmc、γ_{cmc}、pC_{20}、Γ_{max}、A_{min}均列于表 3-1 中。此外，表 3-1 中还列举了相应单链表面活性剂癸基三甲基溴化铵（C_{10}TAB）、十二烷基三甲基溴化铵（C_{12}TAB）、十四烷基三甲基溴化铵（C_{14}TAB）和十六烷基三甲基溴化铵（C_{16}TAB）的部分表面活性参数。

表 3-1　三聚表面活性剂 T_n 的表面活性参数（25 ℃）

表面活性剂	cmc (mM)	γ_{cmc} (mN/m)	pC_{20}	cmc/C_{20}	$10^6\Gamma_{max}$ (mol/m^2)	A_{min} (nm^2/molecule)
T_{10}	1.73	37.9	3.36	3.96	1.03	1.61
T_{12}	0.124	41.8	4.32	5.93	1.07	1.55
T_{14}	0.050 8	38.0	4.95	4.52	0.93	1.79
T_{16}	0.006 24	38.5	5.60	2.48	1.50	1.11
C_{10}TAB	67.0[a]	40.0[a]	—	—	3.02[b]	0.55[b]
C_{12}TAB	14.0[c]	38.6[c]	2.19[c]	2.16	3.42[c]	0.49[c]
C_{14}TAB	3.61[d]	38.1[d]	2.89[d]	2.8	2.70[d]	0.60[d]
C_{16}TAB	1.00[e]	41.0[e]	3.22[e]	1.66	4.24[e]	0.39[e]

注：a引自文献[1]，b引自文献[15]，c引自文献[14]，d引自文献[16]，e引自文献[17]。

由表3-1可以得知：

(1)T_n的cmc远低于相应的单链表面活性剂，且随着疏水链长度的增加呈指数级下降，说明三聚表面活性剂具有更强的胶团化能力，且随着疏水链的增长聚集能力大大增强。

(2)T_n的pC_{20}值均大于单链表面活性剂且随着疏水链长度的增加而增大，说明三聚表面活性剂降低表面张力的效率更高，并且疏水链越长，降低表面张力的效率越高。

(3)T_n的cmc/C_{20}值均大于相应单链表面活性剂，说明相对于在溶液中形成胶束，三聚表面活性剂更易于吸附在界面上，能够更有效地降低水溶液的表面张力。

(4)T_{10}、T_{12}、T_{14}、T_{16}的γ_{cmc}相差不大且与单链表面活性剂相近，并未表现出更强的降低表面张力的能力。这与其饱和吸附时在界面上的排列方式和紧密程度有关。从表面上看，三聚表面活性剂的A_{min}均大于单链表面活性剂的A_{min}，排列更疏松；但实际上三聚表面活性剂平均每条疏水链所占的面积即$1/3A_{min}$与相应单链表面活性剂的A_{min}相差不多，说明吸附在界面上的三聚表面活性剂分子能够像单链表面活性剂一样垂直界面定向排列且排列紧密程度也与单链表面活性剂差不多。因此，T_n的γ_{cmc}与单链表面活性剂比较接近。

(5)与相应单链表面活性剂类似，三聚表面活性剂T_n的Γ_{max}、A_{min}与疏水链长并无规律性关系。当疏水链为10、12、14时，Γ_{max}和A_{min}相差不大，当疏水链增长到16时，Γ_{max}明显变大，A_{min}变小，这可能是T_{16}较长疏水链间更强的相互作用所导致的。

3.3.4　三聚表面活性剂在水溶液中的聚集行为

3.3.4.1　电导率法

电导率法是测量离子型表面活性剂临界胶束浓度的经典方法。相对于表面张力法，电导率法操作简便，能更准确地反映溶液中聚集体的性质和形成过程。

由图3-8可以看出电导率(κ)随表面活性剂浓度(C)变化的规律，三聚表面活性剂T_n的电导率随着浓度的增加而线性增大，当浓度增加到一定值时，曲线斜率变小，电导率增加速率变缓。这是由于随着表面活性剂浓度的增加，表面活性剂离子和反离子增多，电导率随之增大；当其浓度到达cmc时，表面活性剂离子和反离子开始形成胶束，迁移能力变弱，对电导率的贡献下降，导致电导率增加变缓。κ—C曲线中转折点对应的浓度即为cmc，结果列于表3-2。

与表面张力法相比，电导率法测得的T_n的cmc同样随着疏水链长度的增加而降低，并且T_{10}、T_{12}和T_{14}的cmc与表面张力法测得的结果相近，但是T_{16}的cmc远大于表面张力法的结果。类似的现象已被多篇文献报道且将这种差异归因于预胶束的形成。所谓预胶束，是指在cmc之前表面活性剂在溶液中形成了一些松散聚集体或二聚、三聚等小型聚集体。这些聚集体的形成导致表面活性剂分子不再继续吸附在界面上，进而表面张力也不再变化。但是构成小聚集体的表面活性剂分子的反离子是完全电离的，而且小聚集体的荷电量大于表面活性剂离子，迁移能力略微增强，以致预胶束对溶液电导率的贡献略大

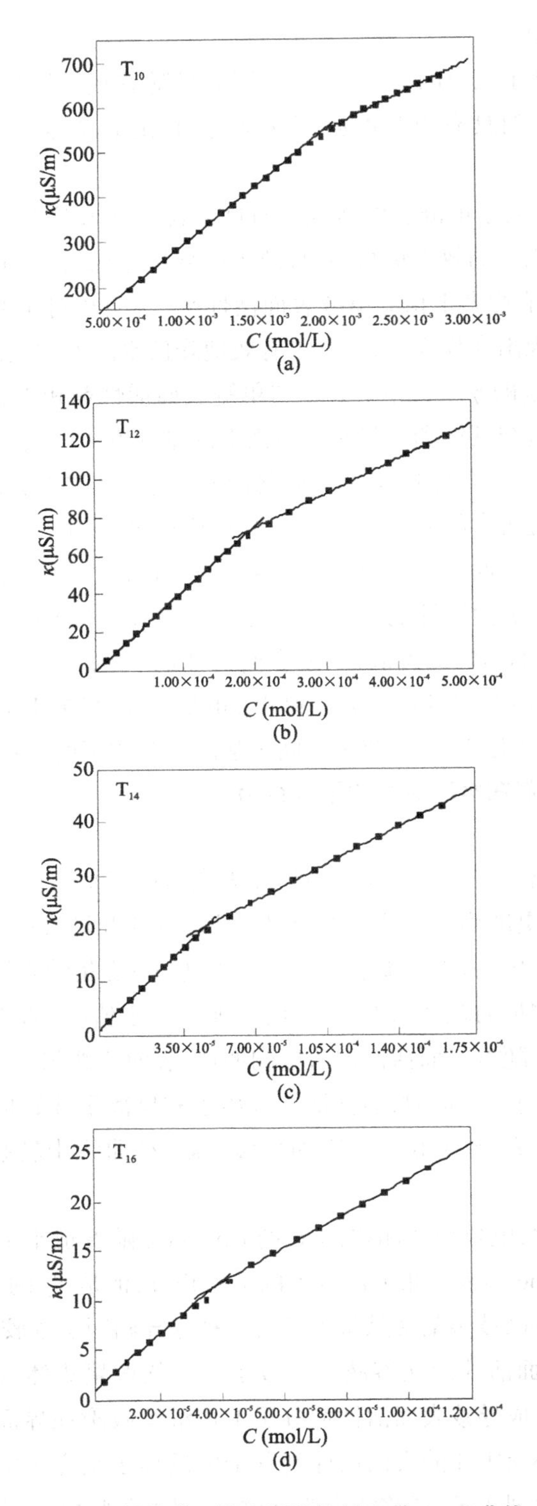

图 3-8　季铵盐三聚表面活性剂 T_n 的 κ—C 曲线

于表面活性剂单体,但差别较小(主要贡献来自于反离子),电导率增长趋势基本不变,直到形成正常胶束,电导率增加才会变缓。因此,预胶束的形成会导致电导率法测量的 cmc 结果远大于表面张力法的。而在没有预胶束形成的情况下,表面活性剂分子界面吸附饱和后才开始在溶液中形成正常胶束,此时,表面张力法测得的 cmc 结果与电导率法相近。与表面张力法相比,电导率法能更准确地反映胶束开始形成的浓度。因此,后续测试中使用的临界胶束浓度均为电导率法测得的结果。

表面活性剂的摩尔电导率(Λ)随浓度的平方根($C^{0.5}$)的变化曲线是验证预胶束是否存在的有效手段。其中,$\Lambda = (\kappa - \kappa_0) / C$,$\kappa$ 为表面活性剂溶液的电导率值,κ_0为溶剂水的电导率值。如图 3-9 所示,三聚表面活性剂 T_n 的 Λ—$C^{0.5}$ 曲线均有一个转折点,不同的是,T_{10}、T_{12}和 T_{14}的转折点离它们的 cmc 较近,而 T_{16}的转折点远在 cmc 之前且转折点为曲线的极大值。一般来说,在没有预胶束形成的情况下,随着浓度的增加,表面活性剂分子间相互作用增强,Λ 缓慢降低,当溶液中形成正常胶束时,由于聚集体迁移能力远低于表面活性剂单体,Λ 降低趋势加快,转折点在 cmc 附近。而在有预胶束形成的情况下,一方面由于预胶束荷电量高于表面活性剂单体离子,迁移能力较强,Λ 随表面活性剂浓度的增加而增大,另一方面由于表面活性剂分子间的相互作用随浓度的增加而增强,Λ 降低,两种相反作用导致 Λ—$C^{0.5}$ 曲线在 cmc 之前出现极大值。因此,三聚表面活性剂 T_n 的 Λ—$C^{0.5}$ 曲线表明 T_{16}的水溶液有预胶束形成,而 T_{10}、T_{12}和 T_{14}没有预胶束形成。

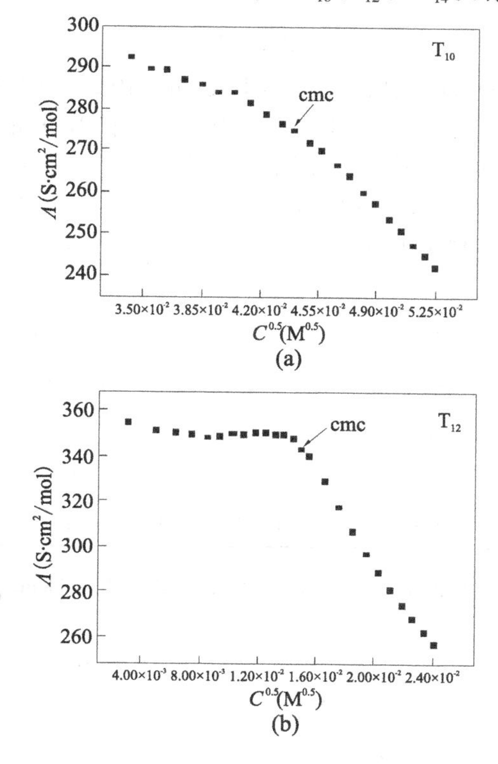

图 3-9　季铵盐三聚表面活性剂 T_n 的 Λ—$C^{0.5}$ 曲线(cmc 为电导率法测得的结果)

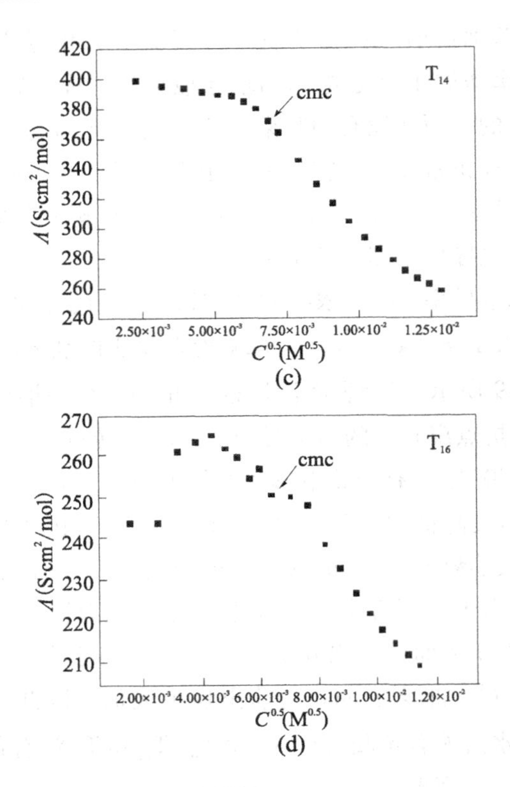

续图 3-9

三聚表面活性剂 T_n 的胶团电离度 α($\alpha<1$)也可以由其 κ—C 曲线(见图 3-8)cmc 前后两条直线的斜率比值求得,结果列于表 3-2 中。可以看出,T_n 的 α 值均大于 0.5,说明 T_n 的胶束结构比较松散,表面电荷密度较低,对反离子的束缚较弱。

表 3-2　三聚表面活性剂 T_n 的临界胶束浓度(cmc)、胶团电离度(α)、胶束化标准自由能(ΔG°_{mic})及吸附标准自由能(ΔG°_{ads})

表面活性剂	cmc (mM)	α	ΔG°_{mic} (kJ/mol)	ΔG°_{ads} (kJ/mol)
T_{10}	1.96	0.59	19.8	52.9
T_{12}	0.208	0.53	26.8	55.0
T_{14}	0.051 8	0.53	28.5	65.1
T_{16}	0.038 8	0.64	25.3	47.6

此外,由 cmc 和 α 可以通过以下公式计算得出三聚表面活性剂 T_n 的胶束化标准自由能(ΔG°_{mic})及吸附标准自由能(ΔG°_{ads})。

$$\Delta G^{\circ}_{mic} = RT\left(\frac{1}{3}+\beta\right)\ln\left(\frac{\text{cmc}}{55.3}\right)-\left(\frac{RT}{3}\right)\ln 3 \tag{3-3}$$

$$\Delta G^{\circ}_{ads} = \Delta G^{\circ}_{mic} - \frac{\pi_{cmc}}{\Gamma_{max}} \tag{3-4}$$

式中，R 为气体常数（8.31 J · K^{-1} · mol^{-1}）；T 为绝对温度；β 为胶束反离子结合度，$\beta = 1 - \alpha$；π_{cmc} 为溶液表面压，$\pi_{cmc} = \gamma_0 - \gamma_{cmc}$（$\gamma_0$ 为溶剂的表面张力，25 ℃的水表面张力为 72 mN/m）。

ΔG°_{mic} 和 ΔG°_{ads} 的结果列于表 3-2 中。

三聚表面活性剂 T_n 的 ΔG°_{mic} 和 ΔG°_{ads} 均小于 0 且 ΔG°_{ads} 远小于 ΔG°_{mic}，说明 T_n 胶团化和吸附过程都是自发进行的，并且相对于胶团化，T_n 更倾向于吸附在界面上，与 cmc/C_{20} 的衡量结果一致。

3.3.4.2　稳态荧光法

以芘为荧光探针的稳态荧光法是研究表面活性剂胶束形成过程的常用方法。芘在水溶液中有 5 个荧光发射峰，如图 3-10 所示。其中，第一发射峰（I_1）与第三发射峰（I_3）的荧光强度比值对周围环境的极性特别敏感，随着环境极性的降低而降低。I_1/I_3 值越小，表明芘所处环境的微极性越低。芘的 I_1/I_3 值随 T_n 浓度变化曲线如图 3-11 所示，可以看出随着 T_n 浓度的增加，I_1/I_3 值刚开始变化很小，到达一定浓度时，I_1/I_3 值急剧下降，然后逐渐趋于稳定。这是由于低浓度时，表面活性剂分子处于分散状态，与芘的相互作用较弱，

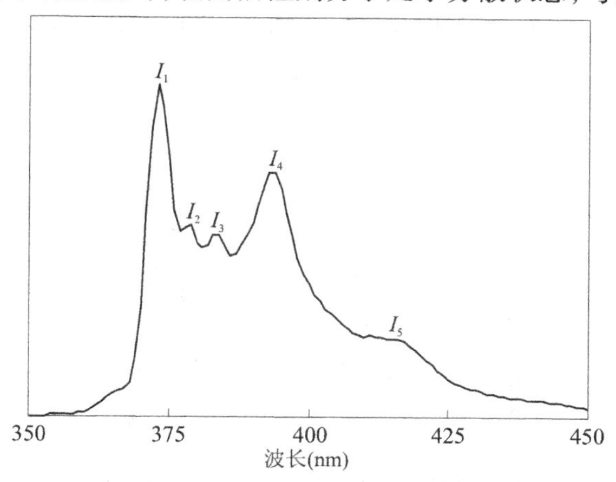

图 3-10　芘在水溶液中的荧光发射光谱

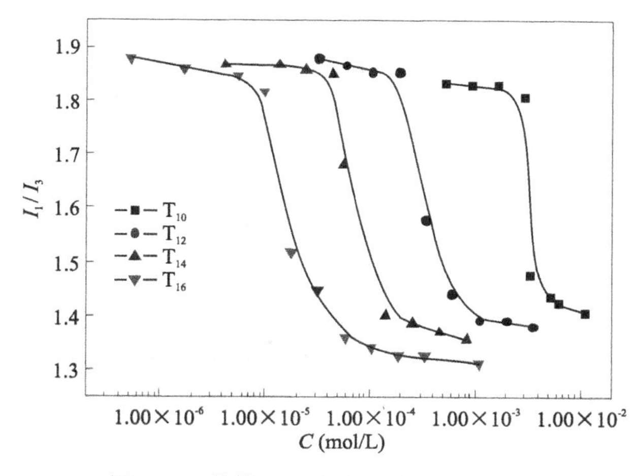

图 3-11　芘的 I_1/I_3 值随 T_n 浓度变化曲线

I_1/I_3值变化不大；随着浓度的增大，表面活性剂分子开始形成聚集体，少量芘增溶到聚集体的内层疏水区，I_1/I_3值开始降低；随着浓度的继续增大，聚集体数量增多，更多的芘分子增溶进聚集体的疏水区，I_1/I_3值急剧下降；直到芘分子全部增溶到聚集体中，I_1/I_3值趋于稳定，基本不再变化。因此，第一转折点可以看作胶束开始形成的浓度即 cmc，结果分别为：T_{10}，2.01 mM；T_{12}，0.177 mM；T_{14}，0.045 3 mM；T_{16}，0.009 10 mM。可以看出，稳态荧光法测得的 cmc 与表面张力法相差不大。此外，I_1/I_3在高浓度表面活性剂时的相对稳定值可以反映出聚集体内部疏水区的微极性。如图 3-11 所示，随着疏水链长度的增加，I_1/I_3相对稳定值变小，说明较长疏水链间的相互作用更强，能够形成内部微极性更低、结构更紧密的聚集体。

3.3.4.3 动态光散射法

动态光散射法（DSL）是测量溶液中聚集体粒径及分布的常用表征方法，有助于初步判断聚集体形态，广泛应用在表面活性剂胶体体系中，具有快速、准确等优点。三聚表面活性剂 T_n在不同浓度时的粒径分布如图 3-12 所示，可以看出，三聚表面活性剂 T_n在低浓度时粒径分布主要集中在 100～250 nm，随着浓度的增加，大尺寸粒径分布的相对强度减

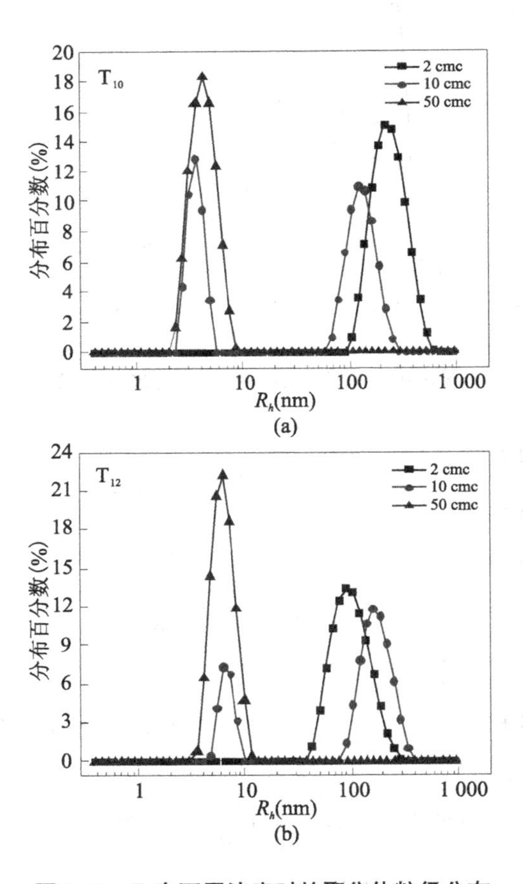

图 3-12　T_n在不同浓度时的聚集体粒径分布

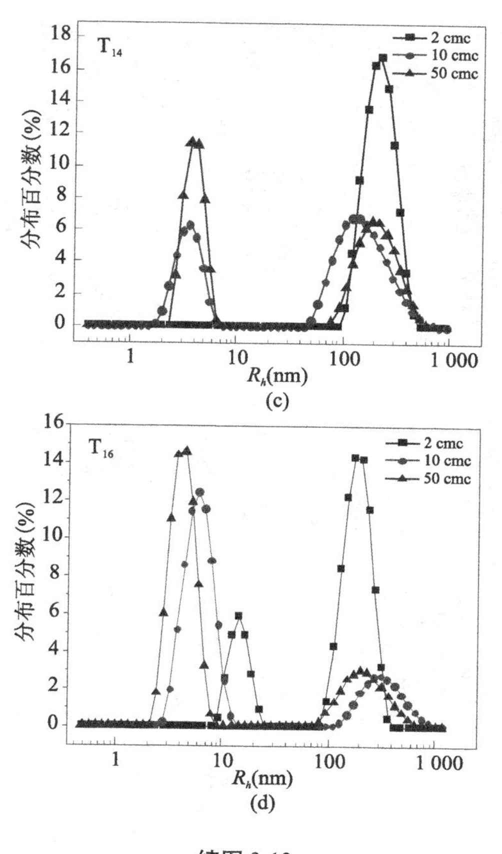

续图 3-12

弱,3 ~6 nm 的小尺寸粒径分布明显增强。以上结果表明,低浓度的 T_n 水溶液中有大尺寸聚集体形成,很可能是囊泡;高浓度的 T_n 水溶液中有大量小尺寸聚集体形成,其平均水合半径与文献报道的球形胶束较为吻合,应该是形成了大量球形胶束。

3.3.4.4　透射电镜法

透射电镜(TEM)能够观测到光学显微镜无法看清的亚显微结构或超显微结构,经常用于表面活性剂水溶液中聚集体结构的表征,可以直观地观察到聚集体的形态。负染法是其中一种简易、快速的常用方法,它是将重金属染色剂(如醋酸铀、磷钨酸钠、四氧化锇等)添加到样品中,高电子密度的重金属盐能覆盖样品中低电子密度的背景,增强了背景散射电子的能力,从而提高了样品中聚集体的成像能力。因此,本书采用磷钨酸钠负染法对不同浓度的三聚表面活性剂 T_n 水溶液进行了 TEM 测试。

三聚表面活性剂 T_n 在不同浓度时的透射电镜图像如图 3-13 所示,可以清楚地看到,T_n 在低浓度(10 cmc)时主要形成了较大尺寸的椭球状囊泡,其中 T_{10}、T_{12}、T_{14} 的尺寸较大,在 200 nm 左右,而 T_{16} 的尺寸相对较小,大约在 20 nm;在 T_n 浓度较大(50 cmc)时大尺寸聚集体数量明显减少,仅可以观察到几纳米的小尺寸球形胶束,这与动态光散射结果一致。此外,图 3-13(a)、(b)、(c)出现了正染结果,可能与聚集体结构的松散程度有关,其原因尚不清楚。

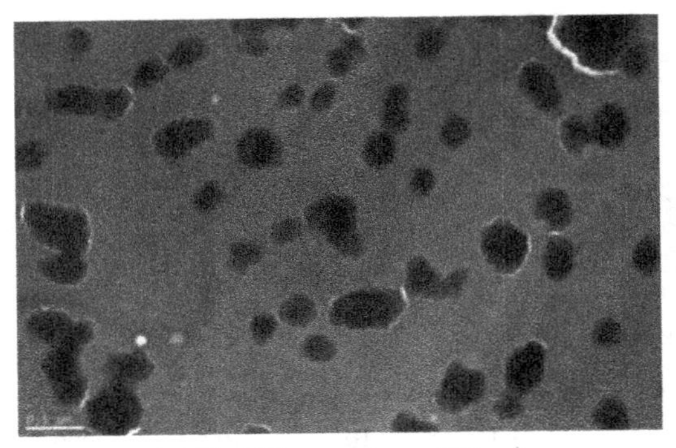

(a) T_{10} (10 cmc, bar = 500 m)

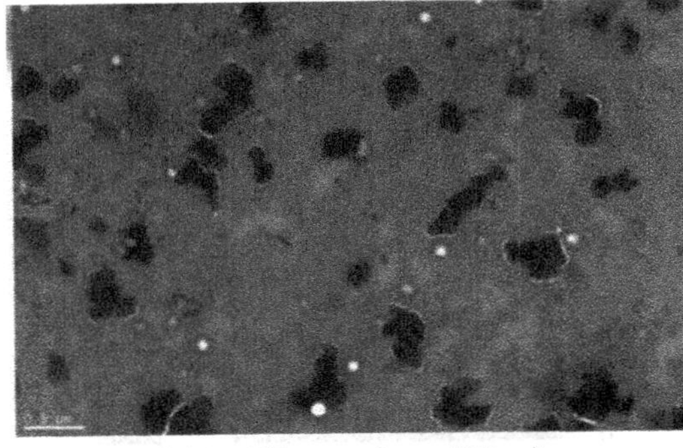

(b) T_{10} (50 cmc, bar = 500 m)

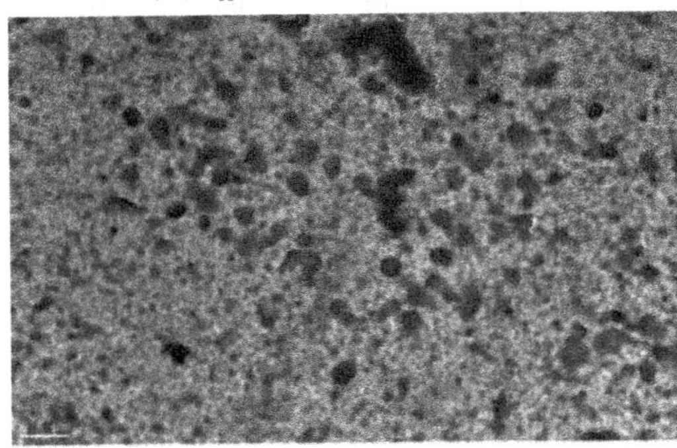

(c) T_{12} (10 cmc, bar = 500 m)

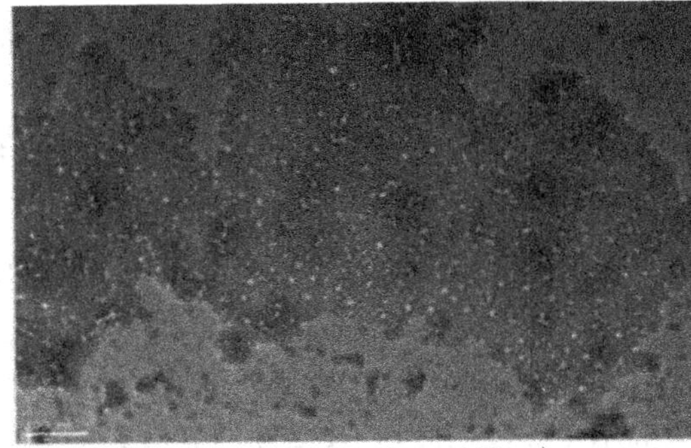

(d) T_{12} (50 cmc, bar = 200 m)

图 3-13　T_n在不同浓度时的透射电镜图像

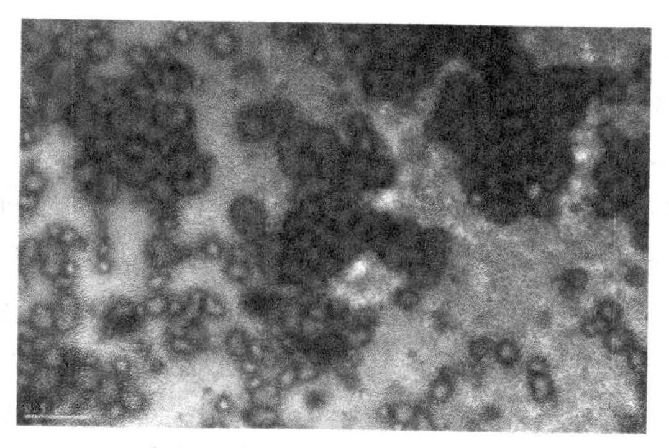

(e) T_{14} (10 cmc, bar = 500 m)

(f) T_{14} (50 cmc, bar = 200 m)

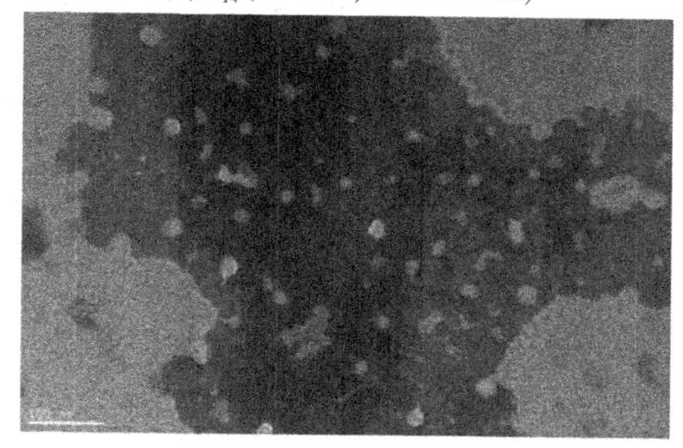

(g) T_{16} (10 cmc, bar = 100 m)

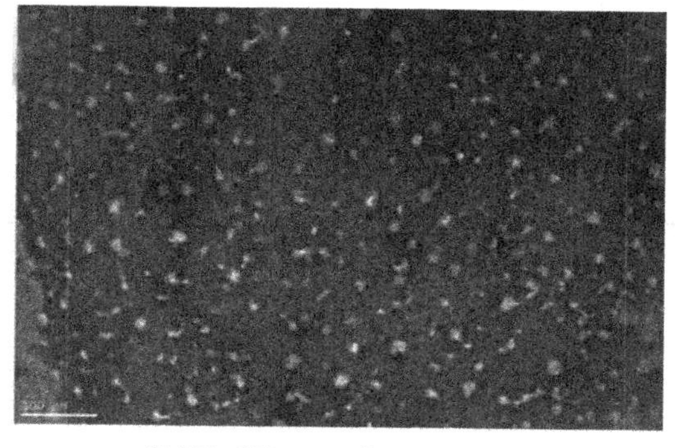

(h) T_{16} (50 cmc, bar = 100 m)

续图 3-13

3.3.4.5 核磁共振氢谱

近年来，核磁共振（NMR）被广泛应用在胶体和界面科学领域。它可以在分子水平研究表面活性剂分子在水溶液中的聚集行为，有助于了解聚集体形成过程的细节，如非极性疏水尾链在聚集体中的堆砌方式等，进而促进对表面活性剂体系的各种物理化学性质的理解。动态光散射和透射电镜结果显示，三聚表面活性剂 T_n 在低浓度时形成较大尺寸的囊泡，而高浓度时却形成较小的胶束。这是不常见的现象，一般来说，表面活性剂总是先形成小聚集体，随着浓度的增加，聚集体尺寸逐渐增大。Wang 等曾报道类似的现象并将其归因于水溶液中的表面活性剂分子构象发生了变化。因此，以 T_{12} 为代表，本书研究了其核磁共振氢谱随浓度的变化，结果如图 3-14 所示。其中氢原子的化学位移归属与图 3-14（e）中化学结构式对应。

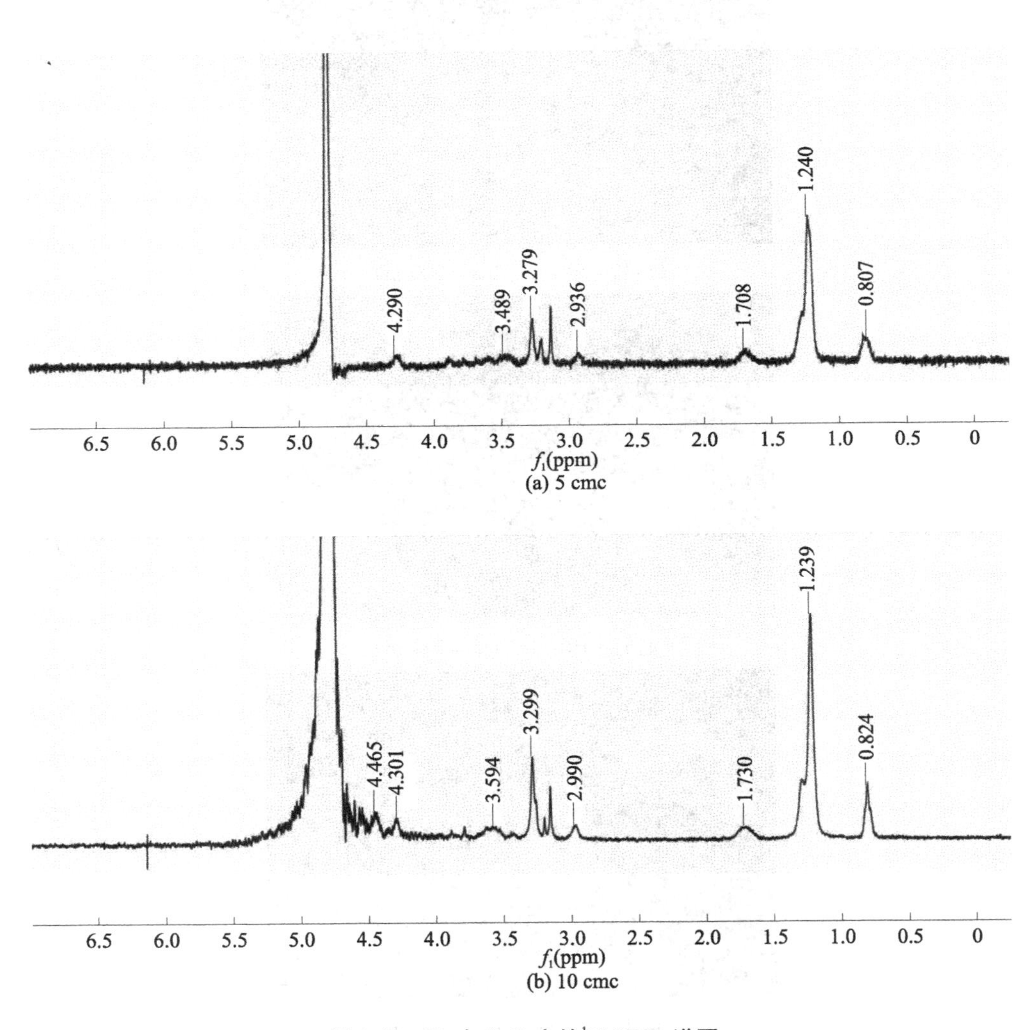

图 3-14 T_{12} 在 D_2O 中的 ^1H NMR 谱图

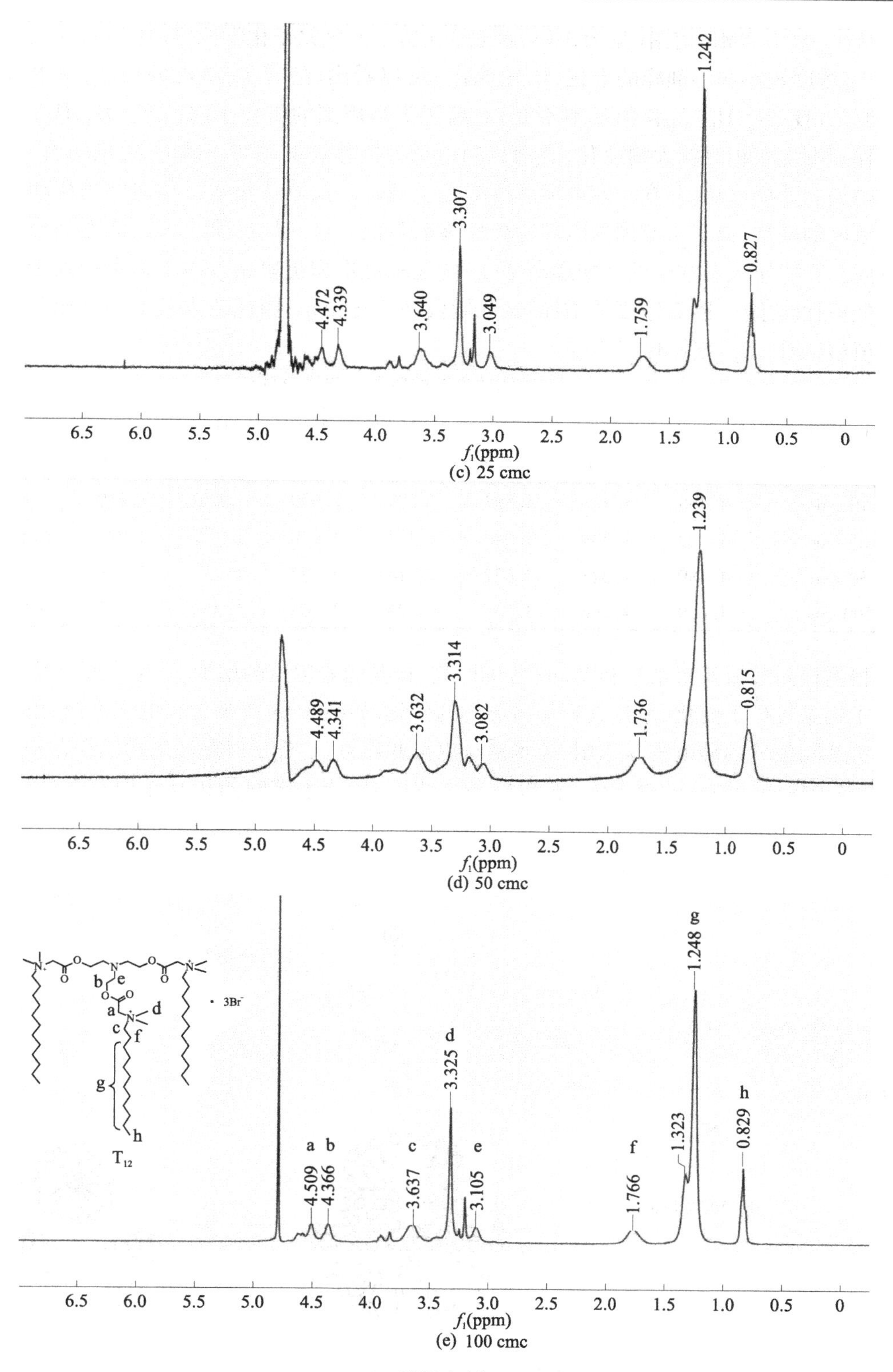

(c) 25 cmc

(d) 50 cmc

(e) 100 cmc

续图 3-14

从 T_{12}的^{1}H NMR 谱图(见图 3-14)和表 3-3 所示的氢原子化学位移值(5 cmc 时,可能由于 T_{12}浓度较小和溶剂峰的干扰,H_a未测出)可以看出,随着 T_{12}浓度的增加,疏水链上的氢原子(H_f、H_g、H_h)位移值基本不变,而离子头基周围的氢原子(H_a、H_b、H_d、H_e)的化学位移则发生了相对较大的变化,表现出向低场方向移动的趋势。同时 H_c也随着 T_{12}浓度的增加向低场移动,并在一定浓度后逐渐趋于稳定。氢原子化学位移向低场移动说明随着浓度的增加,离子头基周围微环境极性逐渐降低。这间接反映了表面活性剂分子疏水链间相互作用随着浓度的增加逐渐增强,使疏水链堆积更紧密。由于疏水链处于聚集体的低极性疏水区,随着浓度的增加,微环境极性变化很小,因此疏水链上的氢原子化学位移值(H_f、H_g、H_h)基本保持不变。

表 3-3　T_{12}在不同浓度时的氢原子化学位移值

T_{12}浓度	H_a	H_b	H_c	H_d	H_e	H_f	H_g	H_h
5 cmc	—	4.290	3.489	3.279	2.936	1.708	1.240	0.807
10 cmc	4.465	4.301	3.594	3.299	2.990	1.730	1.239	0.824
25 cmc	4.472	4.339	3.640	3.307	3.049	1.759	1.242	0.827
50 cmc	4.489	4.341	3.632	3.314	3.082	1.736	1.239	0.815
100 cmc	4.509	4.366	3.637	3.325	3.105	1.766	1.248	0.829

根据核磁共振氢谱结果和 Wang 等的研究,推测随着浓度的增加,三聚表面活性剂 T_n的分子构象发生了变化,导致其聚集体形态的变化,如图 3-15 所示。在低浓度时,由于多离子头基间强烈的静电排斥作用,疏水链难以彼此靠近,T_n分子以舒展的构象存在于水溶液中,易于形成低曲率的聚集体(囊泡);在高浓度时,疏水链间的相互作用较强,足以克服离子头基间的排斥作用,疏水链彼此靠近,紧密堆积,T_n分子采取金字塔式的构象,易于形成高曲率的聚集体(球形胶束)。

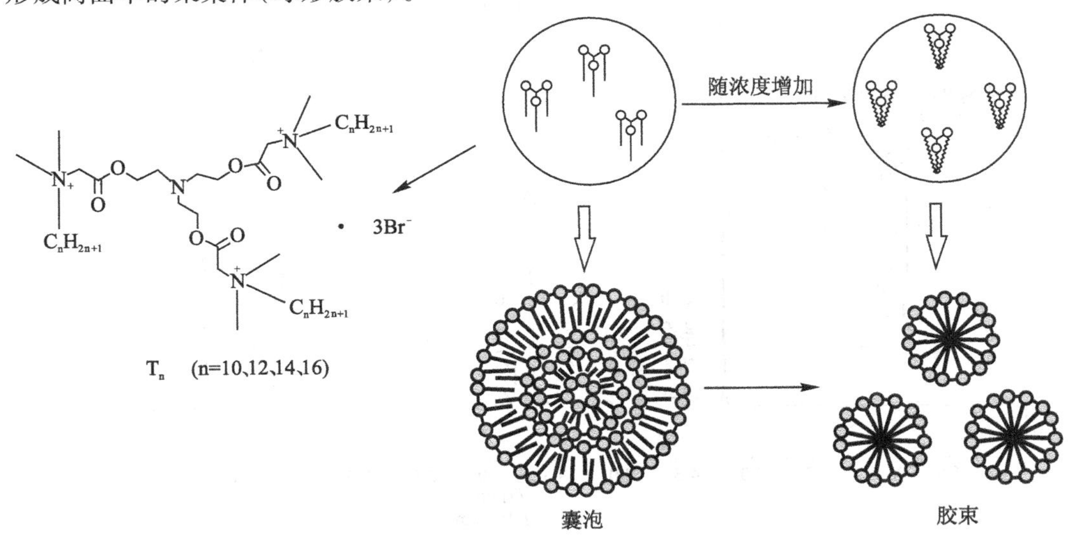

图 3-15　不同浓度下三聚表面活性剂 T_n的可能构象

3.4 小　结

本章测试了新型三聚表面活性剂 T_n 的化学稳定性；测定了克拉夫特点；通过表面张力法研究了其在空气/水界面的吸附行为；通过电导率法、稳态荧光法、动态光散射、透射电镜、核磁共振方法研究了其在水溶液中的聚集行为，初步探索了浓度对其在水溶液中的聚集体形态的影响。主要结论如下：

（1）含酯基连接基团的 T_n 容易与醇溶液发生酯交换反应，分解为单链表面活性剂。在实际使用中，T_n 应避免与醇溶液的接触。

（2）尽管 T_n 具有三个长疏水链，但 T_n 的克拉夫特点较低，水溶性良好，保证了其在水溶液中的应用。

（3）表面张力测试结果表明，T_n 分子易于吸附在空气/水界面上，能够在界面定向垂直紧密排列，降低水表面张力的效率远高于相应的单链表面活性剂，同时 T_n 也具有更强的胶团化能力，其 cmc 远低于相应单链表面活性剂且随着疏水链的增长呈指数级降低。

（4）电导率和摩尔电导率测试结果表明，T_{16} 的水溶液中存在预胶束现象，而 T_{10}、T_{12} 和 T_{14} 水溶液中没有预胶束形成。预胶束的形成也是表面张力法和电导率法测得的 cmc 存在较大差别的原因。

（5）以芘为探针的稳态荧光测试结果表明，随着疏水链的增长，T_n 聚集体的微极性降低。

（6）动态光散射和透射电镜测试发现，随着 T_n 浓度的增加，T_n 在水溶液中的聚集体由较大尺寸的椭球状囊泡逐渐转变为小尺寸的球形胶束。根据不同浓度下核磁共振氢谱的变化结果推测是 T_n 的分子构象随着浓度的增加逐渐由舒展构象转变为紧密的金字塔式构象导致了囊泡向球形胶束转变的不寻常现象。

参考文献

[1] Yoshimura T, Yoshida H, Ohno A, et al. Physicochemical properties of quaternary ammonium bromide – type trimeric surfactants [J]. Journal of Colloid and Interface Science, 2003, 267:167-172.

[2] Yoshimura T, Ohno A, Esumi K. Mixed micellar properties of cationic trimeric-type quaternary ammonium salts and anionic sodium n-octyl sulfate surfactants[J]. Journal of Colloid and Interface Science, 2004, 272:191-196.

[3] Laschewsky A, Wattebled L, Arotçaréna, et al. Synthesis and properties of cationic oligomeric surfactants [J]. Langmuir, 2005, 21:7170-7179.

[4] Wattebled L, Laschewsky A, Moussa A, et al. Aggregation numbers of cationic oligomeric surfactants: a time – resolved fluorescence quenching study [J]. Langmuir, 2006, 22:2551-2557.

[5] Hou Y B, Cao M W, Deng M L, et al. Highly – ordered selective self – assembly of a trimeric cationic surfactant on a mica surface [J]. Langmuir, 2008, 24:10572-10574.

[6] Wu C X, Hou Y B, Deng M L, et al. Molecular conformation – controlled vesicle/micelle transition of cationic trimeric surfactants in aqueous solution [J]. Langmuir, 2010, 26:7922-7927.

[7] Yoshimura T, Kusano T, Iwase H, et al. Star – shaped trimeric quaternary ammonium bromide surfactants: adsorption and aggregation properties [J]. Langmuir, 2012, 28:9322-9331.

[8] Kusano T, Iwase H, Yoshimura T, et al. Structural and rheological studies on growth of salt – free wormlike micelles formed by star – type trimeric surfactants [J]. Langmuir, 2012, 28:16798-16806.

[9] Zana R, In M, Levy H, et al. Alkanediyl – α,ω – bis(dimethylalkylammonium bromide) surfactants. 7. Fluorescence probing studies of micelle micropolarity and microviscosity [J]. Langmuir, 1997, 13: 5552-5557.

[10] Menger F M, Migulin V A. Synthesis and properties of multiarmed geminis [J]. Journal of Organic Chemistry, 1999, 64:8916-8921.

[11] Alami E, Beinert G, Marie P, et al. Alkanediyl – α, ω – bis (dimethylalkylammonium bromide) surfactants. 3. Behavior at the air – water interface [J]. Langmuir, 1993, 9:1465-1467.

[12] Zana R, Benrraou M, Rueff R. Alkanediyl – α, ω – bis (dimethylalkylammonium bromide) surfactants. 1. Effect of the spacer chain length on the critical micelle concentration and micelle ionization degree [J]. Langmuir, 1991, 7:1072-1075.

[13] Yoshimura T, Esumi K. Physicochemical properties of anionic triple – chain surfactants in alkaline solutions [J]. Journal of Colloid and Interface Science, 2004, 276:450-455.

[14] Esumi K, Taguma K, Koide Y. Aqueous properties of multichain quaternary cationic surfactants [J]. Langmuir, 1996, 12:4039-4041.

[15] Lu J R, Simister E A, Thomas R K, et al. Adsorption of alkyltrimethylammonium bromide at the air – water interface [J]. Progress in Colloid & Polymer Science, 1993, 93:92-97.

[16] Simister E A, Thomas R K, Penfold J, et al. Comparison of neutron reflection and surface tension measurements of the surface excess of tetradecyltrimethylammonium bromide layers at the air/water interface [J]. Journal of Physical Chemistry, 1992, 96:1383-1388.

[17] Mohamed D E, Negm N A, Mishrif M R. Micellization and interfacial interaction behaviors of gemini cationic surfactants – CTAB mixed surfactant systems [J]. Journal of Surfactants and Detergents, 2013, 16: 723-731.

[18] Zana R. Dimeric and oligomeric surfactants. Behavior at interfaces and in aqueous solution: a review [J]. Advances in Colloid and Interface Science, 2002, 97:205-253.

[19] Pinazo A, Wen X Y, Pérez L, et al. Aggregation behavior in water of monomeric and gemini cationic surfactants derived from arginine [J]. Langmuir, 1999, 15:3134-3142.

[20] Van Biesen G, Bottaro C S. Linear solvation energy relationships of anionic dimeric surfactants in micellar electrokinetic chromatography: Ⅱ. Effect of the length of a hydrophilic spacer [J]. Journal of Chromatography A, 2008, 118:171-178.

[21] Menger F M, Littau C A. Gemini surfactants a new class of self – assembling molecules [J]. Journal of the American Chemical Society, 1993, 115:10083-10090.

[22] Zana R. Dimeric (gemini) surfactants: effect of the spacer group on the association behavior in aqueous solution [J]. Journal of Colloid and Interface Science, 2002, 248:203-220.

[23] Zana R. Alkanediyl – α, ω – bis (dimethylalkylammonium bromide) surfactants. 10. Behavior in aqueous solution at concentrations below the critical micelle concentration: an electrical conductivity study

[J]. Journal of Colloid and Interface Science, 2002, 246:182-190.

[24] Rosen M J, Aronson S. Standard free energies of adsorption of surfactants at the aqueous solution/air interface from surface tension data in the vicinity of the critical micelle concentration [J]. Colloids and Surfaces, 1981, 3:201-208.

[25] Zana R. Critical micellization concentration of surfactants in aqueous solution and free energy of micellization [J]. Langmuir, 1996, 12:1208-1211.

[26] Kalyanasundaram K, Thomas J K. Environmental effects on vibronic band intensities in pyrene monomer fluorescence and their application in studies of micellar systems [J]. Journal of the American Chemical Society, 1977, 99:2039-2044.

[27] Zana R, Levy H, Papoutsi D, et al. Micellization of two triquaternary ammonium surfactants in aqueous solution [J]. Langmuir, 1995, 11:3694-3698.

[28] Miller D D, Lenhart W, Antalek B J, et al. The use of NMR to study sodium dodecyl sulfate - gelatin interactions [J]. Langmuir, 1994, 10:68-71.

[29] Fan Y X, Hou Y B, Xiang J F, et al. Synthesis and aggregation behavior of a hexameric quaternary ammonium surfactant [J]. Langmuir, 2011, 27:10570-10579.

第4章 三聚表面活性剂和牛血清蛋白的相互作用研究

4.1 引 言

蛋白质是生物有机体中一类重要的生物大分子，参与了很多的生命过程，并起着关键的作用。研究表明，它们可以与各种各样的配体结合，比如药物分子、胆红素、血红素、脂肪酸、金属离子、表面活性剂等，其中表面活性剂与蛋白质的相互作用受到了越来越多的关注。由于表面活性剂在生物科学、食物、化妆品、药物传递、洗涤剂等方面的重要性，所以了解蛋白质和表面活性剂的相互作用具有重要的理论意义和实用价值。

表面活性剂与蛋白质相互作用的早期研究使用的主要是传统单链表面活性剂，比如溴化十六烷基三甲铵(CTAB)、十二烷基硫酸钠(SDS)等。近年来，随着两个或两个以上传统单链表面活性剂在亲水头基或靠近亲水头基的部位由连接基团连接而成的低聚表面活性剂的出现，其与蛋白质的结合行为也陆续被报道。研究显示：低聚表面活性剂具有更高的表面活性和更丰富的自组织行为，与蛋白质的结合能力更强，少量的低聚表面活性剂就可以诱导蛋白质结构的变化。而这些是传统的单链表面活性剂难以做到的。尽管到目前为止低聚表面活性剂与蛋白质的相互作用得到了相当多的关注，但是使用的低聚表面活性剂主要集中于最简单的Gemini表面活性剂，如Wu等研究了一种阳离子Gemini表面活性剂(1,2 - ethane bis(dimethyldodecylammonium bromide))与牛血清蛋白(BSA)的相互作用；Ge等考察了三种新型阴离子Gemini表面活性剂对BSA的影响。这些研究有助于对低聚表面活性剂作为蛋白质变性剂或增溶剂行为的理解。然而可能由于更高聚合度的低聚表面活性剂(如三聚、四聚表面活性剂等)合成比较困难，其他高聚合度的低聚表面活性剂与蛋白质结合行为的研究暂未见报道。

在本章中，利用荧光光谱法、表面张力法、圆二色谱法和动态光散射法详细地探讨了不同疏水链长度的季铵盐三聚表面活性剂 T_n 与蛋白质的相互作用。鉴于BSA具有稳定性好、水溶性好、结合方式多样等优点且空间结构及化学组成与人血清蛋白相似，因此选择BSA作为相关研究的模板蛋白。

4.2 实验部分

4.2.1 实验试剂和仪器

主要试剂：四种季铵盐三聚表面活性剂 T_n(n取10、12、14、16)，自制；芘，Alfa Aesar公司(纯度≥98%)，使用前用无水乙醇重结晶三次；牛血清蛋白(BSA)，上海如吉生物科技有限公司(含量≥98%)。实验中用水均为超纯水。

主要仪器：AUY120型电子天平(日本岛津公司)；F - 4600型荧光光谱仪(日本日立

公司)；Chirascan 型圆二色谱仪(英国应用光物理公司)；Malvern ZetaSize Nano ZS 动态光散射粒度分析仪(英国马尔文仪器有限公司)；QBZY－2 型全自动表面张力仪(上海方瑞仪器有限公司)。

4.2.2　实验方法

4.2.2.1　内源荧光的测定

将0.5 μM 的 BSA 与不同浓度的表面活性剂在25 ℃或37 ℃条件下恒温孵育30 min后，在激发波长280 nm、激发和发射狭缝宽度10 nm 的条件下，扫描 BSA/表面活性剂混合物在290～450 nm 的荧光光谱。

4.2.2.2　同步荧光的测定

将0.5 μM 的 BSA 与不同浓度的表面活性剂在25 ℃下恒温孵育30 min后，在激发波长280 nm、激发和发射狭缝宽度10 nm 的条件下，扫描 BSA 和表面活性剂混合物在激发波长和发射波长的差值 $\Delta\lambda$ 分别为20 nm 和60 nm 时在290～450 nm 的荧光光谱。

4.2.2.3　芘荧光光谱的测定

配制两组5 mL 不同浓度的表面活性剂，置于10 mL 的比色管中，其中一组含有0.5 μM的 BSA，然后用微量注射器向上述两组溶液中均注射5 μL 10^{-3} mol/L 芘的丙酮溶液并置于超声浴中1 h。最后在激发波长335 nm、激发和发射狭缝宽度均为2.5 nm的条件下，扫描表面活性剂和 BSA/表面活性剂混合物在290～450 nm 的荧光光谱。

4.2.2.4　表面张力的测定

配制两组10 mL 不同浓度的表面活性剂，置于洁净的50 mL 烧杯中，其中一组含有0.5 μM 的 BSA，然后用保鲜膜密封以防水分挥发和空气中粉尘的干扰，在室温下平衡12 h后采用白金环法测量溶液的表面张力。测量过程中需要注意：移动测试溶液时一定要避免扰动溶液界面；每个浓度样品恒温25 min 以后才可以测量；每测量一个样品后，白金环一定要彻底清洗并用酒精灯灼烧，定期测量超纯水的表面张力来保证白金环的洁净程度，确保测量数据的有效性。测量过程中，温度保持在(25.0±0.1)℃。

4.2.2.5　圆二色谱的测定

配制一定浓度的 BSA 水溶液和不同浓度表面活性剂的 BSA/表面活性剂混合溶液(BSA 的浓度均为5 μM)并于25 ℃下恒温孵育30 min，然后将待测溶液移入路径长为0.5 cm的圆形石英池中，在氮气的保护下，扫描 BSA 和 BSA/表面活性剂混合物在200～250 nm 的圆二色谱。扫描速度和温度分别为20 nm/min 和25 ℃。最后利用CD－Pro软件的 SELCON3 法来计算 BSA 中 α－螺旋、β－折叠、β－转角和无规则卷曲四种主要二级结构的含量。

4.2.2.6　动态光散射的测定

配制一定浓度的 BSA 和含有不同浓度表面活性剂的 BSA/表面活性剂混合溶液并于25 ℃下恒温孵育30 min，测试前使用0.22 μm 的混合纤维素酯滤膜过滤以避免大颗粒对测试的干扰，散射角固定为173°。

以上所有实验中，BSA 及表面活性剂均是现配现用。

4.3 结果与讨论

4.3.1 内源性荧光光谱

由于芳香族氨基酸色氨酸、酪氨酸和苯丙氨酸的存在，BSA 本身具有较强的荧光信号。三种氨基酸的荧光强度顺序为：色氨酸 > 酪氨酸 > 苯丙氨酸。因此，BSA 的荧光主要来源于色氨酸和酪氨酸。这种荧光信号对外界环境极其敏感，通过测定 BSA 内源荧光的变化可以监测其与表面活性剂的相互作用。BSA 的荧光光谱随四种三聚表面活性剂浓度的变化如图 4-1 ~ 图 4-4 所示，纯的 BSA 溶液在 342 nm 处出现最大荧光强度；当体系中存在表面活性剂时，BSA 的荧光强度随着表面活性剂浓度的增加而逐渐降低，同时伴随着最大发射波长蓝移的现象。当表面活性剂浓度增加到一定程度后，BSA 荧光强度基本不再变化。根据 Deep 等的报道，BSA 荧光强度的降低以及最大发射波长的蓝移表明对 BSA 荧光贡献最大的色氨酸残基被暴露于更加疏水的环境中。这可能是由于表面活性剂与 BSA 结合后降低了色氨酸残基周围微环境的极性。尽管四种表面活性剂与 BSA 作用后均产生了上述变化（荧光强度降低，最大发射波长蓝移），但是对 T_{10} 而言，这些变化只有在较高的浓度时才出现（见图 4-1），表明疏水链长在 T_n 与 BSA 的相互作用中扮演着重要的角色。

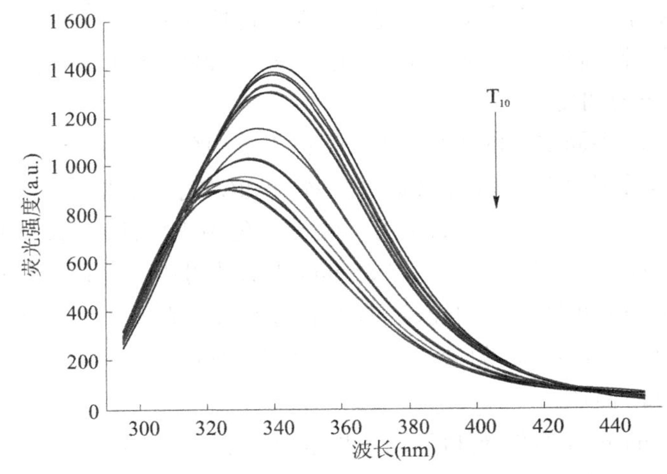

从上到下 T_{10} 的浓度依次为 0，0.08，0.16，0.29，0.33，0.37，0.61，1.02，1.22，1.42，1.63，1.83，2.03，2.24，2.85，3.66 mM

图 4-1 BSA（0.5 μM）**荧光光谱随** T_{10} **浓度的变化**（T = 25 ℃）

4.3.2 同步荧光光谱

同步荧光技术是指同时扫描激发和发射单色器波长，用测得的荧光信号与对应的发射（或激发）波长来测绘荧光光谱图。由于具有谱图简单、选择性高、光散射干扰小等特点，其被广泛用于生物分子的分析和多组分混合物的同时测定中。蛋白质的荧光主要来自于色氨酸和酪氨酸的贡献，而一般的荧光光谱图中这两种残基的发射峰是叠加在一起的，因此无法将它们分辨开来。但是如果使用同步荧光技术，在固定激发波长和发射波长的差值 $\Delta\lambda$ 为 20 nm 时就可以只显示酪氨酸残基的特征荧光，$\Delta\lambda$ 为 60 nm 时则只显示色

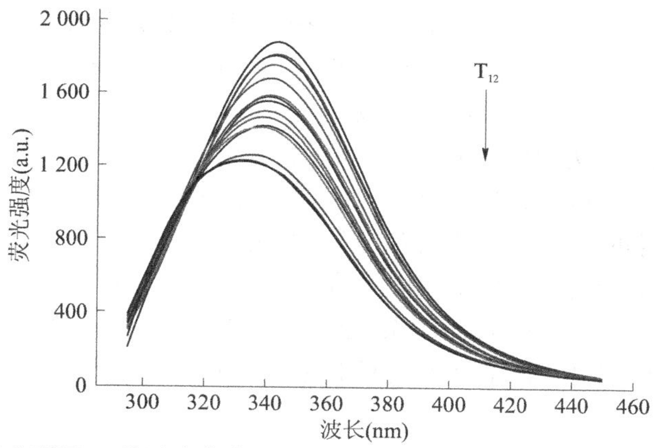

从上到下 T_{12} 的浓度依次为 0,0.5,1.0,1.5,2.5,3.0,3.5,4.0,4.5,6.0,6.5,8.0,15.0,20.0,25.0 μM

图 4-2　BSA(0.5 μM)荧光光谱随 T_{12} 浓度的变化(T=25 ℃)

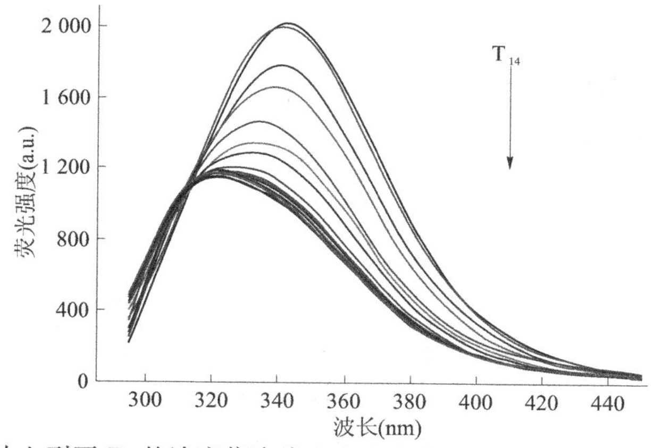

从上到下 T_{14} 的浓度依次为 0,1.0,2.0,3.0,4.0,5.0,6.0,7.0,10.0,12.0,14.0,16.0,20.0,24.0,28.0,32.0,36.0,40.0,50.0 μM

图 4-3　BSA(0.5 μM)荧光光谱随 T_{14} 浓度的变化(T=25 ℃)

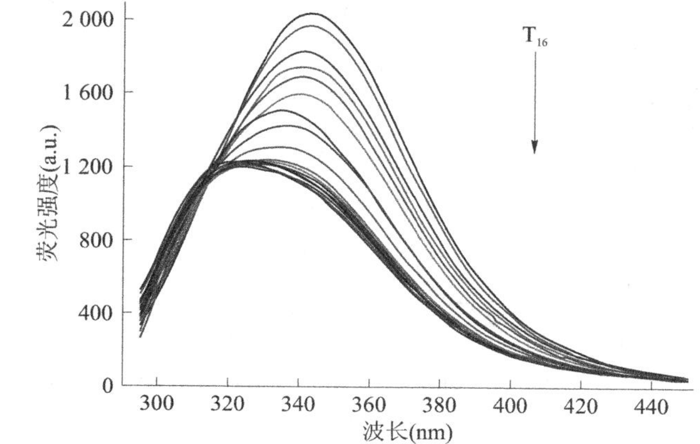

从上到下 T_{16} 的浓度依次为 0,0.5,1.0,1.5,2.0,2.5,3.0,3.5,4.0,4.5,5.5,6.0,6.5,7.0,8.0,10.0,15.0,25.0 μM

图 4-4　BSA(0.5 μM)荧光光谱随 T_{16} 浓度的变化(T=25 ℃)

氨酸残基的特征荧光。由于色氨酸残基和酪氨酸残基的荧光发射强度与其所处的微环境密切相关,所以通过考察不同 $\Delta\lambda$ 时蛋白质的荧光发射的变化,便可了解氨酸残基微环境的变化,进一步推断蛋白质构象的变化情况。

T_n/BSA 体系在 $\Delta\lambda$ 为 20 nm 和 60 nm 时的同步荧光光谱如图 4-5 ~ 图 4-8 所示。对 T_n/BSA 体系来说,$\Delta\lambda$ =60 nm 时的荧光强度均比 $\Delta\lambda$ =20 nm 时的高,这是因为相对于酪氨酸残基,BSA 自身的荧光主要源自色氨酸残基的贡献。随着 T_n 浓度的增加,BSA 在 $\Delta\lambda$ =20 nm 条件下的荧光强度呈现增加的趋势,$\Delta\lambda$ =60 nm 时的荧光强度则是逐渐降低的并伴随着最大发射峰的蓝移,同时荧光强度在 $\Delta\lambda$ = 20 nm 时的增加程度小于其在 $\Delta\lambda$ =60 nm 时的降低程度。以上现象表明 T_n 主要与 BSA 中的色氨酸残基相互作用,并引起 BSA 构象的变化。

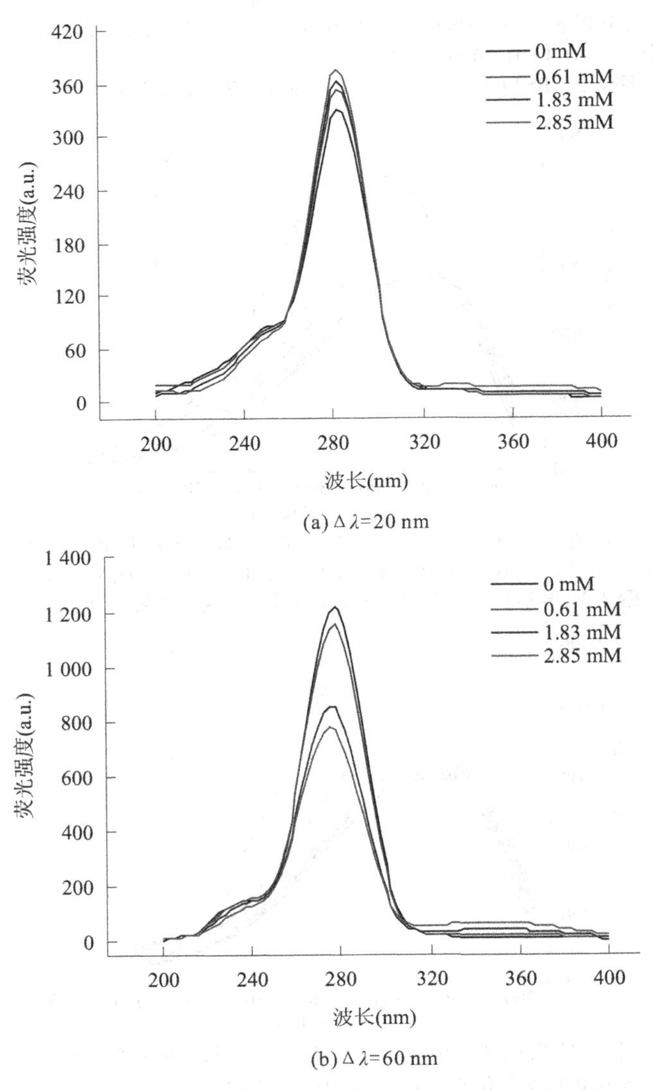

图 4-5　T_{10}/BSA 在 $\Delta\lambda$ = 20 nm 和 $\Delta\lambda$ = 60 nm 下的同步荧光光谱

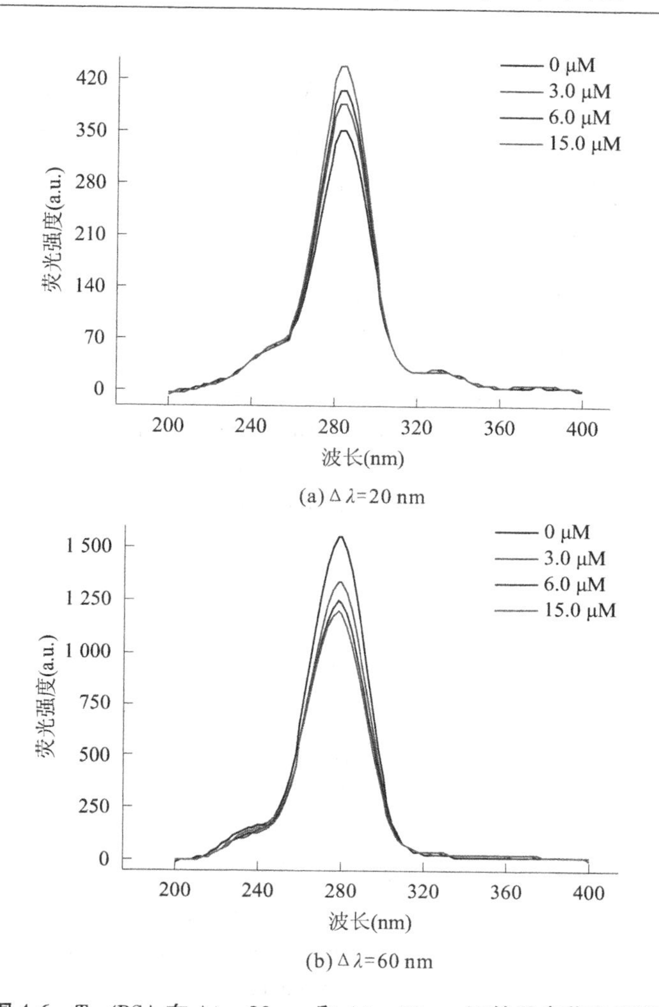

(a) Δλ=20 nm

(b) Δλ=60 nm

图 4-6　T_{12}/BSA 在 Δλ = 20 nm 和 Δλ = 60 nm 下的同步荧光光谱

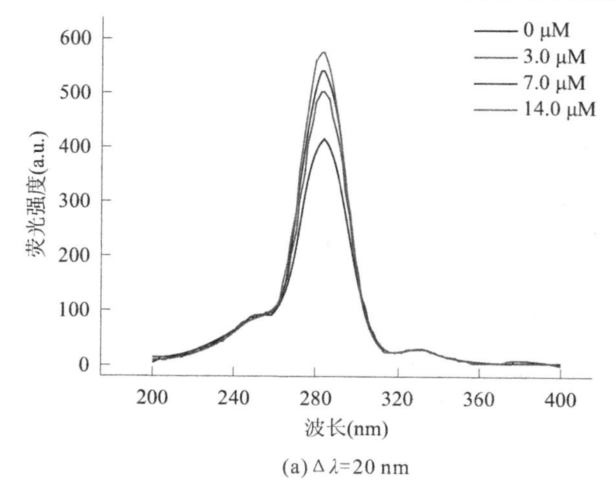

(a) Δλ=20 nm

图 4-7　T_{14}/BSA 在 Δλ = 20 nm 和 Δλ = 60 nm 下的同步荧光光谱

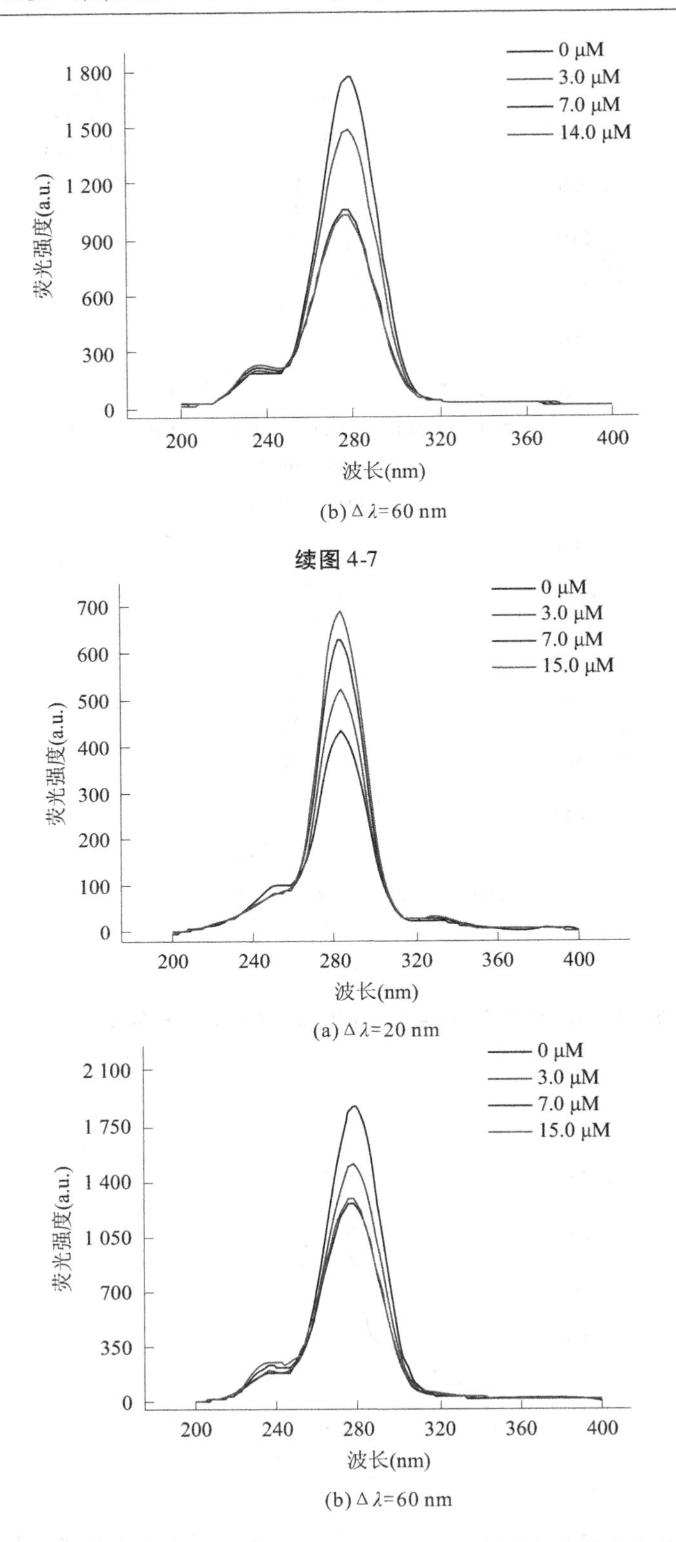

(b) $\Delta\lambda$=60 nm

续图 4-7

(a) $\Delta\lambda$=20 nm

(b) $\Delta\lambda$=60 nm

图 4-8　T_{16}/BSA 在 $\Delta\lambda$ = 20 nm 和 $\Delta\lambda$ = 60 nm 下的同步荧光光谱

4.3.3　BSA 荧光猝灭机制

荧光分子与其他分子相互作用引起荧光强度降低的现象即为荧光猝灭。根据猝灭剂与荧光分子相互作用的性质,荧光猝灭通常被分为动态猝灭和静态猝灭。动态猝灭是由猝灭剂与激发态荧光分子相互碰撞产生的,猝灭常数随温度升高而增大。静态猝灭则是源于猝灭剂/基态荧光分子复合物的形成,猝灭常数随温度的升高而减小。为了考察四种季铵盐三聚表面活性剂对 BSA 荧光猝灭的机制,我们首先将两个不同温度(25 ℃和 37 ℃)下荧光猝灭的结果用 Stern – Volmer 方程进行了分析:

$$\frac{F_0}{F} = 1 + K_{SV}[Q] = 1 + k_q\tau_0[Q] \tag{4-1}$$

式中,F_0 和 F 分别为表面活性剂不存在和存在时 BSA 的荧光强度;K_{SV} 为 Stern – Volmer 猝灭常数;$[Q]$ 为表面活性剂的浓度;k_q 为双分子猝灭过程的速率常数;τ_0 为猝灭剂不存在时 BSA 的平均荧光寿命。

BSA 与四种表面活性剂的混合溶液在 25 ℃和 37 ℃下的 Stern – Volmer 曲线如图 4-9 所示,其中曲线的斜率即为 Stern – Volmer 猝灭常数。表 4-1 列出了在不同温度条件下表面活性剂对 BSA 荧光猝灭过程的猝灭线性方程、Stern – Volmer 猝灭常数、猝灭过程的速率常数、相关系数。从表 4-1 可以看出,K_{SV}值随着疏水链长的增加而增加,暗示疏水性相互作用参与了表面活性剂对 BSA 的猝灭过程。众所周知,表面活性剂的疏水尾链越长,它的疏水性越强。T_{16}具有的强疏水性促使了它与 BSA 的结合,因此对 BSA 的猝灭效率最高。根据相关文献报道,在没有猝灭剂存在的时候 BSA 的荧光寿命为 10^{-8} s,同时对动态猝灭而言,速率常数 k_q 的最高上限值为 $2\times10^{10}\ M^{-1}\cdot s^{-1}$。表 4-1 显示,除了 T_{10}/BSA 体系外,其他三个体系的 k_q 值都远远大于 $2\times10^{10}\ M^{-1}\cdot s^{-1}$。尽管 T_{10}/BSA 体系的 k_q 值与最高上限值比较接近,但是在 25 ℃时该体系的 k_q 值仍在 $2\times10^{10}\ M^{-1}\cdot s^{-1}$之上。此外,当升高温度时,研究的四个体系的 K_{SV}值与低温时相比都是降低的,这是典型的静态猝灭特征,进一步证明季铵盐三聚表面活性剂对 BSA 的猝灭过程不是由于两种分子相互碰撞导致的动态猝灭,而主要是源于表面活性剂/BSA 复合物的形成产生的静态猝灭过程。

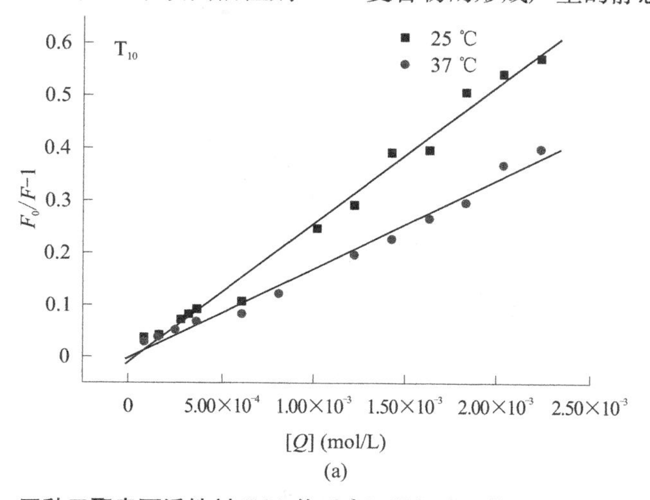

(a)

图 4-9　四种三聚表面活性剂/BSA 体系在不同温度下的 Stern – Volmer 曲线

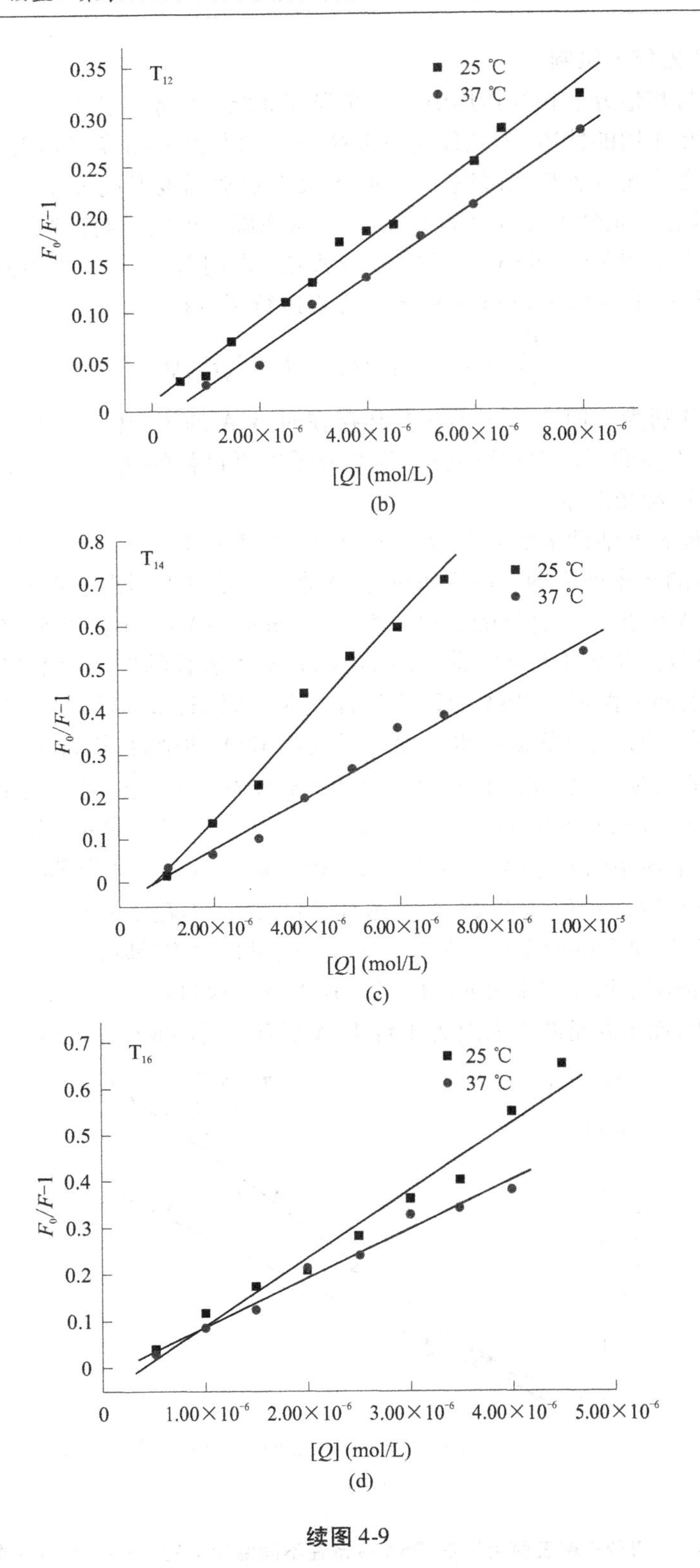
T12
25 ℃
37 ℃
0.35
0.30
0.25
0.20
0.15
0.10
0.05
0
$F_0/F-1$
0
2.00×10⁻⁶
4.00×10⁻⁶
6.00×10⁻⁶
8.00×10⁻⁶
[Q] (mol/L)
T14
25 ℃
37 ℃
0.8
0.7
0.6
0.5
0.4
0.3
0.2
0.1
0
$F_0/F-1$
0
2.00×10⁻⁶
4.00×10⁻⁶
6.00×10⁻⁶
8.00×10⁻⁶
1.00×10⁻⁵
[Q] (mol/L)
T16
25 ℃
37 ℃
0.7
0.6
0.5
0.4
0.3
0.2
0.1
0
$F_0/F-1$
0
1.00×10⁻⁶
2.00×10⁻⁶
3.00×10⁻⁶
4.00×10⁻⁶
5.00×10⁻⁶
[Q] (mol/L)
(b)

(c)

(d)

续图 4-9

表 4-1　不同温度下表面活性剂/BSA 体系的猝灭线性方程、Stern – Volmer 猝灭常数、猝灭过程的速率常数和相关系数

表面活性剂	T(℃)	线性方程	K_{SV}(M^{-1})	k_q($M^{-1}\cdot s^{-1}$)	R
T_{10}	25	$F_0/F=2.64\times10^2[Q]+0.99$	2.64×10^2	2.64×10^{10}	0.985 0
	37	$F_0/F=1.71\times10^2[Q]+0.99$	1.71×10^2	1.71×10^{10}	0.984 7
T_{12}	25	$F_0/F=4.08\times10^4[Q]+1.01$	4.08×10^4	4.08×10^{12}	0.988 1
	37	$F_0/F=3.76\times10^4[Q]+0.99$	3.76×10^4	3.76×10^{12}	0.991 8
T_{14}	25	$F_0/F=1.17\times10^5[Q]+0.91$	1.17×10^5	1.17×10^{13}	0.987 3
	37	$F_0/F=5.98\times10^4[Q]+0.96$	5.98×10^4	5.98×10^{12}	0.987 9
T_{16}	25	$F_0/F=1.46\times10^5[Q]+0.95$	1.46×10^5	1.46×10^{13}	0.977 9
	37	$F_0/F=1.05\times10^5[Q]+0.98$	1.05×10^5	1.05×10^{13}	0.980 3

4.3.4　结合常数和热力学

以上研究证明四种三聚表面活性剂对 BSA 的猝灭机制为静态猝灭，所以两者间的结合常数(K_A)可以用下面的方程进行计算：

$$\lg\frac{F_0-F}{F}=\lg K_A+n\lg[Q] \tag{4-2}$$

式中，F_0 和 F 分别为表面活性剂不存在及存在时 BSA 的荧光强度；$[Q]$为表面活性剂的浓度；n 为表面活性剂在 BSA 上的结合位点。

四种表面活性剂/BSA 体系在不同温度下 $\lg[(F_0-F)/F]$ 与 $\lg[Q]$ 关系曲线如图 4-10所示，计算得到的 K_A 和 n 值列于表 4-2 中。据相关文献报道，当蛋白质与其他物质的结合常数在 $10^6\sim10^8$ M^{-1}时，就可以认为它们之间存在很强的结合能力。因此，T_{14} 和 T_{16}与 BSA 的结合能力较强，而 T_{10}和 T_{12}与 BSA 的相互作用相对较弱，尤其是 T_{10}。

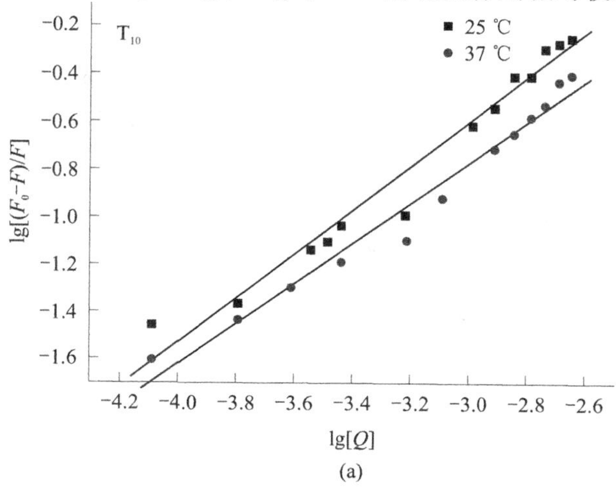

(a)

图 4-10　四种季铵盐三聚表面活性剂/BSA 体系在不同温度下的 $\lg[(F_0-F)/F]$与 $\lg[Q]$关系曲线

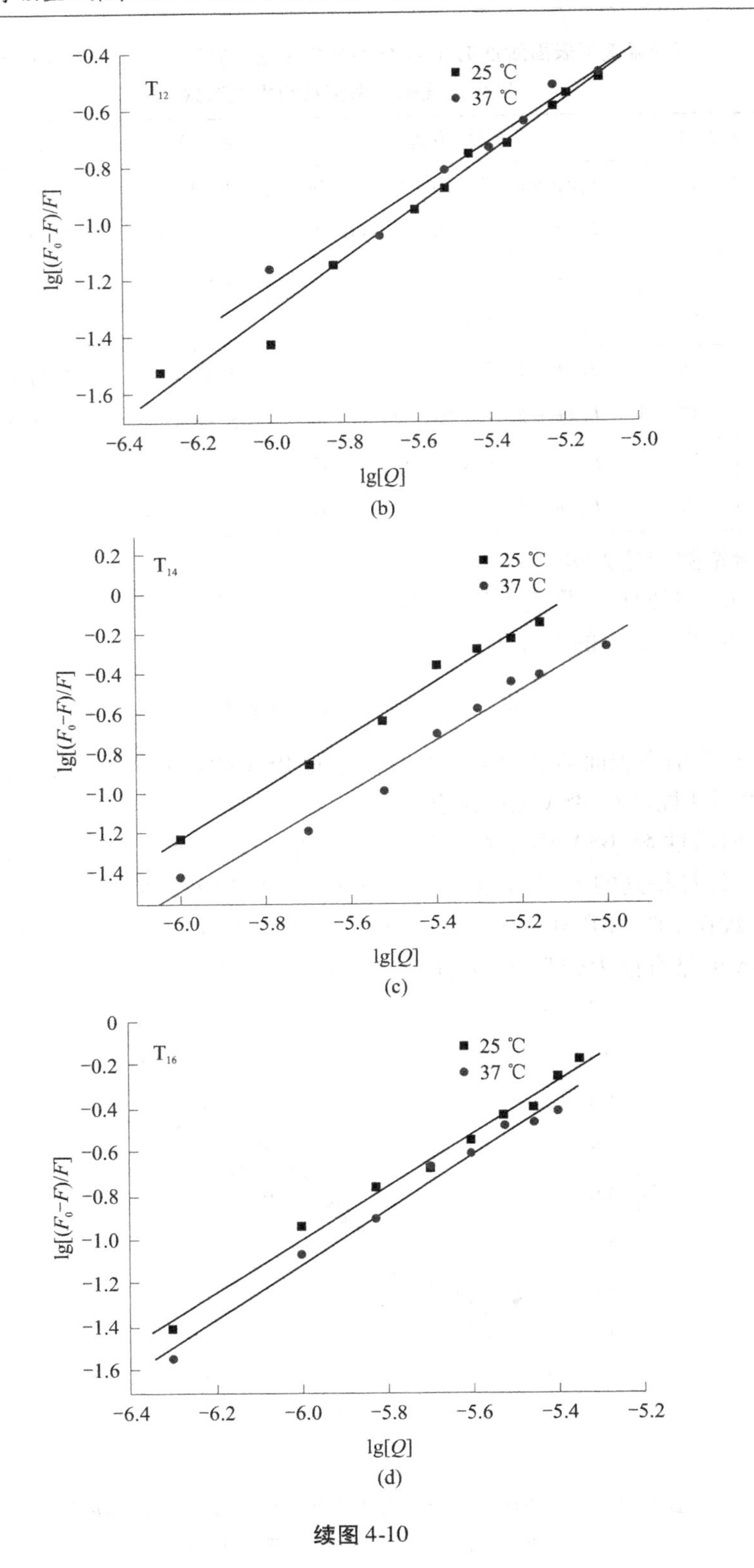
T12
25 ℃
37 ℃
lg[(F0−F)/F]
lg[Q]
(b)
T14
25 ℃
37 ℃
lg[(F0−F)/F]
lg[Q]
(c)
T16
25 ℃
37 ℃
lg[(F0−F)/F]
lg[Q]
(d)

续图 4-10

随后，对不同体系的热力学参数自由能变 ΔG、焓变 ΔH 及熵变 ΔS 进行分析，其分析方程式如下：

$$\Delta G = -RT\ln K_A \tag{4-3}$$

$$\ln\frac{K_2}{K_1} = \frac{\Delta H}{R}\left(\frac{1}{T_1}-\frac{1}{T_2}\right) \tag{4-4}$$

$$\Delta G = \Delta H - T\Delta S \tag{4-5}$$

式中，K_1、K_2 分别为温度 T_1 和 T_2 条件下的结合常数；R 为气体常数（8.314 $J \cdot K^{-1} \cdot mol^{-1}$）。

表 4-2　不同温度下三聚表面活性剂/BSA 体系的结合常数、结合位点和热力学参数

表面活性剂	T(℃)	K_A(M^{-1})	n	ΔG($kJ \cdot mol^{-1}$)	ΔH($kJ \cdot mol^{-1}$)	ΔS($J \cdot mol^{-1} \cdot K^{-1}$)
T_{10}	25	1.53×10^2	0.93	−12.46	−54.40	−140.72
	37	0.65×10^2	0.86	−10.77	−54.40	−140.72
T_{12}	25	1.82×10^4	0.93	−24.30	−75.96	−173.36
	37	5.55×10^3	0.83	−22.22	−75.96	−173.36
T_{14}	25	5.02×10^6	1.32	−38.23	−94.86	−190.05
	37	1.14×10^6	1.26	−35.94	−94.86	−190.05
T_{16}	25	1.67×10^6	1.20	−35.02	29.31	217.50
	37	2.64×10^6	1.26	−38.11	29.31	221.50

根据两个温度下的 K_A 值，可以计算求得 ΔG。从表 4-2 可以看出所有体系的自由能变都是负值，这就说明季铵盐三聚表面活性剂与 BSA 的结合是一个自发的过程。由于温度变化不大时，焓变 ΔH 可以看成是一个常数，进而通过计算求得熵变 ΔS。根据 Ross 和 Subramanian 的报道，当焓变 ΔH 和熵变 ΔS 的值都为正值时，表明该反应是由疏水相互作用控制的，而负的焓变 ΔH 和熵变 ΔS 则说明氢键和范德华作用起主导作用。因此，表 4-2 表明 T_{16} 主要是以疏水作用与 BSA 结合的，而其他三个表面活性剂/BSA 体系的相互作用主要是氢键和范德华作用。

4.3.5　微极性

疏水性探针芘的荧光光谱对外界环境极性的改变极为敏感。它的第一和第三振动峰的荧光强度比值（I_1/I_3）可以很好地指示其所处环境的微极性，I_1/I_3 值越小，表明芘所处环境的微极性越低。因此，以芘作为荧光探针所反映出来的微极性的变化可以提供关于蛋白质与表面活性剂相互作用的信息。对于纯的表面活性剂（见图 4-11），I_1/I_3 值刚开始保持一个平台区，到达一定的浓度后，突然急剧降低，最后到达一个相对稳定的值。I_1/I_3 急剧降低是由于胶束的形成，使芘分子从水溶液中迁移到低极性的胶束内层疏水区。对于存在 BSA 的体系，I_1/I_3 在表面活性剂浓度远低于临界胶束浓度（cmc）时就已开始降低，I_1/I_3 小于相同浓度的纯表面活性剂体系，随着表面活性剂浓度的增加，I_1/I_3 降低趋势加快，最后同样到达一个相对稳定的值，而且此值略大于纯表面活性剂体系。以上现象表明 BSA 与低浓度表面活性剂发生了相互作用，形成复合物，芘分子逐渐增溶到复合物低极性的疏水性微区；随着浓度的增加，表面活性剂自由胶束形成，芘同时也开始增溶到胶束中，而且自由胶束内层疏水区微极性比 T_n/BSA 复合物的低。此外，在T_{10}/BSA体系中，当 T_{10}小于4.14×10^{-5} M 时，I_1/I_3 值保持不变且与芘在纯水中的值接近，只有在其浓度达到4.14×10^{-5} M 时才出现降低的趋势，但远高于 T_{12}、T_{14}、T_{16}与 BSA 开始作用时的浓度，说明 T_{10}与 BSA 的结合能力很弱。这与荧光测试结果是一致的。

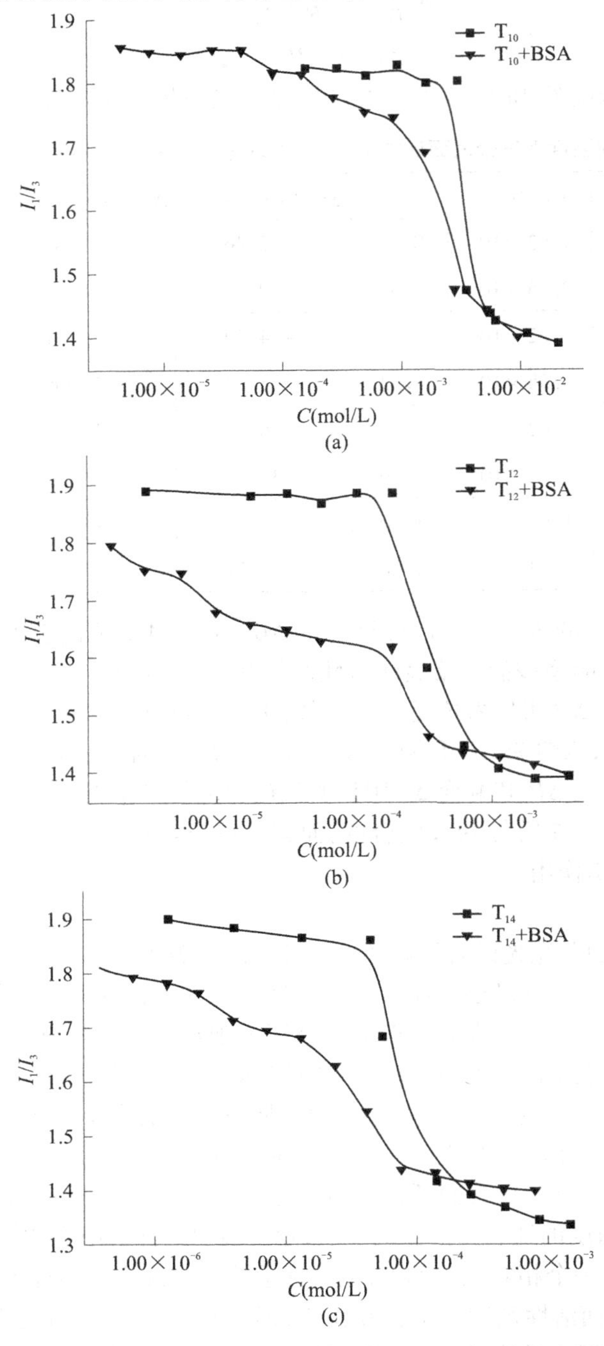

图 4-11　三聚表面活性剂在 BSA 存在和不存在时的聚集体微极性变化曲线

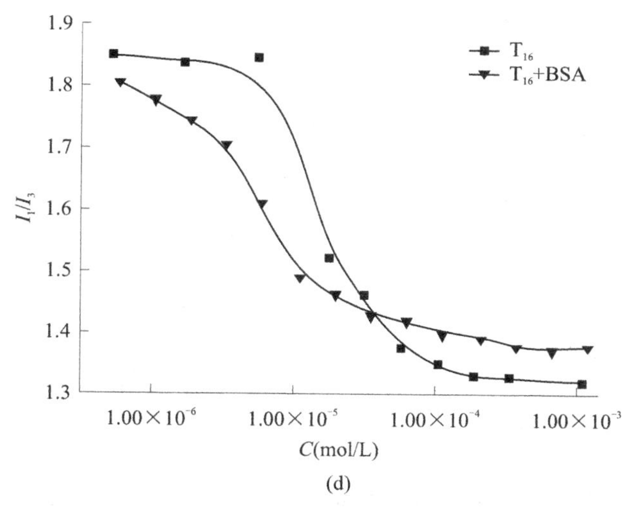

续图 4-11

4.3.6　表面张力

表面张力法作为研究气/液界面吸附行为的主要方法，已被广泛地应用于蛋白质与传统单链表面活性剂、Gemini 表面活性剂相互作用的研究中。研究表明，表面活性剂与蛋白质分子的相互作用往往会改变其在气/液界面的吸附行为。因此，通过表面张力法研究蛋白质存在时表面活性剂溶液界面性质的变化可以得到表面活性剂与蛋白质相互作用的定性和定量信息。

如图 4-12 ~ 图 4-15 所示为三聚表面活性剂/BSA 体系表面张力变化曲线，可以看出，在低浓度表面活性剂区域，BSA 的存在均使水溶液的表面张力显著降低，表明部分 BSA 吸附在气/液界面上，起到了降低表面张力的作用。尽管四种三聚表面活性剂结构极其相似，但是它们与 BSA 的混合体系表面张力变化曲线却明显地不同。下面将一一对四个体系进行分析。

对 T_{10}/BSA 体系(见图 4-12)来说，在 T_{10} 浓度较低时，表面张力保持一个常数，这与微极性和荧光测试的结果是一致的，都说明低浓度时 T_{10} 和 BSA 的结合力是很弱的。当浓度增加至某一值后，表面张力开始呈现缓慢的直线降低。平台区域中表面张力开始降低的转折点浓度被称为胶束聚集浓度(critical aggregation concentration，cac)，意味着表面活性剂与 BSA 相互作用的开始。从表 4-3 可以看到图 4-12 中 cac 处的浓度为 4.92×10^{-5} M(M 表示 mol/L)，这与上面微极性研究得到的浓度(4.14×10^{-5} M)是一致的。由于增加的 T_{10} 分子最初主要与 BSA 结合形成复合物，表面张力降低缓慢。随着 T_{10} 浓度增加到 C_1(5.17×10^{-4} M)，表面张力降低速率加快且与不加 BSA 的 T_{10} 水溶液的降低速率接近。这一现象表明界面上大部分 T_{10}/BSA 复合物被 T_{10} 分子逐渐取代，此时表面张力的降低主要归因于 T_{10} 单体在界面的吸附。此外，相对于纯的 T_{10} 溶液，T_{10}/BSA 体系在表面张力到达平台时表面活性剂的浓度(临界胶束浓度，图 4-12 中 cmc*)相对较小，这可能是由于与 BSA 结合后 T_{10} 分子的疏水性增加使其更倾向于吸附在界面。

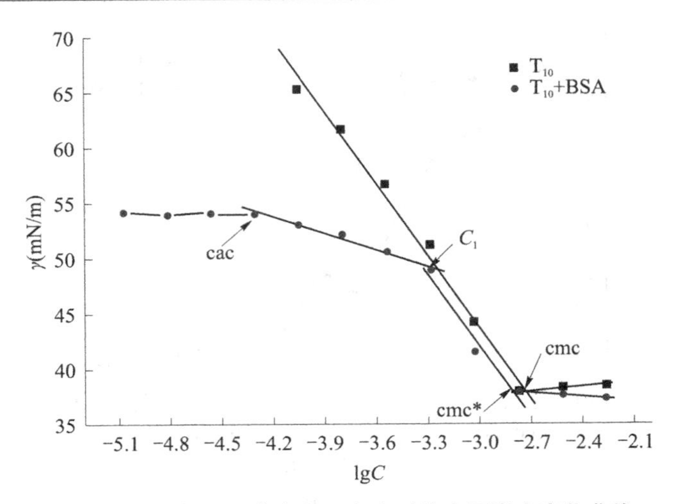

图 4-12　T_{10}在 BSA 存在和不存在时的表面张力变化曲线

表 4-3　表面活性剂在 BSA 存在和不存在时表面张力变化曲线中的特征参数

表面活性剂		T_{10}	T_{12}	T_{14}	T_{16}
BSA 不存在	cmc(mol/L)	1.83×10^{-3}	1.24×10^{-4}	4.89×10^{-5}	8.04×10^{-6}
	$10^6\Gamma_{max}$(mol/m^2)	0.94	1.09	0.89	1.23
	A_{min}(nm^2)	1.77	1.53	1.87	1.35
BSA 存在	cmc *(mol/L)	1.56×10^{-3}	2.2×10^{-4}	1.13×10^{-4}	1.99×10^{-5}
	cac(mol/L)	4.92×10^{-5}			
	C_1(mol/L)	5.17×10^{-4}	6.94×10^{-5}	2.4×10^{-5}	
	C_2(mol/L)			9.15×10^{-6}	
	$10^6\Gamma_{max}$(mol/m^2)	0.93	0.61	0.44	0.42
	A_{min}(nm^2)	1.78	2.72	3.78	3.96

图 4-13 是 T_{12}和 T_{12}/BSA 两个体系的表面张力变化曲线。与 T_{10}/BSA 体系不同，在研究的浓度范围内，T_{12}/BSA 体系并没有出现 cac 点，即使加入很少量的 T_{12}也可以导致表面张力的明显降低。这说明相对于 T_{10}，T_{12}与 BSA 之间存在较强的结合能力。当 T_{12}浓度大于图 4-13 中 C_1(6.94×10^{-5} M)时，T_{12}单体参与界面的吸附，导致较大的表面张力降低速率。然而此时的速率比纯的 T_{12}体系的速率要小一些，这可能是因为 BSA 分子在界面仍然是存在的，液面表面张力的降低是 T_{12}/BSA 复合物和 T_{12}单体共同作用的结果。此外，T_{12}/BSA 体系的 cmc*要大于纯 T_{12}体系，这主要源于 T_{12}与 BSA 的结合，需要更多的 T_{12}分子来饱和界面。

与 T_{10}/BSA、T_{12}/BSA 体系不同的是，T_{14}/BSA 体系的表面张力曲线在 cmc*前出现双拐点现象(见图 4-14)。这暗示 T_{14}/BSA 体系除了氢键和范德华作用力外，疏水相互作用也参与了 T_{14}与 BSA 的结合。随着表面活性剂浓度的增加，BSA 中越来越多的疏水性残

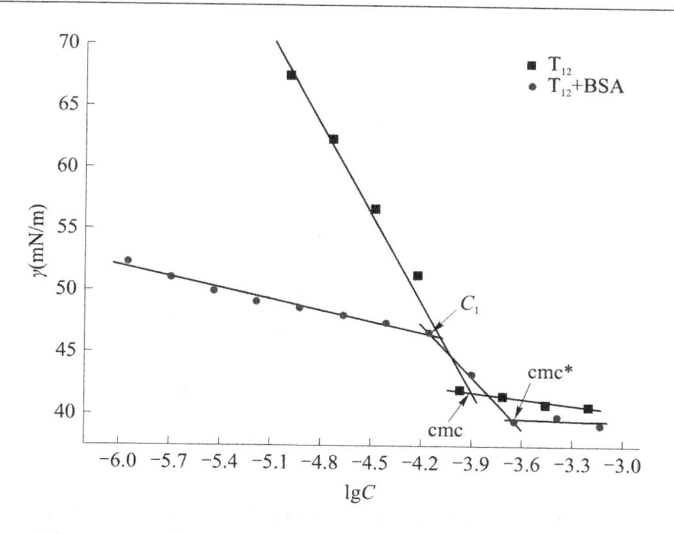

图 4-13　T_{12}在 BSA 存在和不存在时的表面张力变化曲线

基被暴露出来，T_{14}的疏水链可能通过疏水相互作用与 BSA 结合，形成的 T_{14}/BSA 复合物的亲水性增加，倾向于溶解在溶液中，导致 T_{14}/BSA 体系在 $C_2 \sim C_1$（$9.15 \times 10^{-6} \sim 2.4 \times 10^{-5}$ M）范围内表面张力的降低速率减小。由于 T_{10}和 T_{12}分子的疏水性相对较弱，所以在 T_{10}和 T_{12}单体开始参与界面吸附之前，它们的表面张力曲线中没有出现像T_{14}/BSA体系一样的双拐点。

T_{16}/BSA 体系的表面张力曲线在测试浓度范围只出现界面饱和吸附时的拐点（见图 4-15），类似于纯 T_{16}体系。这可能是由于在 cmc* 前即 T_{16}形成自由胶束前加入的 T_{16}主要通过疏水作用与 BSA 结合，T_{16}/BSA 复合物的亲水性增强，表面活性降低，逐渐被 T_{16}单体取代，表面张力的降低主要来自于 T_{16}单体的界面吸附。

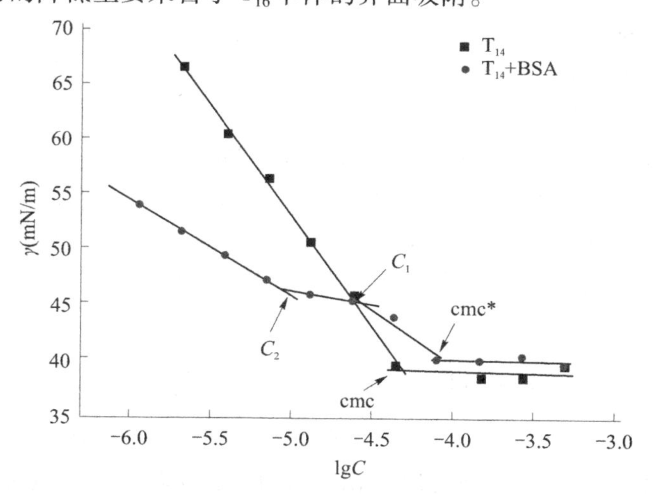

图 4-14　T_{14}在 BSA 存在和不存在时的表面张力变化曲线

三聚表面活性剂 T_n在 BSA 存在和不存在时表面活性剂在气/液界面的最大吸附量 Γ_{max}和最小分子面积 A_{min}的变化可以通过以下公式计算得到：

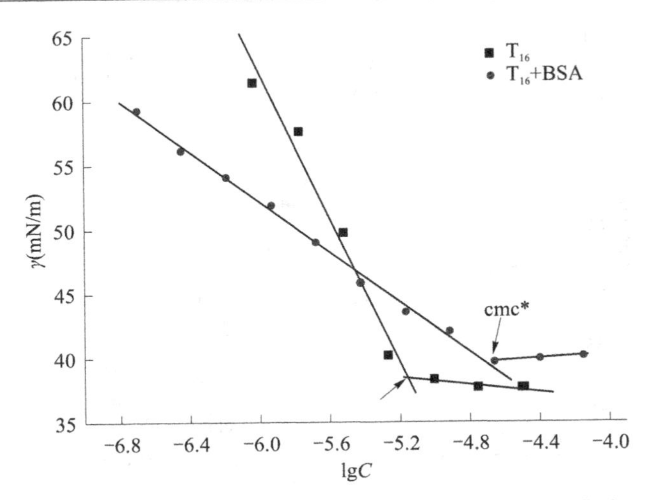

图 4-15　T_{16}在 BSA 存在和不存在时的表面张力变化曲线

$$\Gamma_{max} = \frac{-1}{2.303nRT}\left(\frac{d\gamma}{d\lg C}\right)_T \tag{4-6}$$

$$A_{min} = (N_A\Gamma_{max})^{-1} \times 10^{16} \tag{4-7}$$

式中，R 为气体常数（8.314 J·K^{-1}·mol^{-1}）；T 为绝对温度；$(d\gamma/d\lg C)_T$ 为表面张力变化曲线中邻近 cmc 处曲线的斜率；N_A 为阿伏加德罗常数；n 为在气/液界面吸附的组分的种类，对于离子型三聚表面活性剂，文献中一般 n 取 4，计算结果见表 4-3。

从表 4-3 中可以看出，T_{10}/BSA 体系的 Γ_{max} 和 A_{min} 值与纯的 T_{10} 体系非常接近，表明 BSA 对高浓度 T_{10} 的界面吸附的影响很小。其他三个体系中都出现明显减小的 Γ_{max} 值和增大的 A_{min} 值，说明饱和吸附时表面活性剂/BSA 复合物在界面上仍存在一定的吸附。

4.3.7　圆二色谱

蛋白质中非对称肽键的存在，使平面偏振光在通过它时被分解为左旋和右旋两种，由于蛋白质对两种光的吸收程度不同，导致圆二色性的产生。因此，圆二色谱被广泛地用来研究蛋白质与其他分子作用后二级结构的变化。

四种三聚表面活性剂浓度变化时 BSA 在 200～250 nm 的圆二色谱如图 4-16 所示，可以看出，BSA 单独存在时，在 210 nm 和 222 nm 左右出现两个负槽，对应于 BSA 的α－螺旋结构。随着表面活性剂与 BSA 浓度比值的增加，除了 T_{10}/BSA 体系外，其他三个体系的椭圆率都逐渐降低，并在浓度比值较大时降低的速率变小。根据早期的 α－螺旋含量的计算公式：

$$\alpha-\text{helix}(\%) = \frac{[\Theta]222 + 2\,340}{-30\,300} \tag{4-8}$$

222 nm 处椭圆率的降低，说明 α－螺旋含量的减少。在 T_{10}/BSA 体系中，虽然椭圆率的变化没有表现出一定的规律，但是可以看出其在 T_{10} 浓度较低时变化幅度比较小，说明 α－螺旋含量变化不大。此外，在 T_{10}/BSA 体系中，210 nm 左右的负槽有逐渐红移的趋势。这种现象在其他三个体系中也存在。文献报道 β－折叠一般在 216 nm 左右有一个负槽，因此推测圆二色谱红移的现象应该是源于 β－折叠含量的增加。

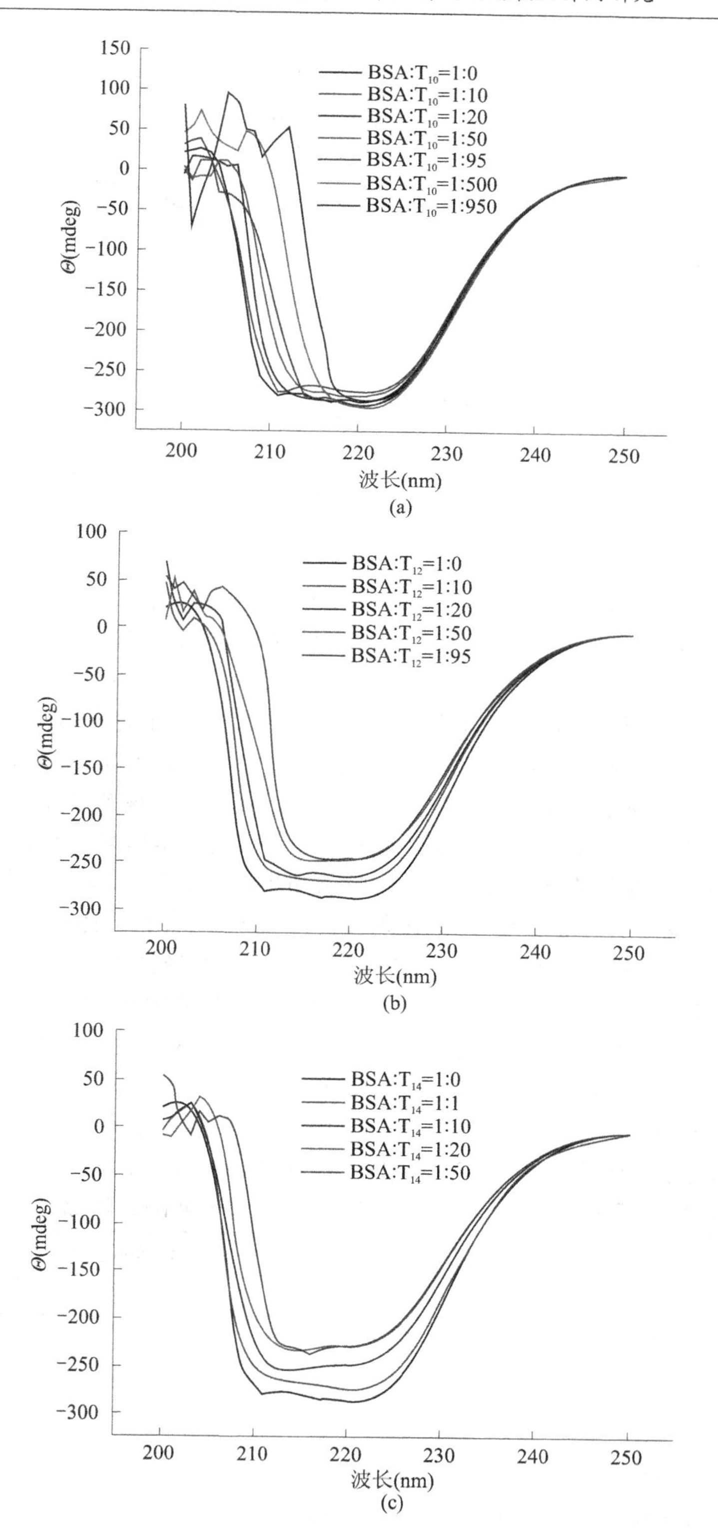

图 4-16　不同浓度的季铵盐三聚表面活性剂对 BSA 圆二色谱的影响

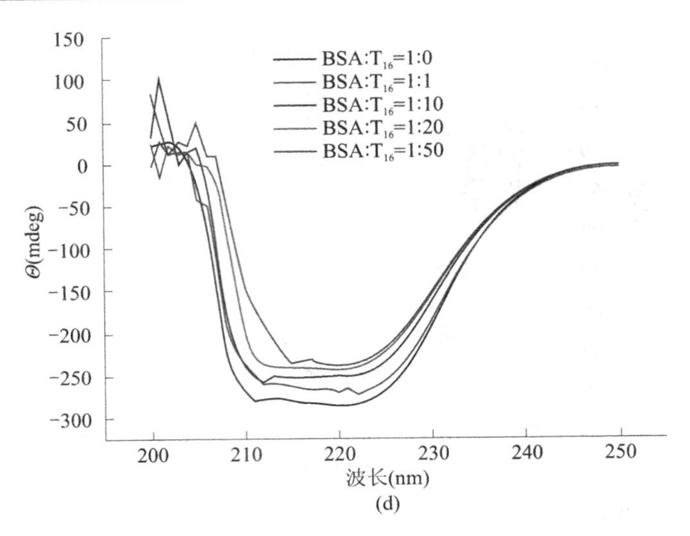

续图 4-16

由于式(4-8)中的常数都是实验推测的经验值,同时只考虑了 α－螺旋单波长的贡献并没有考虑 BSA 中其他二级结构的贡献,所以得出的椭圆率的降低表明 α－螺旋含量减少的结论只是简单的推算。因此,采用 CD－Pro 软件中的 SELCON3 方程对所得的光谱数据进行拟合以更准确地说明在季铵盐三聚表面活性剂存在时 BSA 二级结构的变化。不同体系中 BSA 二级结构含量的计算结果如表 4-4 所示,可以看出,随着表面活性剂浓度的增大,研究的四个体系中 α－螺旋含量降低,β－折叠含量则逐渐增加,这说明表面活性剂加入后 BSA 的骨架变得疏松、伸展,使更多的疏水残基暴露出来,导致 α－螺旋含量的降低。此外,表面活性剂浓度相同时,α－螺旋含量的降低程度与表面活性剂的疏水尾链长度密切相关。表面活性剂/BSA 比值在 20 以内,T_{14}和 T_{16}存在的体系中 BSA 的α－螺旋含量分别从 62.3% 降低到 46.2%、43.1%,T_{10}和 T_{12}体系降低得较少,尤其是 T_{10}体系,α－螺旋含量只降到 59.3%。增加表面活性剂/BSA 比值到 50 时,T_{14}和 T_{16}体系的 α－螺旋含量接近 41%,T_{12}体系的 α－螺旋含量在表面活性剂/BSA 比值在 95 时也可以降低到 41% 左右,而 T_{10}体系的 α－螺旋含量即使 T_{10}浓度为 BSA 的 950 倍时也不能降到 41%。上述结果表明,相同浓度的三聚表面活性剂对 BSA 二级结构的改变程度随着疏水链的增长而增加,即疏水链较长的三聚表面活性剂与 BSA 之间的相互作用更强。

表 4-4　不同体系中 BSA 二级结构随季铵盐三聚表面活性剂浓度的变化

不同体系		α－螺旋(%)	β－折叠(%)	β－转角(%)	无规卷曲(%)
BSA		62.3	8.8	13.5	17.4
BSA: T_{10}	1:10	59.5	10.1	13.8	18.5
	1:20	59.3	8.7	14.9	20.2
	1:50	51.8	12.4	15.3	23.9
	1:95	48.7	12.9	17.2	24.9
	1:500	44.1	13.5	15.2	25.1
	1:950	43.1	15.7	15.4	24.9

续表 4-4

不同体系		α - 螺旋(%)	β - 折叠(%)	β - 转角(%)	无规卷曲(%)
BSA		62.3	8.8	13.5	17.4
BSA: T_{12}	1:10	53.9	10.4	14.8	24.1
	1:20	52.3	11.9	16.2	22.6
	1:50	43.8	15.9	14.7	26.0
	1:95	40.7	15.8	18.9	26.7
BSA: T_{14}	1:1	62.0	10.2	13.4	16.8
	1:10	52.8	13.2	15.2	20.0
	1:20	46.2	13.3	18.4	24.9
	1:50	41.2	14.4	17.6	27.5
BSA: T_{16}	1:1	54.8	11.2	15.3	22.4
	1:10	47.4	12.8	17.0	24.1
	1:20	43.1	14.4	19.0	25.6
	1:50	40.9	16.8	19.2	25.8

4.3.8　动态光散射

动态光散射(DSL)是测量溶液中聚集体粒径的常用表征方法,有助于了解表面活性剂与 BSA 复合物的形成过程。因此,进一步研究了在不同浓度三聚表面活性剂下 BSA 水合粒径的变化。如图 4-17 所示,在测试浓度范围内,随着表面活性剂浓度的增加,T_{10}、T_{12}和 T_{14}与 BSA 混合溶液的粒径先较快地增大,然后缓慢地变化。粒径的增加归因于表面活性剂与 BSA 相互作用形成了较大尺寸的复合物。与其他三个体系不同的是,T_{16}与 BSA 的混合溶液在 T_{16}浓度超过 5.55×10^{-6} M 后水合粒径是减小的,这是由于 T_{16}开始形成较小尺寸的预胶束,此时所测得的水合粒径是预胶束与 T_{16}/BSA 复合物的平均粒径。

4.3.9　相互作用模型

基于以上不同方法的研究结果,提出了如图 4-18 所示的模型来形象地描述四种季铵盐三聚表面活性剂与 BSA 的相互作用。由于 BSA 和三聚表面活性剂 T_n的结构特殊性,两者的相互作用是多种因素(疏水作用、氢键作用、范德华作用等)共同作用的结果。对于 T_{10}、T_{12}和 T_{14}体系来说,它们结构中所含有的含氧基团使其主要以氢键和范德华力的形式与 BSA 相互作用(见图 4-18(a)、(b))。但是由于 T_{14}分子具有相对较强的疏水性,所以随着形成的 T_{14}/BSA 复合物的疏水性的增加,部分 T_{14}分子以疏水作用的方式结合到 T_{14}/BSA 复合物上(见图 4-18(b))。而 T_{16}分子的较长疏水尾链使其主要通过疏水作用与 BSA 中疏水区域结合(见图 4-18(c))。

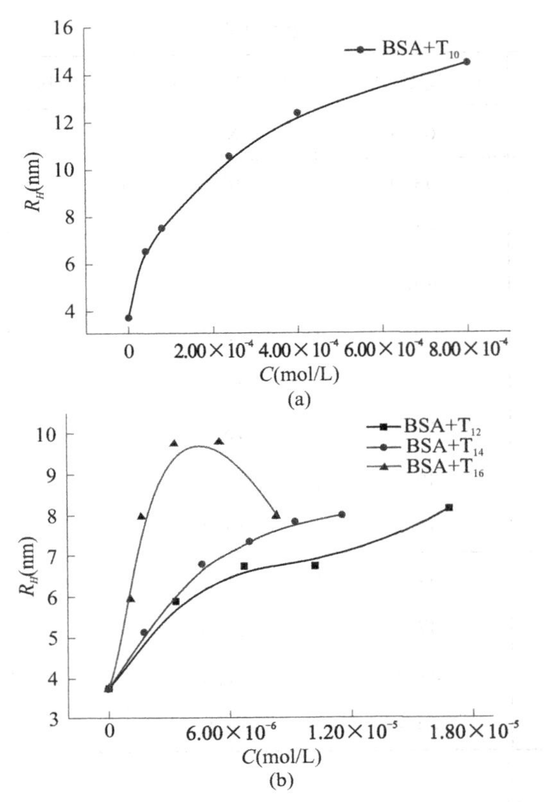

图 4-17 不同浓度的季铵盐三聚表面活性剂对 BSA 水合粒径的影响

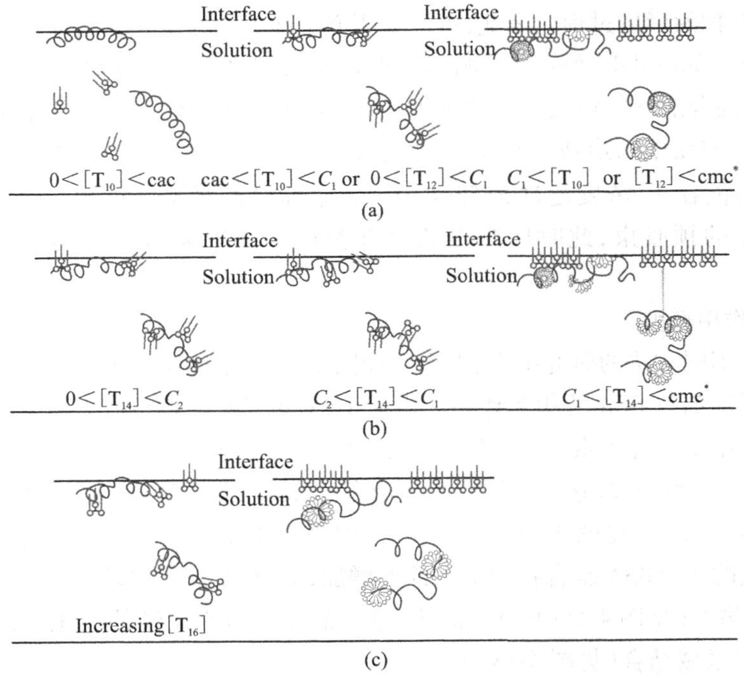

图 4-18 四种季铵盐三聚表面活性剂与 BSA 的相互作用模型示意图

4.4 小 结

本章利用荧光光谱、表面张力、圆二色谱和动态光散射方法研究了四种新型季铵盐三聚表面活性剂与 BSA 的相互作用。主要结论如下:

(1)在一定浓度范围内 BSA 的内源荧光强度随着表面活性剂浓度的增加而降低,且最大发射波长逐渐蓝移,表明 BSA 与表面活性剂相互作用后其结构中的色氨酸残基周围的极性降低。此外,荧光强度降低及波长蓝移的现象只有在 T_{10}浓度较高的时候才可以观察到,说明疏水链长在三聚表面活性剂与 BSA 的相互作用中扮演着重要的角色。

(2)同步荧光研究显示,T_n主要与色氨酸残基相互作用,引起 BSA 荧光的降低。

(3)不同温度下的 Stern - Volmer 猝灭常数研究证明,季铵盐三聚表面活性剂对 BSA 的猝灭过程主要是源于表面活性剂/BSA 复合物的形成产生的静态猝灭过程。

(4)结合位点和热力学研究表明,T_{14}和 T_{16}与 BSA 的结合能力相对来说较强;除 T_{16}以外,其他三种表面活性剂与 BSA 的结合主要是通过氢键与范德华力,T_{16}则主要以疏水性作用与 BSA 结合。

(5)微极性研究结果表明,三聚表面活性剂在浓度远低于临界胶束浓度时就能够与 BSA 结合形成复合物且其疏水区微极性比自由胶束内层疏水区微极性略高。

(6)界面吸附研究表明,尽管结构类似,四种表面活性剂与 BSA 的作用方式和结合能力却存在较大差异。此外,三聚表面活性剂在低浓度时与 BSA 结合表现出较强的降低表面张力的协同效应,而在高浓度时则缺失这一效应。

(7)圆二色谱研究表明,随着表面活性剂浓度的增大,研究的四个体系中 α - 螺旋含量降低,相应的 β - 折叠含量则逐渐增加,说明表面活性剂加入后 BSA 的骨架变得疏松、伸展,使更多的疏水残基暴露出来,因此导致 α - 螺旋含量的降低。此外,相同浓度时,α - 螺旋含量的降低程度与表面活性剂的疏水尾链长度密切相关,疏水链越长,降低程度越大。

(8)动态光散射研究表明,T_{10}、T_{12}和 T_{14}与 BSA 混合溶液的粒径先是较快增加,然后缓慢变化,表明表面活性剂与 BSA 复合物的形成。T_{16}与 BSA 的混合溶液的粒径在低浓度时增大,在浓度超过 5.55×10^{-6} M 后又开始减小,这是 T_{16}形成预胶束的结果。

参考文献

[1] Sulkowska A, Bojko B, Rownicka J, et al. Effect of urea on serum albumin complex with antithyroid drugs: fluorescence study [J]. Journal of Molecular Structure, 2003, 651: 237-243.

[2] Goddard E D, Ananthapadmanabhan K P. Interactions of surfactants with polymers and proteins [M]. London: CRC Press, 1993.

[3] Shah A, Bano B. Spectroscopic studies on the interaction of bilirubin with liver cystatin [J]. European Biophysics Journal, 2011, 40: 175-180.

[4] Nemirovskiy O V, Ramanathan R, Gross M L. Investigation of calcium-induced, noncovalent association of calmodulin with melittin by electrospray ionization mass spectrometry [J]. Journal of the American Society for Mass Spectrometry, 1997, 8: 809-812.

[5] Smalley J W, Charalabous P, Hart C A, et al. Transmissible burkholderia cepacia genomovar Ⅲa strains

bind and convert monomeric iron (Ⅲ) protoporphyrin IX into the μ-oxo oligomeric form [J]. Microbiology, 2003, 149: 843-853.

[6] Jones M. Surfactant interactions with biomembranes and proteins [J]. Chemical Society Reviews, 1992, 21: 127-136.

[7] Mishra M, Muthuprasanna P, Prabha K S, et al. Basics and potential applications of surfactants—a review [J]. International Journal of Pharm Tech Research, 2009, 1: 1354-1365.

[8] Dickinson E. Food polymers, gels and colloids [M]. London: Elsevier, 1991.

[9] Gull N, Chodankar S, Aswal V K, et al. Spectroscopic studies on the interaction of cationic surfactants with bovine serum albumin [J]. Colloids and Surfaces B – Biointerfaces, 2009, 69: 122-128.

[10] Ghosh S, Banerjee A. A multitechnique approach in protein/surfactant interaction study: physicochemical aspects of sodium dodecyl sulfate in the presence of trypsin in aqueous medium [J]. Biomacromolecules, 2002, 3: 9-16.

[11] Turro N J, Lei X G, Ananthapadmanabhan K, et al. Spectroscopic probe analysis of protein – surfactant interactions: the BSA/SDS system [J]. Langmuir, 1995, 11: 2525-2533.

[12] Deep S, Ahluwalia J C. Interaction of bovine serum albumin with anionic surfactants [J]. Physical Chemistry Chemical Physics, 2001, 3: 4583-4591.

[13] Ge Y S, Tai S X, Xu Z Q, et al. Synthesis of three novel anionic gemini surfactants and comparative studies of their assemble behavior in the presence of bovine serum albumin [J]. Langmuir, 2012, 28: 5913-5920.

[14] Faustino C M C, Calado A R T, Garcia – Rio L. Gemini surfactant – protein interactions: effect of pH, temperature, and surfactant stereochemistry [J]. Biomacromolecules, 2009, 10: 2508-2514.

[15] Wu D, Xu G Y, Sun Y H, et al. Interaction between proteins and cationic gemini surfactant [J]. Biomacromolecules, 2007, 8, 708-712.

[16] Menger F M, Keiper J S. Gemini surfactants [J]. Angewandte Chemie International Edition, 2000, 39: 1906-1920.

[17] Zana R. Dimeric (gemini) surfactants: effect of the spacer group on the association behavior in aqueous solution [J]. Journal of Colloid and Interface Science, 2002, 248: 203-220.

[18] Gull N, Sen P, Khan R H. Interaction of bovine (BSA), rabbit (RSA), and porcine (PSA) serum albumins with cationic single – chain/gemini surfactants: a comparative study [J]. Langmuir, 2009, 25: 11686-11691.

[19] Li Y J, Wang X Y, Wang Y L. Comparative studies on interactions of bovine serum albumin with cationic gemini and single – chain surfactants [J]. Journal of Physical Chemistry B, 2006, 110: 8499-8505.

[20] Martin V I, Rodriguez A, Maestre A, et al. Binding of cationic single – chain and dimeric surfactants to bovine serum albumin [J]. Langmuir, 2013, 29: 7629-7641.

[21] Sreerama N, Woody R W. Estimation of protein secondary structure from circular dichroism spectra: Comparison of CONTIN, SELCON, and CDSSTR methods with an expanded reference set [J]. Analytical Biochemistry, 2000, 287: 252-260.

[22] Poulli K I, Mousdis G A, Georgiou C A. Synchronous fluorescence spectroscopy for quantitative determination of virgin olive oil adulteration with sunflower oil [J]. Analytical and Bioanalytical Chemistry, 2006, 386: 1571-1575.

[23] Wu D, Xu G Y, Feng Y J, et al. Comparative study on interaction of bovine serum albumin with dissymmetric and symmetric gemini surfactant by spectral method [J]. Colloid and Polymer Science, 2009,

287：225-230.

[24] Geng F, Zheng L Q, Yu L, et al. Interaction of bovine serum albumin and long－chain imidazolium ionic liquid measured by fluorescence spectra and surface tension [J]. Process Biochemistry, 2010, 45：306-311.

[25] 陈晓翔，杨培慧，蔡继业. 表面活性剂引起的血红蛋白构象变化 [J]. 环境与健康杂志，2005，22：25-27.

[26] Lakowicz J R. Principles of fluorescence spectroscopy [M]. New York：Springer, 2006.

[27] Lakowicz J R. Principles of Fluorescence Spectroscopy [M]. New York：Kluwer Academic/Plenum, 1999.

[28] Khan S N, Islam B, Yennamalli R, et al. Interaction of mitoxantrone with human serum albumin：spectroscopic and molecular modeling studies [J]. European Journal of Pharmaceutical Sciences, 2008, 35：371-382.

[29] Mandeville J S, Froehlich E, Tajmir－Riahi H A. Study of curcumin and genistein interactions with human serum albumin [J]. Journal of Pharmaceutical and Biomedical Analysis, 2009, 49：468-474.

[30] Ross P D, Subramanian S. Thermodynamics of protein association reactions：forces contributing to stability [J]. Biochemistry, 1981, 20：3096-3102.

[31] Kalyanasundaram K, Thomas J. Environmental effects on vibronic band intensities in pyrene monomer fluorescence and their application in studies of micellar systems [J]. Journal of the American Chemical Society, 1977, 99：2039-2044.

[32] Ruiz－Pena M, Oropesa－Nunez R, Pons T, et al. Physico－chemical studies of molecular interactions between non－ionic surfactants and bovine serum albumin [J]. Colloids and Surfaces B－Biointerfaces, 2010, 75：282-289.

[33] Mehta S K, Bhawna, Bhasin K K, et al. An insight into the micellization of dodecyldimethylethylammonium bromide (DDAB) in the presence of bovine serum albumin (BSA) [J]. Journal of Colloid and Interface Science, 2008, 323：426-434.

[34] Mir M A, Gull N, Khan J M, et al. Interaction of Bovine Serum Albumin with Cationic Single Chain plus Nonionic and Cationic Gemini plus Nonionic Binary Surfactant Mixtures [J]. Journal of Physical Chemistry B, 2010, 114：3197-3204.

[35] Chakraborty T, Chakraborty I, Ghosh S. Sodium carboxymethylcellulose－CTAB interaction：a detailed thermodynamic study of polymer－surfactant interaction with opposite charges [J]. Langmuir, 2006, 22：9905-9913.

[36] Chakraborty T, Chakraborty I, Moulik S P, et al. Physicochemical and conformational studies on BSA－surfactant interaction in aqueous medium [J]. Langmuir, 2009, 25：3062-3074.

[37] Green R J, Su T J, Joy H, et al. Interaction of iysozyme and sodium dodecyl sulfate at the air－liquid interface [J]. Langmuir, 2000, 16：5797-5805.

[38] Miller R, Fainerman V B, Makievski A V, et al. Dynamics of protein and mixed protein/surfactant adsorption layers at the water/fluid interface [J]. Advances in Colloid and Interface Science, 2000, 86：39-82.

[39] Song L D, Rosen M J. Surface properties, micellization, and premicellar aggregation of gemini surfactants with rigid and flexible spacers [J]. Langmuir, 1996, 12：1149-1153.

[40] Yoshimura T, Kusano T, Iwase H, et al. Star－shaped trimeric quaternary ammonium bromide surfactants：adsorption and aggregation properties [J]. Langmuir, 2012, 28：9322-9331.

[41] Yoshimura T, Esumi K. Physicochemical properties of anionic triple – chain surfactants in alkaline solutions [J]. Journal of Colloid and Interface Science, 2004, 276: 450-455.

[42] Esumi K, Taguma K, Koide Y. Aqueous properties of multichain quaternary cationic surfactants [J]. Langmuir, 1996, 12: 4039-4041.

[43] 沈星灿，梁宏，何锡文，等. 圆二色光谱分析蛋白质构象的方法及研究进展 [J]. 分析化学，2004，3: 388-394.

[44] Zhang X F, Shu C Y, Xie L, et al. Protein conformation changes induced by a novel organophosphate – containing water – soluble derivative of a C – 60 fullerene nanoparticle [J]. Journal of Physical Chemistry C, 2007, 111: 14327-14333.

[45] Li Y, Wang X, Wang Y. Comparative studies on interactions of bovine serum albumin with cationic gemini and single – chain surfactants [J]. The Journal of Physical Chemistry B, 2006, 110: 8499-8505.

[46] Chen Y H, Yang J T, Martinez H M. Determination of the secondary structures of proteins by circular dichroism and optical rotatory dispersion [J]. Biochemistry, 1972, 11: 4120-4131.

[47] Chakrabartty A, Kortemme T, Padmanabhan S, et al. Aromatic side – chain contribution to far – ultraviolet circular dichroism of helical peptides and its effect on measurement of helix propensities [J]. Biochemistry, 1993, 32: 5560-5565.

第5章　低聚表面活性剂与水溶性荧光共轭聚合物的相互作用研究

5.1　引　言

水溶性荧光共轭聚合物是一类具有 $\pi-\pi^*$ 共轭离域电子结构且侧链连接有亲水性离子基团的线性高分子聚合物。由于这类聚合物中受光子激发产生的激发子可以沿着聚合物的主链自由迁移，因此其具有优越的信号放大性能，为生物传感器提供了一个有效的信号放大平台，被用于多种生物分子如DNA、蛋白质等的检测。然而，水溶性荧光共轭聚合物中共轭疏水骨架的存在使聚合物在水溶液环境中极易聚集，导致其荧光发射效率降低。到目前为止，很多方法被用来解决聚集导致的荧光共轭聚合物量子产率低的问题，大量的研究集中于对共轭聚合物化学结构的改变，比如引入庞大的亲水性取代基、加入咔唑共轭单元等。然而，这些方法过程比较复杂。因此，寻找简单、有效地改善水溶性共轭聚合物荧光性能的方法具有重要意义。

2000年，Whitten小组首次发现阳离子表面活性剂十二烷基三甲基溴化铵（DTA）可以改变阴离子荧光共轭聚合物（MPS－PPV）的几何构型，并提高其荧光量子产率。该报道之后，越来越多的关于表面活性剂与共轭聚合物相互作用的研究被报道，Lavigne等将这种表面活性剂与共轭聚合物的相互作用命名为“surfactochromicity”。到目前为止，不同类型的表面活性剂被用于研究与水溶性共轭聚合物的相互作用。Burrows等考察了一种聚芴类阳离子聚合物与一系列具有不同尾链长度的阴离子磺酸盐表面活性剂在4% DMSO水溶液中的相互作用，发现聚合物荧光性能的改变与表面活性剂浓度具有密切的关系。低浓度的表面活性剂导致聚合物荧光强度的降低，同时伴随着最大发射波长红移的现象；当表面活性剂增加到一定浓度时，聚合物荧光强度又开始增加，最大发射波长也逐渐蓝移。他们将上述荧光强度的降低和增加分别归因于电荷中和而导致的聚合物聚集和聚集体的再次分散。Hameed等通过静态荧光、动态荧光和时间分辨荧光技术研究了水溶液中非离子表面活性剂（$C_{12}E_5$）对一种水溶性阳离子共轭聚合物荧光性能的影响。与阴离子表面活性剂不同，少量的非离子表面活性剂的加入也能增加聚合物的荧光强度。这是因为非离子表面活性剂与阳离子聚合物之间通过疏水作用结合，增加了聚合物的水溶性，降低了聚合物骨架周围环境的极性，减少了水分子对聚合物荧光的猝灭。然而，查阅大量的文献发现，目前所使用的表面活性剂主要集中于传统的单链表面活性剂，有关低聚表面活性剂与水溶性共轭聚合物的作用的报道非常少，而且在这些仅有的报道中，使用的低聚表面活性剂均是阳离子Gemini表面活性剂，三聚表面活性剂及阴离子Gemini表面活性剂对水溶性共轭聚合物荧光性能的影响尚无相关报道，这可能是由于合成和纯化比较困难，尤其是三聚表面活性剂。此外，对于水溶性荧光聚合物的初始形态对其与表面活性剂之间的相互作用是否有影响，目前也缺乏相关的研究。因此，表面活性剂与水溶性荧光聚合物的相互作用仍然是一个需要进一步深入探索的领域。

本章利用荧光光谱、紫外可见光谱、表面张力和分子动力学模拟技术详细地研究了四种具有不同疏水尾链长度的季铵盐三聚表面活性剂 T_n（n 取 10、12、14、16）与阳离子水溶性荧光共轭聚合物 9,9 - 双(6′ - N,N,N - 三甲基溴化铵)己基芴 - alt - 1,4 - 苯(PFP)的相互作用。为了验证季铵盐三聚表面活性剂与阳离子聚合物间电荷排斥对它们相互作用的影响，同时详细地考察了三种新型阴离子烷基苯磺酸盐 Gemini 表面活性剂对 PFP 荧光性能的影响。此外，还研究了 PFP 的初始形态对其与表面活性剂之间相互作用的影响。四种季铵盐三聚表面活性剂 T_n 的结构见第 2 章，PFP 和三种阴离子烷基苯磺酸盐 Gemini 表面活性剂的结构如图 5-1 所示。

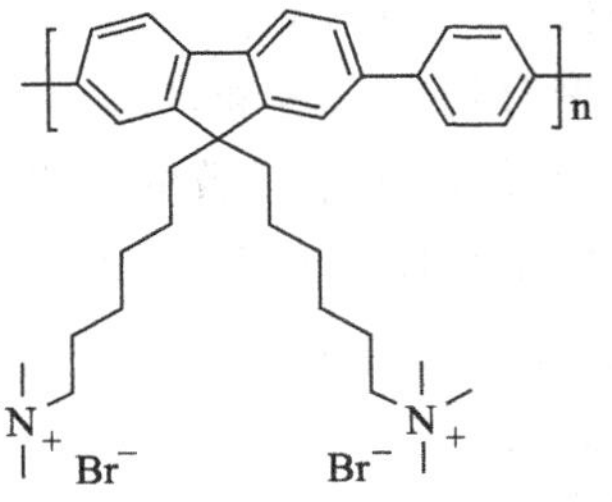

PFP

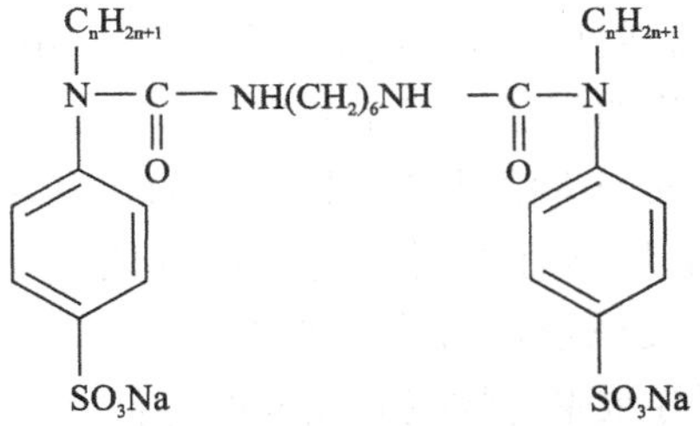

n=8,Gemini Ⅰ
n=10,Gemini Ⅱ
n=12,Gemini Ⅲ

图 5-1　PFP 和三种阴离子烷基苯磺酸盐 Gemini 表面活性剂的结构

5.2　实验部分

5.2.1　实验试剂和仪器

主要试剂：四种季铵盐三聚表面活性剂 T_n（n 取 10、12、14、16）、三种烷基苯磺酸盐 Gemini表面活性剂（Gemini Ⅰ、Gemini Ⅱ、Gemini Ⅲ）和 PFP，自制，制备上述物质所使用的主要试剂名称、规格、生产厂商见表 5-1。PFP 用 4% DMSO 水溶液或超纯水配制，储存液浓度为 25.0 μM。除了特殊说明外，使用的 PFP 储存液均是由 4% DMSO 水溶液配制的。

表 5-1　实验所用主要试剂

名称	规格	生产厂商
1,4－对苯二硼酸	CP	北京盛维特科技有限责任公司
2,7－二溴－9,9－双(6－溴己基)芴	AR	北京盛维特科技有限责任公司
$Pd(dppf)Cl_2$	AP	北京盛维特科技有限责任公司
1,6－己二异氰酸酯	AR	Alfa Aesar 公司
二氯亚砜	AR	上海金山亭新化工试剂厂
正辛酸	CP	国药集团化学试剂有限公司
正癸酸	CP	国药集团化学试剂有限公司
月桂酸	CP	国药集团化学试剂有限公司
苯胺	AR	国药集团化学试剂有限公司
氢化铝锂	AR	国药集团化学试剂有限公司
氯磺酸	CP	国药集团化学试剂有限公司
氢氧化钠	AR	国药集团化学试剂有限公司
四氢呋喃	AR	国药集团化学试剂有限公司
二氯甲烷	AR	国药集团化学试剂有限公司
乙酸乙酯	AR	国药集团化学试剂有限公司
石油醚	AR	国药集团化学试剂有限公司
甲醇	AR	国药集团化学试剂有限公司

主要仪器：F－4600 型荧光光谱仪（日本日立公司）；Shimadzu UV－2550 型紫外－可见分光光度计（日本岛津公司）；QBZY－2 型全自动表面张力仪（上海方瑞仪器有限公司）；FELIX32 型时间分辨荧光光谱仪（英国光子国际技术公司）；THZ－C 型台式恒温振荡器（江苏太仓市华美生化仪器厂）；AUY120 型电子天平（日本岛津公司）；DF－101S 型恒温加热磁力搅拌器（河南省予华仪器有限公司）；RE－52C 型旋转蒸发仪（巩义市英峪予华仪器厂）；SHB－Ⅲ型循环水式多用真空水泵（郑州长城科工贸有限公司）；YL713－4 型真空油泵（临海市谭氏真空设备有限公司）。

5.2.2　表面活性剂和 PFP 的合成

5.2.2.1　季铵盐三聚表面活性剂的合成

季铵盐三聚表面活性剂的合成与表征见第 2 章。

5.2.2.2　烷基苯磺酸盐 Gemini 表面活性剂的合成

三种具有不同疏水链长的烷基苯磺酸盐 Gemini 表面活性剂的合成按照笔者课题组之前的报道，其合成路线如图 5-2 所示。

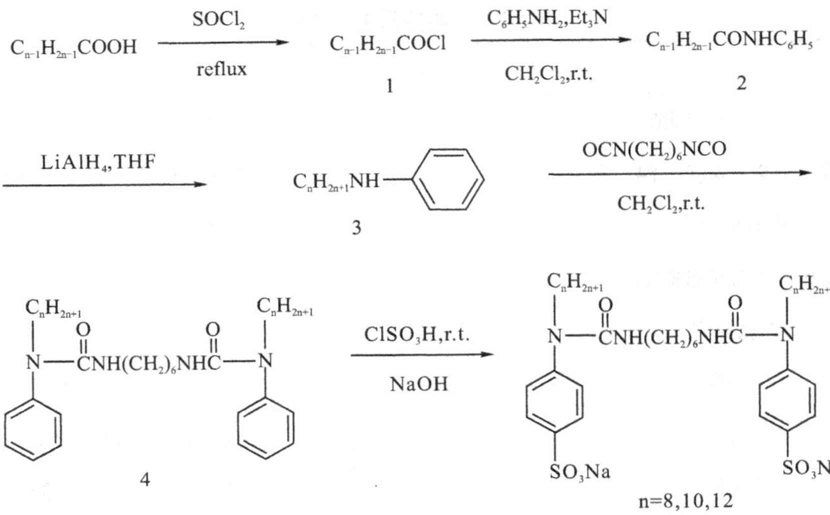

$$C_{n-1}H_{2n-1}COOH \xrightarrow[\text{reflux}]{SOCl_2} \underset{1}{C_{n-1}H_{2n-1}COCl} \xrightarrow[CH_2Cl_2,\text{r.t.}]{C_6H_5NH_2,Et_3N} \underset{2}{C_{n-1}H_{2n-1}CONHC_6H_5}$$

$$\xrightarrow{LiAlH_4,THF} \underset{3}{C_nH_{2n+1}NH-C_6H_5} \xrightarrow[CH_2Cl_2,\text{r.t.}]{OCN(CH_2)_6NCO}$$

$$\underset{4}{C_6H_5N(C_nH_{2n+1})-\overset{O}{\overset{\|}{C}}NH(CH_2)_6NH\overset{O}{\overset{\|}{C}}-N(C_nH_{2n+1})C_6H_5} \xrightarrow[NaOH]{ClSO_3H,\text{r.t.}} NaO_3S\text{-}C_6H_4N(C_nH_{2n+1})-\overset{O}{\overset{\|}{C}}NH(CH_2)_6NH\overset{O}{\overset{\|}{C}}-N(C_nH_{2n+1})C_6H_4\text{-}SO_3Na$$

n=8,10,12

图 5-2　烷基苯磺酸盐 Gemini 表面活性剂的合成路线

5.2.2.3　PFP 的合成表征

PFP 的合成参考 Stork 等的报道,其合成线路如图 5-3 所示。将 325 mg 2,7 - 二溴 - 9,9 - 双(6 - 溴己基)芴、82.9 mg 1,4 - 对苯二硼酸、7 mg Pd(dppf)Cl_2、830 mg K_2CO_3 置于 25 mL 圆底烧瓶中,抽真空,充氩气,然后将预先用氩气除氧的 3 mL H_2O 和 6 mL THF 注入圆底烧瓶中,在氩气保护和 85 ℃下快速搅拌反应 24 h。停止反应后,冷却至室温,加入甲醇析出产物,抽滤,用甲醇和丙酮洗涤数次,真空干燥后得到淡黄色的中性聚合物(见图 5-3 中化学结构式 1)。产率为 70.9%(200 mg)。^{1}H NMR(300 MHz,$CDCl_3$,ppm):δ 7.8(m,5 H),7.7 ~ 7.6(m,4 H),7.5(m,1 H),3.3(t,4 H),2.1(m,4 H),1.7(m,4 H),1.3 ~ 1.2(m,8 H),0.8(m,4 H)。FT - IR(KBr, cm^{-1}):3 448,3 025,2 961,2 929,2 853,1 461,1 261,1 096,1 022,809,758,698,642,561。GPC(THF,polystyrene standard),M_w:37 449 g/mol;M_n:12 833 g/mol;PDI:2.9。

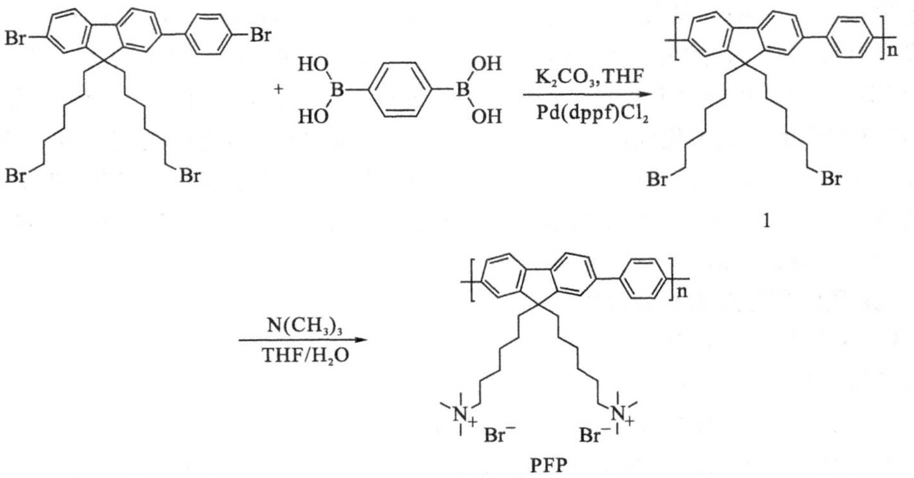

$$\text{Br-fluorene(6-bromohexyl)}_2\text{-C}_6\text{H}_4\text{-Br} + (HO)_2B\text{-}C_6H_4\text{-}B(OH)_2 \xrightarrow[Pd(dppf)Cl_2]{K_2CO_3,THF} \underset{1}{[\text{fluorene(6-bromohexyl)}_2\text{-}C_6H_4]_n} \xrightarrow[THF/H_2O]{N(CH_3)_3} \underset{\textbf{PFP}}{[\text{fluorene}((CH_2)_6N^+(CH_3)_3\,Br^-)_2\text{-}C_6H_4]_n}$$

图 5-3　PFP 的合成路线

将60 mg中性聚合物溶于10 mL四氢呋喃中，冷却至 -78 ℃，逐滴加入2 mL 30%三甲胺，添加完毕后恢复至室温，加入10 mL H_2O 溶解沉淀，再次冷却至 -78 ℃，逐滴加入2 mL 30%三甲胺。在室温下反应24 h后，减压除去大部分溶剂，加入丙酮析出沉淀，过滤，用丙酮洗涤，真空干燥得到淡黄色PFP。产率为74.2%（60 mg）。^{1}H NMR（300 MHz，CD_3OD，ppm）：δ 7.9 ~7.8（m，10 H），3.2（t，4 H），3.0（s，18 H），2.3（br，4 H），1.6（br，4 H），1.2（br，8 H），0.8（br，4 H）。FT - IR（KBr disk，cm^{-1}）：3 409，3 022，2 928，2 856，1 606，1 462，1 259，1 095，965，908，817，744，599。

5.2.3　紫外可见吸收光谱的测定

将20 μL 25.0 μM的PFP与不同浓度的表面活性剂混合，稀释到500 μL，25 ℃恒温孵育2 h后，扫描PFP和表面活性剂混合液在300 ~500 nm的紫外可见吸收光谱。

5.2.4　荧光光谱的测定

将20 μL 25.0 μM的PFP与不同浓度的表面活性剂混合，稀释到500 μL，25 ℃恒温孵育2 h后，在激发波长380 nm、激发和发射狭缝宽度10 nm的条件下，扫描PFP和表面活性剂混合液在400 ~500 nm的荧光光谱。

5.2.5　表面张力的测定

配制两组10 mL不同浓度的表面活性剂，置于洁净的50 mL烧杯中，其中一组含有1.0 μM的PFP。将烧杯口用保鲜膜密封以防止水分挥发及空气中粉尘干扰，在室温下平衡12 h后分别采用白金环法（季铵盐三聚表面活性剂）和白金板法（烷基苯磺酸盐Gemini表面活性剂）测量溶液的表面张力。测量过程中需要注意：移动测试溶液时一定要避免扰动溶液界面；每个浓度样品恒温25 min以后才可以测量；每测量一个样品后，白金环或白金板一定要彻底清洗并用酒精灯灼烧，定期测量超纯水的表面张力来保证白金环或白金板的洁净程度，确保测量数据的有效性。测量过程中，温度保持在（25.0 ±0.1）℃。

5.2.6　分子动力学模拟

将聚合物分子和表面活性剂分子放到一个充满水分子的立方体箱子中。每次模拟之前，首先进行能量的最小优化。然后进行2 ns的非束缚平衡模拟，随后对每个已经平衡较好的体系进行2 ns的模拟。最后0.5 ns的分子动力学轨迹数据用来进行统计学分析以得到聚合物/表面活性剂混合物的结构和结合特征。所有的模拟都在周期性边界条件下进行，使用Berendsen耦合算法（$P=1$ bar，$\tau_p=0.5$ ps；$T=300$ K，$\tau_t=0.1$ ps）确保粒子数目、温度和压力的恒定，时间步长为0.25 fs。

5.3　结果与讨论

5.3.1　季铵盐三聚表面活性剂与PFP相互作用的研究

考虑到PFP在纯水中易形成聚集体，因此用4% DMSO水溶液来溶解PFP。图5-4为4% DMSO水溶液溶解PFP的归一化吸收和荧光光谱，可以看出其最大吸收波长和荧光发射波长的位置分别在371 nm和415 nm左右，并且其荧光光谱表现出单一的峰形，这与PFP在良好溶剂中的形状较接近，说明此时PFP的分散性比较好。

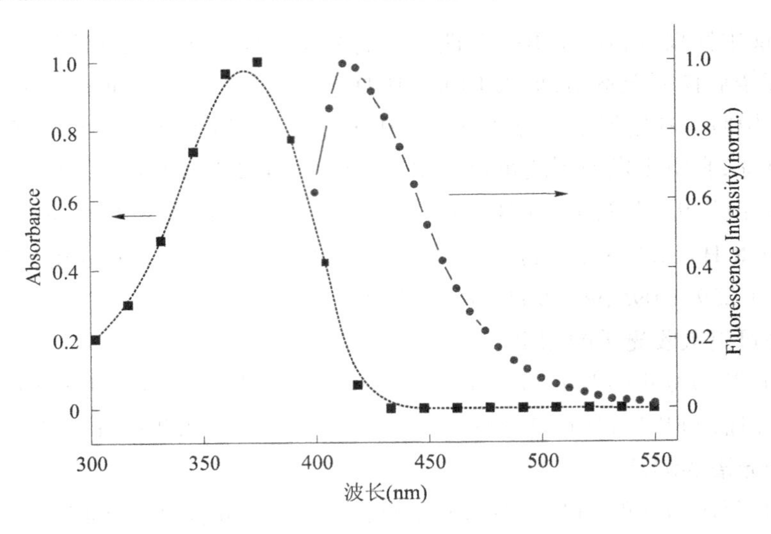

图 5-4　4% DMSO 水溶液溶解 PFP 的归一化吸收和荧光光谱

5.3.1.1　紫外可见吸收光谱

首先,考察 PFP 的紫外可见吸收光谱随四种三聚表面活性剂浓度的变化,结果如图 5-5所示。可以看出,T_{10}和 T_{12}两个体系表现出相似的变化:随着 T_{10}和 T_{12}浓度的增加,PFP 的吸收强度逐渐增加且最大吸收波长发生蓝移(见图 5-6);当表面活性剂浓度超过某一浓度后,吸收峰又逐渐红移,同时在 T_{10}和 T_{12}浓度分别为 1.28×10^{-3} M 和 3.2×10^{-4} M时,吸收峰的本底散射表现出明显的增强(见图 5-5),表明 PFP 聚集体的出现。而在 T_{14}和 T_{16}两个体系中,并没有观察到 PFP 吸收峰位置红移的现象,即使在它们的浓度远远超过了相应的临界胶束浓度(见图 5-6)。为了进一步说明上述差异产生的原因,接下来详细地研究 PFP 荧光光谱随四种表面活性浓度的变化情况。

5.3.1.2　荧光光谱

图 5-7 为 PFP 荧光光谱、最大荧光强度和荧光发射波长随 T_{10}浓度的变化,其中图 5-7(a)和图 5-7(b)为不同 T_{10}浓度时的荧光光谱。可以看出,当 T_{10}浓度较低($\leqslant3.2\times10^{-4}$ M)时,PFP 荧光强度随着 T_{10}浓度的增加而逐渐增强,并伴随着最大发射波长的红移。推测图 5-7(a)中荧光强度增加的可能原因是:T_{10}分子的疏水尾链与 PFP 的疏水区域结合,导致 PFP 周围极性环境极性的降低,减少了水分子对 PFP 的猝灭,因此荧光增强。此外,结合到 PFP 上的 T_{10}分子与 PFP 侧链头基间的静电排斥力使 PFP 的共轭骨架变得更为舒展,最大发射波长红移。当 T_{10}浓度超过 3.2×10^{-4} M 后,最大发射波长继续红移,然而最大荧光强度则开始逐渐降低(见图 5-7(b))。同时,PFP 荧光光谱的峰形也发生了明显的变化,在 T_{10}浓度为 4.0×10^{-4} M 时就可以清楚地看到在 445 nm 附近出现一个小的肩峰,并随着 T_{10}浓度的增加而变得越来越明显(见图 5-7(b)),这与只用水溶解的 PFP 的峰形比较相似。这种肩峰反映了 PFP 的振动结构变得越来越清晰,而这往往出现在聚合物的聚集过程中,因此所观察到的荧光强度的降低及最大发射波长的红移应该是聚合物聚集导致的。同时,这也与上述由紫外可见吸收光谱的变化得出的结果非常吻合。

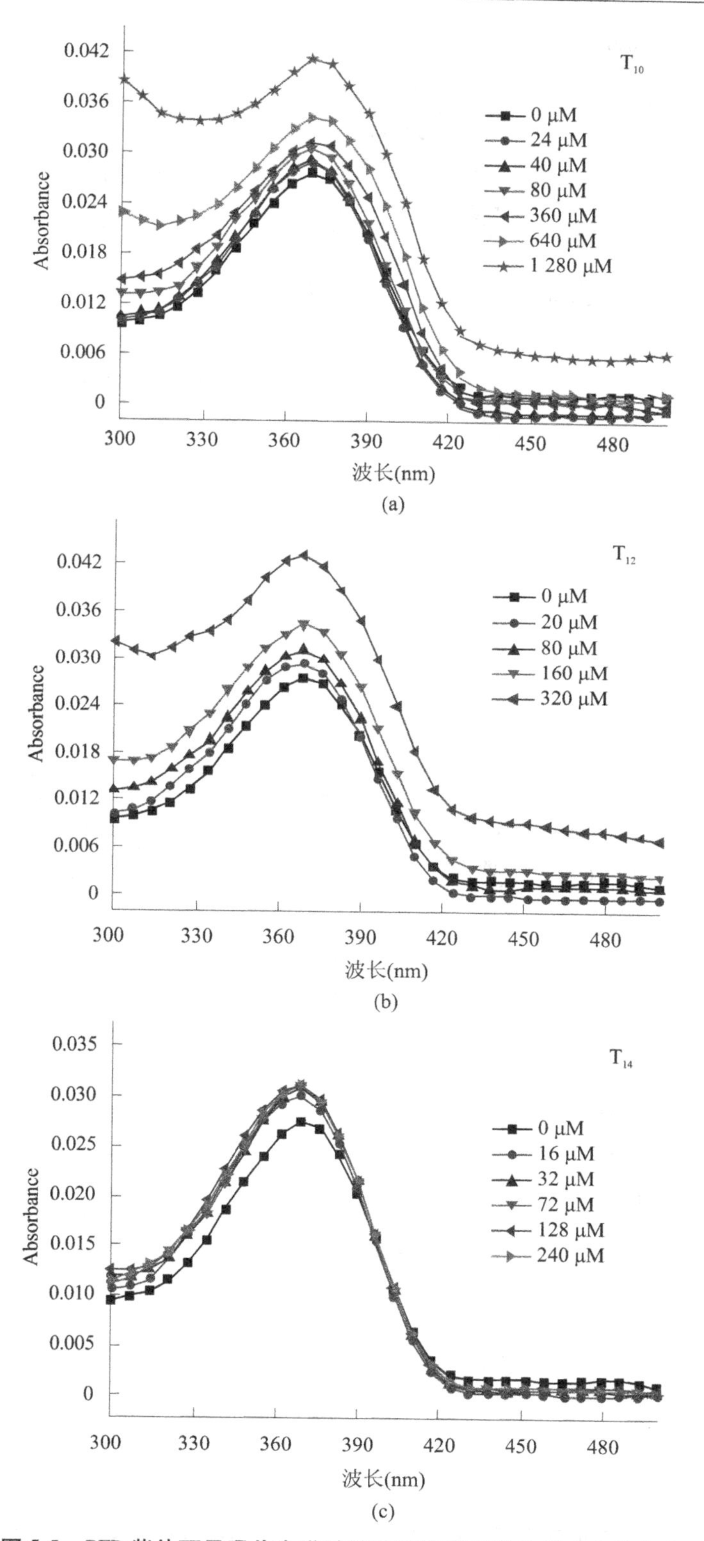

图 5-5　PFP 紫外可见吸收光谱随四种三聚表面活性剂浓度的变化

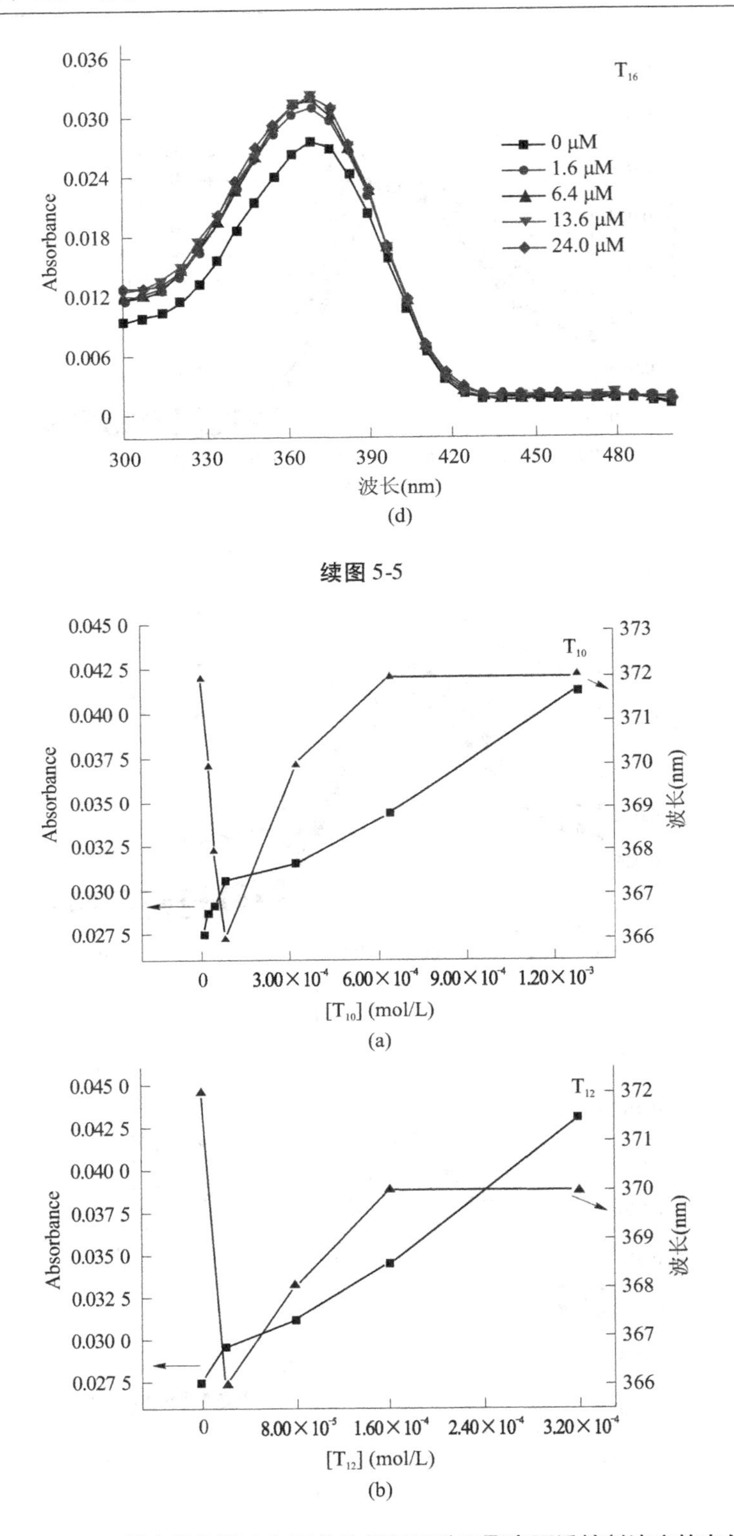

续图 5-5

图 5-6 PFP 最大吸收强度和吸收波长随四种三聚表面活性剂浓度的变化

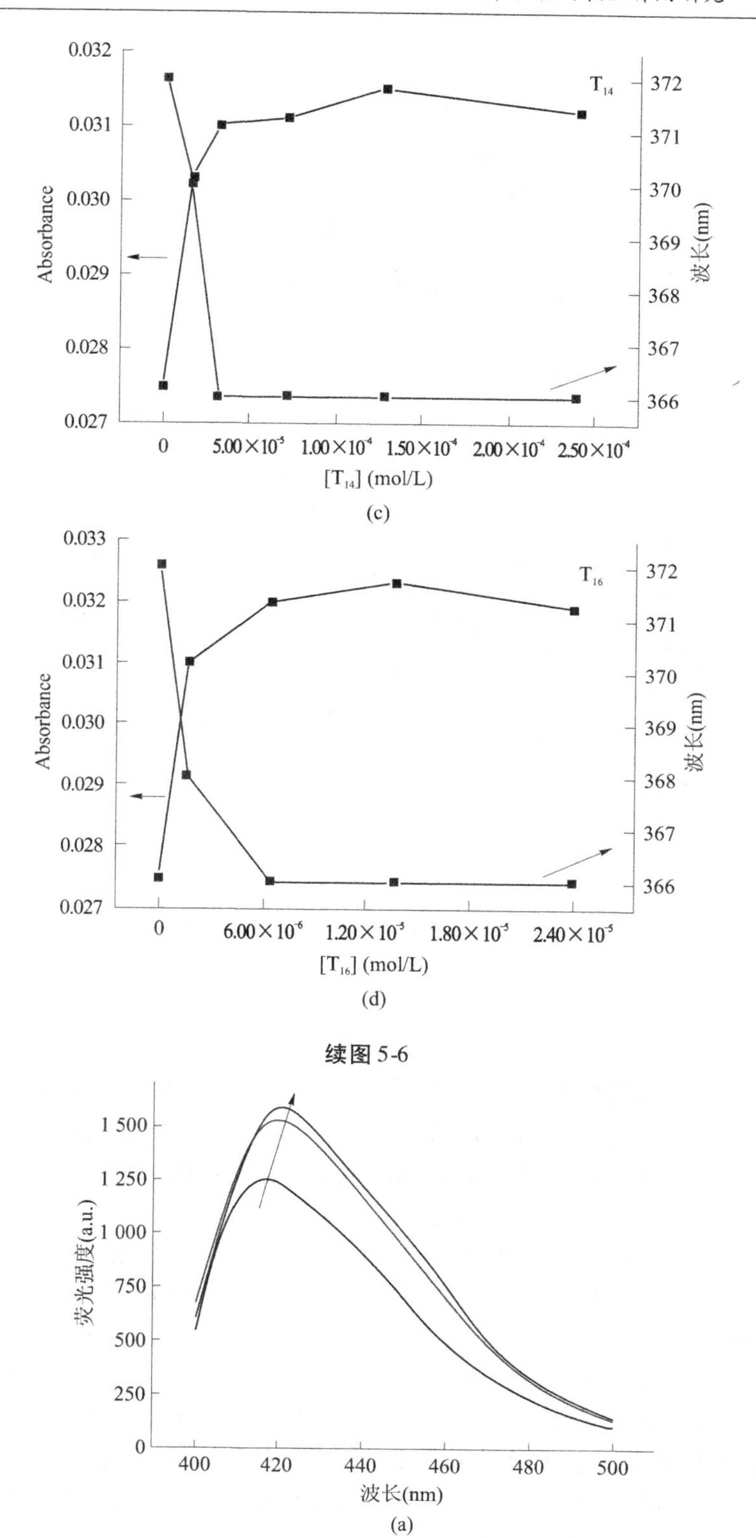

图 5-7　PFP 荧光光谱、最大荧光强度和荧光发射波长随 T_{10} 浓度的变化

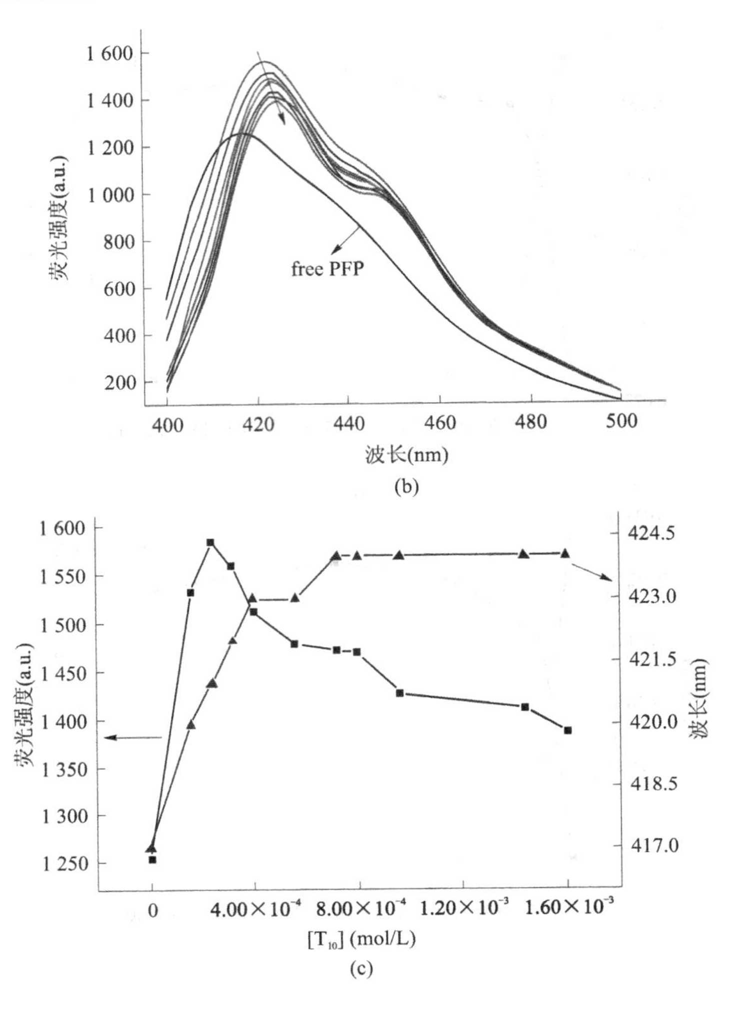

续图 5-7

如图 5-8 所示，相似的现象同样出现在 T_{12} 体系中，且荧光强度开始降低时对应的浓度为 4.0×10^{-4} M，与 T_{10} 体系的 3.2×10^{-4} M 较为接近。因此，较高浓度的 T_{10} 和 T_{12} 条件下观察到的荧光强度降低和发射波长红移的现象可能是由同一种作用力引起的，且与表面活性剂的疏水性大小没有太大的关系。

与上述两个体系不同的是，在 T_{14} 和 T_{16} 体系中，最初加入 T_{14} 和 T_{16} 导致 PFP 荧光强度急剧增加，达到一定的浓度后（如图 5-9 中箭头所示），PFP 荧光强度缓慢增加（见图 5-9）。此外，荧光强度急剧增加和缓慢变化的转折点所对应的浓度（见图 5-9（b）、（d））与 T_{14} 和 T_{16} 的临界胶束浓度（见第 3 章）较为接近。尽管 T_{14} 和 T_{16} 两个体系最大荧光强度的变化趋势比较相似，但是它们的最大发射波长的变化却存在明显差异。从图 5-9（b）、（d）可以看出，在 PFP 荧光强度急剧增加的阶段，T_{14} 体系的最大发射波长发生明显红移，而在 T_{16} 体系中，最大发射波长先发生蓝移且保持不变，在其浓度超过 4.8×10^{-6} M 之后，又发生轻微的红移。

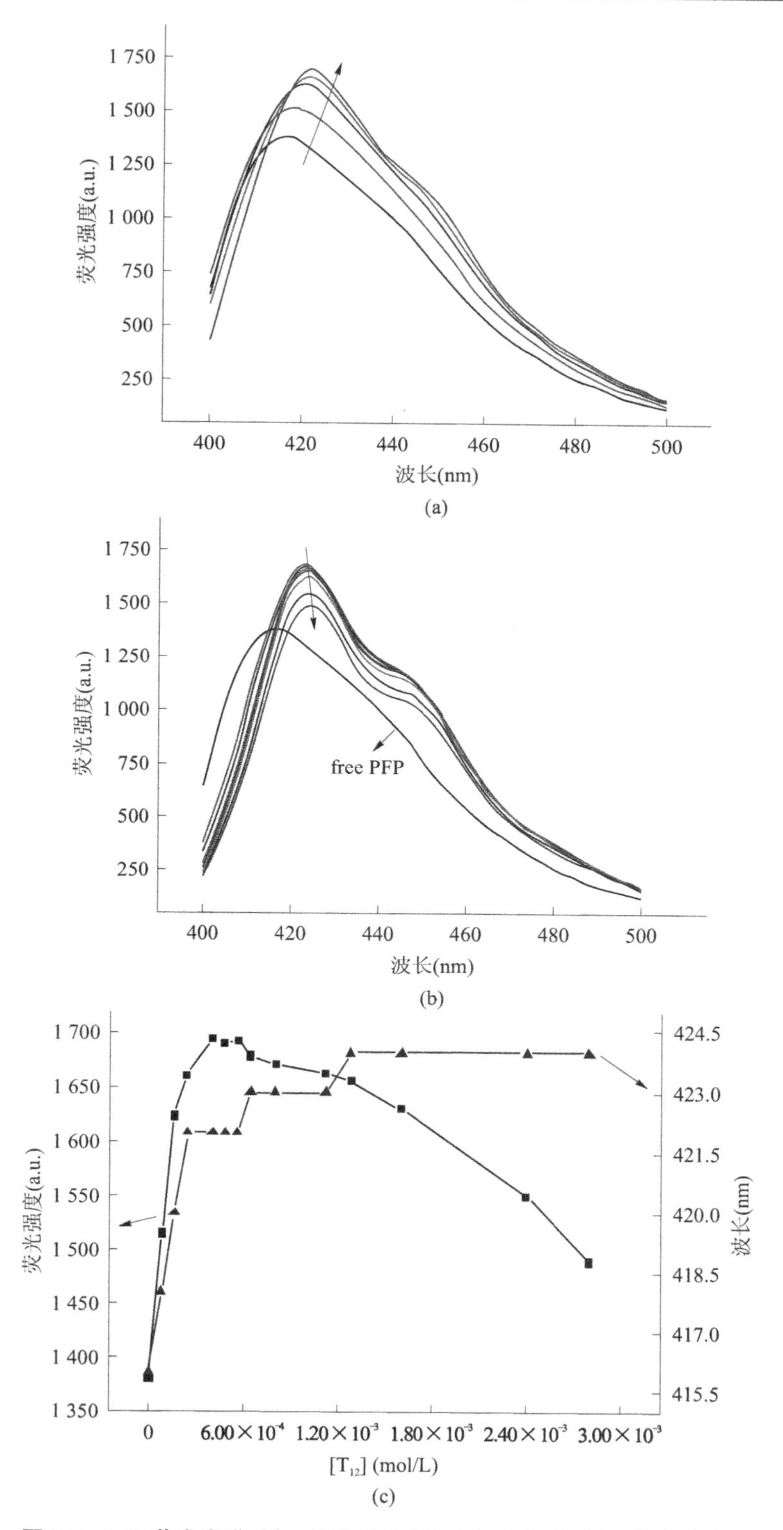

图 5-8　PFP 荧光光谱、最大荧光强度和荧光发射波长随 T_{12} 浓度的变化

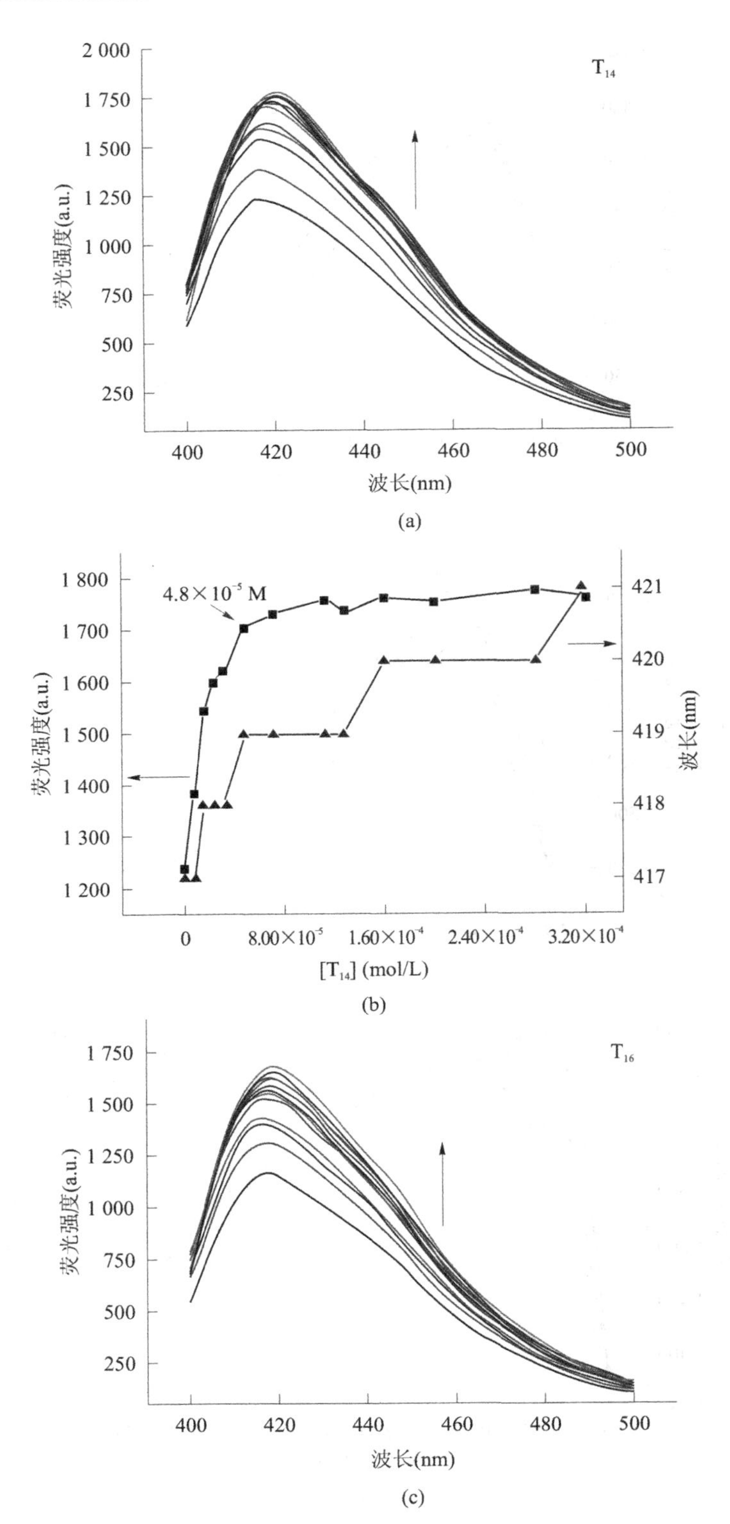

图 5-9 PFP 荧光光谱、最大荧光强度和荧光发射波长随 T_{14} 和 T_{16} 浓度的变化

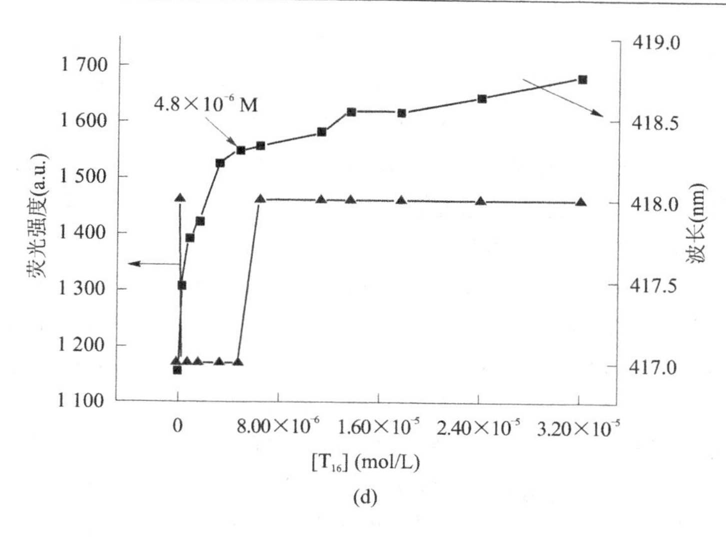

(d)

续图 5-9

依据以上 PFP 的紫外可见吸收光谱和荧光光谱随四种三聚表面活性剂浓度变化的情况，结合它们的分子结构特征，对四种表面活性剂与 PFP 的相互作用做了详细的分析，并用图 5-10 所示的模型对其进行形象的描述。由于四种表面活性剂与 PFP 分子间存在强烈的静电排斥作用，因此所研究的四种表面活性剂可能主要通过疏水作用与 PFP 结合。后面的分子动力学模拟实验也证实了这一点。

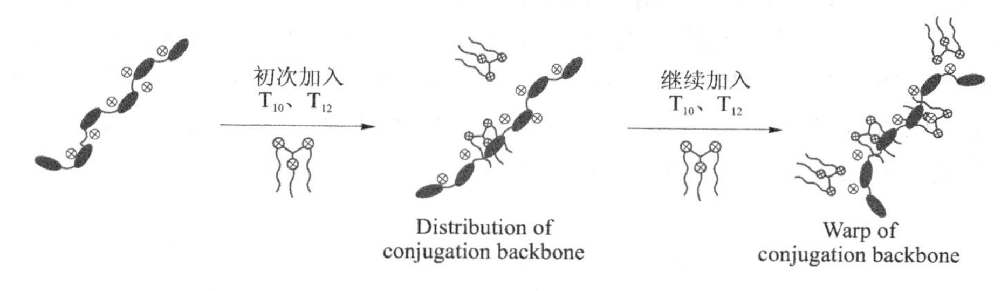

(a)不同浓度条件下 T_{10} 或 T_{12} 与 PFP 相互作用模型

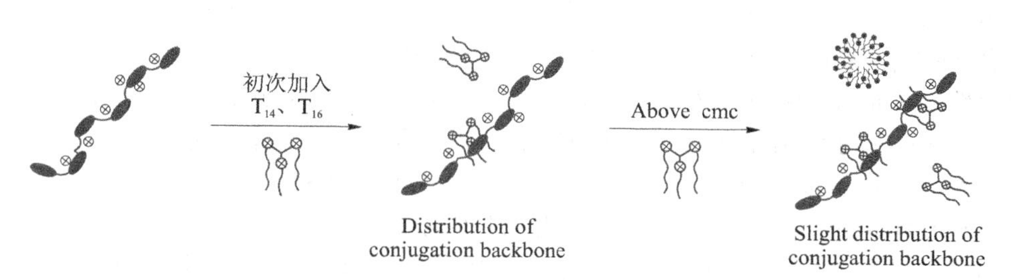

(b)不同浓度条件下 T_{14} 或 T_{16} 与 PFP 相互作用模型

图 5-10　不同浓度条件下 T_n 与 PFP 的相互作用模型

对于 T_{10} 和 T_{12} 体系而言（见图 5-10(a)），T_{10} 分子的疏水尾链与 PFP 的疏水区域结合后，导致 PFP 共轭骨架周围极性环境极性的降低，减少了水分子对 PFP 荧光的猝灭，理论上这会引起荧光强度的增强和最大发射波长的蓝移。然而，结合到 PFP 上的 T_{10} 分子与

PFP 侧链头基间的静电排斥力使 PFP 的共轭骨架变得更为舒展，延长了有效电子的离域长度，增加了 PFP 构象的均一性，减少了扭曲缺陷，进一步引起 PFP 的荧光强度增强，同时导致最大发射波长的红移。两种效应共同作用最终导致了 PFP 荧光强度增强和最大发射波长红移。当 T_{10} 和 T_{12} 浓度增加到一定程度时，高浓度的正电荷削弱了 PFP 侧链间的静电排斥作用，使 PFP 舒展的共轭骨架又发生弯曲或折叠，引起 PFP 的聚集，进而导致荧光强度降低、最大发射波长继续红移。

在 T_{14} 体系中，PFP 荧光强度急剧增强和最大发射波长红移的原因应该与上述低浓度 T_{10} 和 T_{12} 对 PFP 荧光性能改变的原因相似，即疏水相互作用导致 PFP 周围极性的降低，荧光强度增强；同时结合到 PFP 表面的 T_{14} 分子与 PFP 侧链离子头基间的静电排斥力使 PFP 的共轭骨架变得更为舒展，最大发射波长红移。特别值得说明的是，与 T_{10} 和 T_{12} 体系相比，少量的 T_{14} 便可导致 PFP 荧光强度的显著增强，可能与 T_{14} 较强的疏水性有关。当 T_{14} 浓度增加到其临界胶束浓度附近时，自由胶束开始逐渐形成，表面活性剂单体浓度增加缓慢，继续与 PFP 结合的 T_{14} 分子较少，荧光强度仅有微弱增加并伴随着最大发射波长红移。

与上述三个体系相似，低浓度的 T_{16} 同样导致 PFP 荧光强度急剧增强，但是其最大发射波长发生蓝移，在浓度接近临界胶束浓度时仅有微弱的荧光强度增加且最大发射波长红移。这可能是因为 T_{16} 强的疏水性使其与 PFP 间的疏水相互作用增强，对 PFP 周围极性的降低程度较大，引起荧光强度的增强和最大发射波长的蓝移。但是此时结合到 PFP 上的 T_{16} 分子较少，其与 PFP 间的静电排斥力较弱，不足以引起 PFP 骨架的舒展，因此最大发射波长表现为蓝移。随着 T_{16} 单体浓度的增加，结合到 PFP 上的 T_{16} 分子渐多，导致 PFP 的共轭骨架变得更为伸展，最大发射波长开始红移。与 T_{14} 一样，当 T_{16} 浓度增加到临界胶束浓度附近时，自由胶束开始逐渐形成，T_{16} 单体浓度增加缓慢，荧光强度随着浓度的增加仅有微弱增加而最大发射波长基本不变。

5.3.1.3 *表面张力*

表面张力法是研究界面吸附行为的重要方法，已被广泛应用于聚合物与表面活性剂的相互作用研究中。因此，用表面张力法研究了四种季铵盐三聚表面活性剂与 PFP 的相互作用。图 5-11 给出了 PFP 存在和不存在时四种三聚表面活性剂的表面张力变化。可以看出，除 T_{16} 体系以外，相同浓度条件下，其他三个体系在 PFP 存在时的表面张力与纯的表面活性剂的值比较接近。根据 Asnacios 和 Halacheva 等的观点，上述现象表明 PFP 与表面活性剂的相互作用非常弱。在 T_{16} 体系中，PFP 存在体系的表面张力比纯的 T_{16} 溶液稍低一些，这与 Asnacios 等得到的阴离子聚合物（AM/AMPS）与阴离子单链表面活性剂（AOT）相互作用的结果相似。他们将此现象归因于盐效应，即 AM/AMPS 的加入增加了体系的离子强度，削弱了 AOT 头基间的排斥力，导致 AOT 在界面的排列更加紧密。然而，由于其他三种三聚表面活性剂体系中 PFP 存在和不存在时表面张力并无明显差别，因此可以推测 T_{16} 体系中表面张力的降低应该不是源于盐效应，而可能是其与 PFP 间相对较强的疏水作用导致的。但是，与本章后面将要讨论的聚合物和相反电荷表面活性剂的表面张力结果相比，T_{16} 体系中表面张力的这种差异是非常小的，这就说明 T_{16} 与 PFP 间的作用力非常小，这可能是因为 T_{16} 较大的体积和静电排斥力阻碍了 T_{16} 与 PFP 间较强的相互作用。

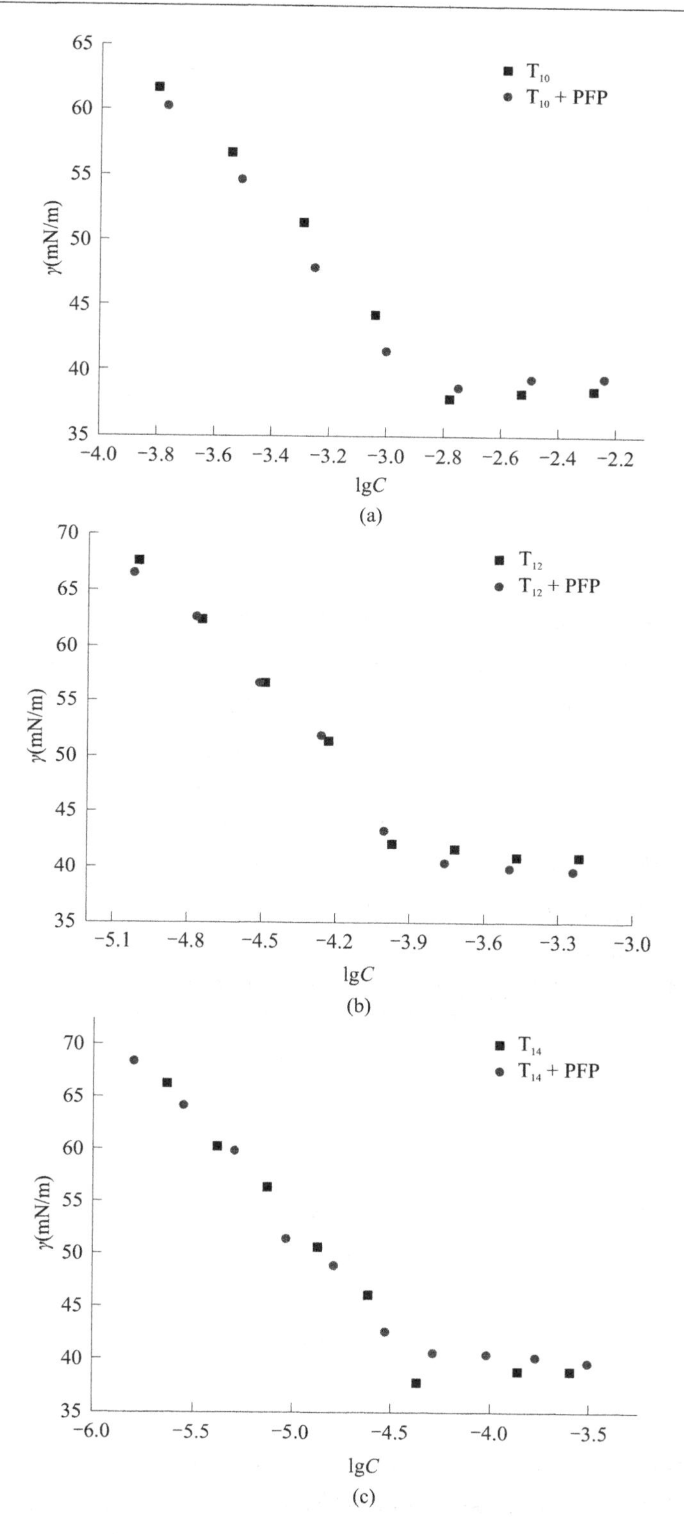

图 5-11　四种三聚表面活性剂在 PFP 存在和不存在时的表面张力变化曲线

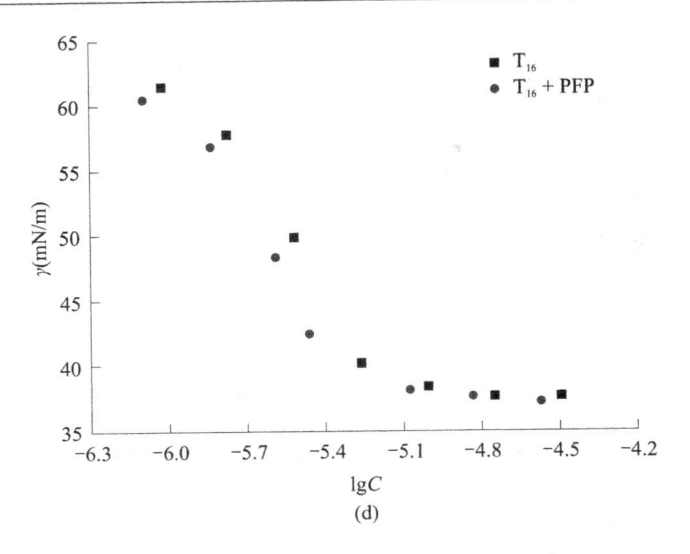

续图 5-11

此外,通过利用表面活性剂在气/液界面的最大吸附量 Γ_{max} 和气/液界面排列的最小分子面积 A_{min} 这两个物理学参数,探讨了 PFP 存在和不存在时表面活性剂界面吸附行为的变化。Γ_{max} 和 A_{min} 可以通过下面两个公式计算得到:

$$\Gamma_{max} = \frac{-1}{2.303nRT}\left(\frac{d\gamma}{dlgC}\right)_T \tag{5-1}$$

$$A_{min} = (N_A \Gamma_{max})^{-1} \times 10^{16} \tag{5-2}$$

式中,R 为气体常数;T 为绝对温度;$(d\gamma/dlgC)_T$ 为表面张力曲线中邻近 cmc 处曲线的斜率;N_A 为阿伏加德罗常数;n 为在气/液界面吸附的组分的种类,对于离子型三聚表面活性剂,文献中一般 n 取 4,计算结果见表 5-2。

表 5-2　四种三聚表面活性剂在 PFP 存在和不存在时的 Γ_{max} 和 A_{min}

体系	$10^6\Gamma_{max}$ (mol/m^2)	A_{min} (nm^2)
T_{10}	1.03	1.61
T_{10} + PFP	1.08	1.54
T_{12}	1.07	1.55
T_{12} + PFP	1.08	1.54
T_{14}	0.93	1.78
T_{14} + PFP	0.90	1.85
T_{16}	1.50	1.11
T_{16} + PFP	1.24	1.34

从表 5-2 中可以看出,对于 T_{10}、T_{12} 和 T_{14} 三个体系而言,PFP 的存在对它们的 Γ_{max} 和 A_{min} 值几乎没有影响,而在 T_{16} 体系中,PFP 的加入导致 Γ_{max} 值稍微降低,相应的 A_{min} 值稍微增加,可能是 T_{16} 与 PFP 间的疏水作用相对较强,将少量 PFP 迁移到界面上所导致的。

5.3.1.4　分子动力学模拟

分子动力学模拟可以粗略地观察表面活性剂和 PFP 的结合位置，进而了解表面活性剂与 PFP 相互作用的可能方式，为 PFP 光谱性质的变化提供一定的依据。三聚表面活性剂与 PFP 的模拟体系由 4 个表面活性剂分子和 1 个 PFP 分子（包含 4 个单体）构成。如图 5-12 所示为分子模拟最后平衡时间段的快照（所有溶剂水分子被忽略，以便观察），可以看出表面活性剂分子的正电离子头基均远离 PFP 的侧链正电离子头基，而疏水链靠近 PFP 的侧链和共轭骨架。这充分说明尽管表面活性剂分子与 PFP 之间存在强烈的静电排斥作用，但是表面活性剂分子仍然能够与 PFP 通过疏水相互作用结合。

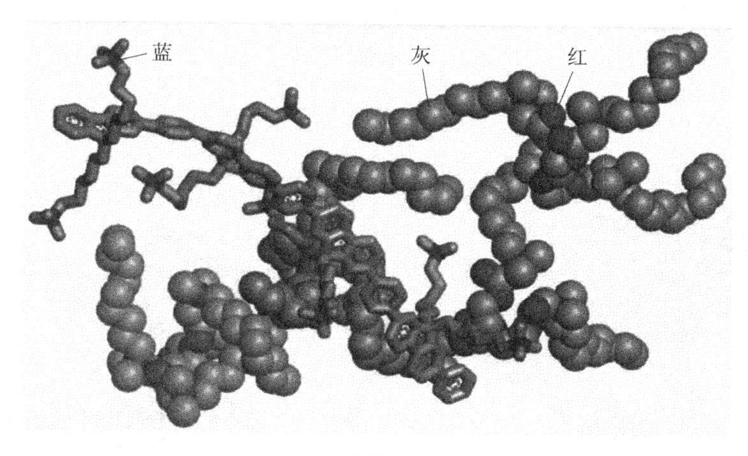

(a)T_{10}

(b)T_{12}

图 5-12　季铵盐三聚表面活性剂 T_n 与 PFP 相互作用模拟结果快照

（灰色实心球代表 T_n，红色和蓝色实心球分别代表表面活性剂中的氧原子和离子头基氮原子，“树枝”结构代表 PFP，蓝色实心球 PFP 中的氮原子）

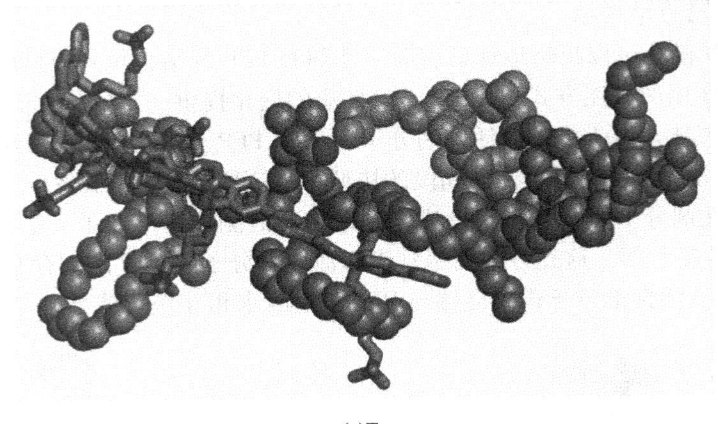

(c)T_{14}

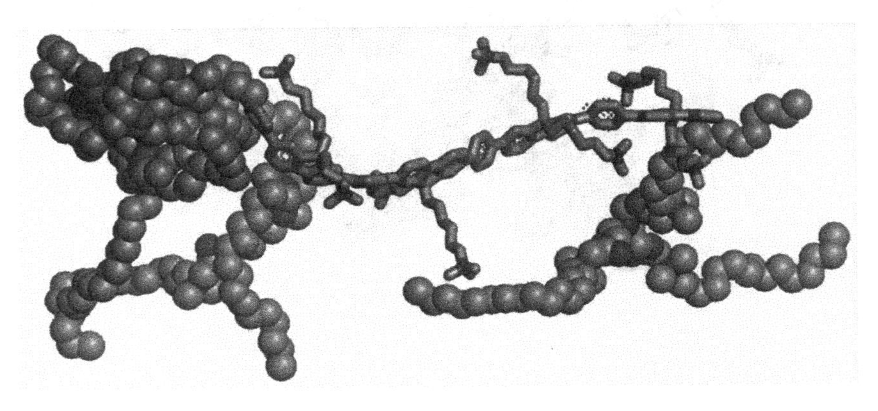

(d)T_{16}

续图 5-12

5.3.1.5　PFP 初始形态的影响

到目前为止，不同的溶剂环境被用来研究表面活性剂与聚合物的相互作用，比如4% DMSO 水溶液、纯水溶液等，而聚合物的聚集程度在不同的溶剂中是不同的。聚合物最初的分散程度对其与同一表面活性剂的相互作用是否有影响？查阅大量的文献发现并没有相关的报道。因此，为了验证聚合物初始形态是否会影响其与表面活性剂的作用，利用荧光光谱技术进一步研究了上述四种三聚表面活性剂对只用水溶解的PFP 荧光性能的影响，结果如图 5-13 所示。可以看出，分别用水溶解和上述 4% DMSO 溶解 PFP 的荧光光谱存在明显的不同：①纯水溶解 PFP 的荧光强度特别弱，其荧光值在100 左右，而 4% DMSO 水溶液溶解 PFP 的荧光值在 1 200 以上（见图 5-7（a）、图 5-8（b）、图 5-9（b）、图 5-9（d））；②水溶解 PFP 呈现出明显的电子振动结构，其最大发射波长位于423 nm 附近，且在 445 nm 附近存在一个肩峰，这与上述 PFP 在高浓度 T_{10} 和 T_{12} 聚集时的峰形相似（见图 5-7（b）、图 5-8（b）），这些现象表明 PFP 在纯的水溶液中确实处于聚集状态。

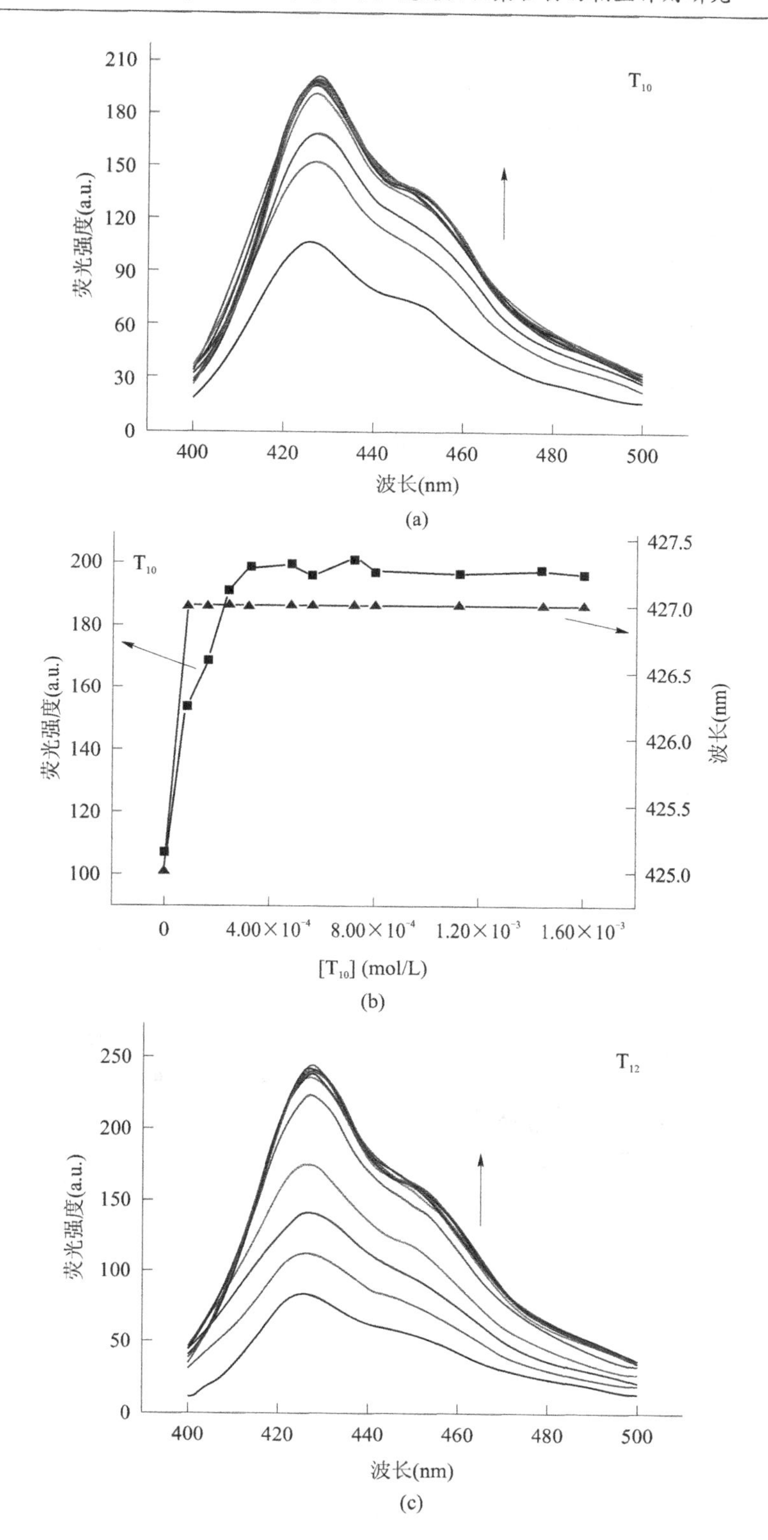

图 5-13　PFP **荧光光谱、最大荧光强度和最大发射波长随四种三聚表面活性剂浓度的变化**

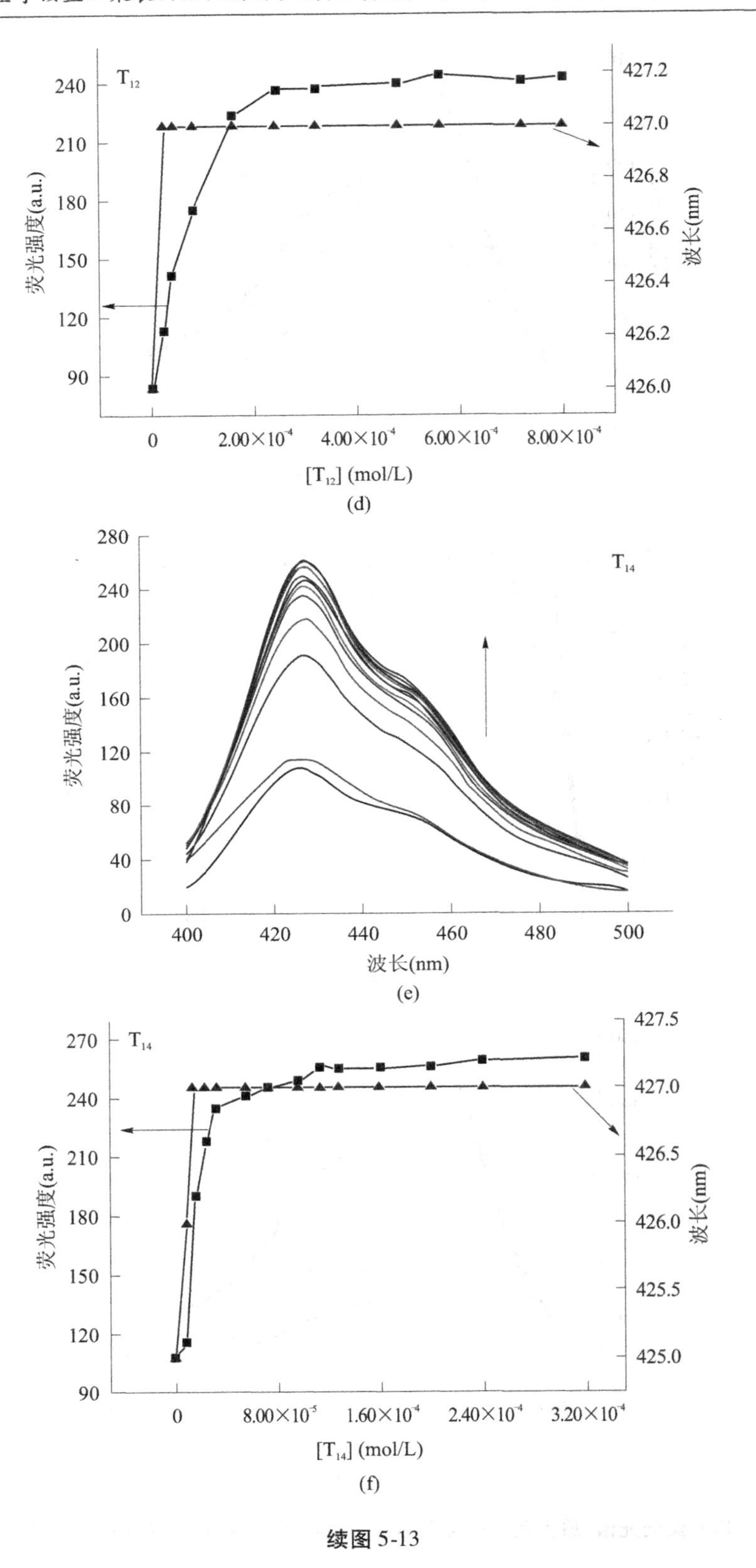
T12
240
210
180
150
120
90
荧光强度(a.u.)
427.2
427.0
426.8
426.6
426.4
426.2
426.0
波长(nm)
0
2.00×10⁻⁴
4.00×10⁻⁴
6.00×10⁻⁴
8.00×10⁻⁴
[T12] (mol/L)
(d)
280
240
200
160
120
80
40
0
T14
荧光强度(a.u.)
400
420
440
460
480
500
波长(nm)
(e)
T14
270
240
210
180
150
120
90
荧光强度(a.u.)
427.5
427.0
426.5
426.0
425.5
425.0
波长(nm)
0
8.00×10⁻⁵
1.60×10⁻⁴
2.40×10⁻⁴
3.20×10⁻⁴
[T14] (mol/L)
(f)

续图 5-13

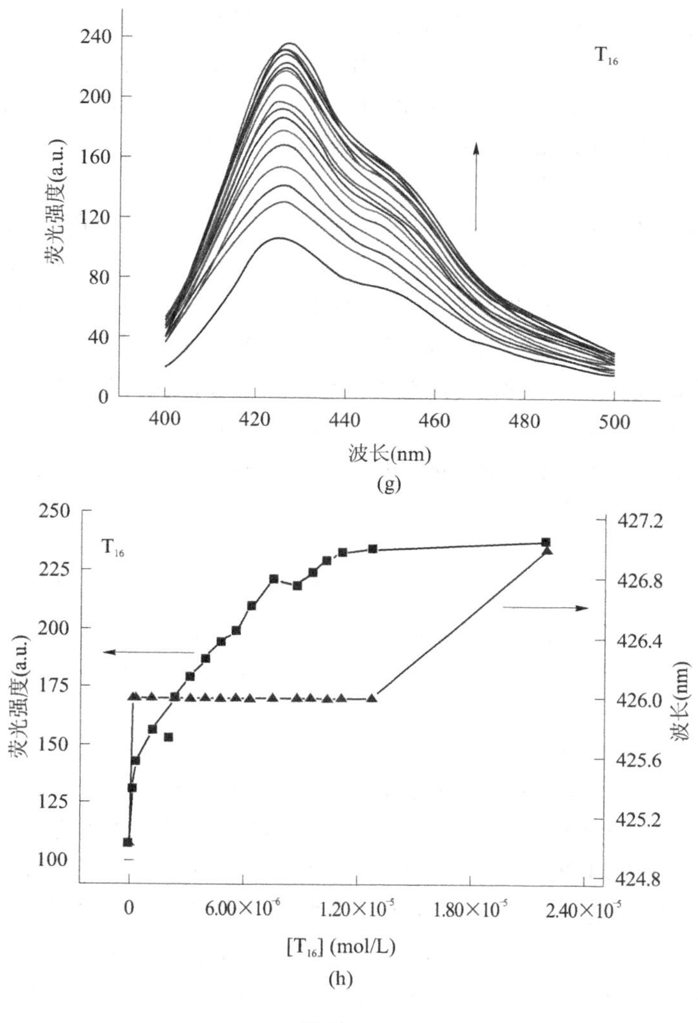

(g)

(h)

续图 5-13

从图 5-13 可以看出，随着表面活性剂浓度的增加，水溶解 PFP 的荧光表现出微弱的增强，最大发射波长微弱红移，可能的原因是：PFP 在聚集状态时的疏水性微区与三聚表面活性剂间发生疏水相互作用，降低了 PFP 局部骨架周围环境的极性，引起荧光增强。但是由于聚集状态的 PFP 表面电荷比较集中，大部分表面活性剂分子远离 PFP，只有有限数量的表面活性剂分子能够与 PFP 结合，导致荧光增强微弱。此外，表面活性剂分子与 PFP 的静电排斥作用使 PFP 聚集体被轻微压缩，最大发射波长发生 1 ~ 2 nm 的微弱红移。以上结果说明 PFP 的初始形态对 PFP 与表面活性剂的相互作用具有显著的影响。

5.3.2　烷基苯磺酸盐 Gemini 表面活性剂与 PFP 相互作用的研究

尽管四种阳离子三聚表面活性剂与 PFP 间存在一定的相互作用，但是荧光光谱的变化、表面张力测试和分子模拟结果都表明它们之间的作用力是非常弱的，可能是因为三聚表面活性剂相对大的体积阻碍了表面活性剂与 PFP 的结合，而静电排斥力应该是表面活性剂与 PFP 相互作用较弱的主要原因。为了研究多种作用力（静电排斥、静电吸引、疏水作用)在低聚表面活性剂和 PFP 的相互作用中的不同效果,又考察了三种阴离子烷基苯磺酸盐 Gemini 表面活性剂与 PFP 的相互作用。研究使用的三种 Gemini 表面活性剂的区别在于它们的疏水尾链长度不同,分别含有 8、10 和 12 个碳原子,这里将这三种 Gemini 表面活性剂分别命名为 Gemini Ⅰ、Gemini Ⅱ和 Gemini Ⅲ。

5.3.2.1 紫外可见吸收光谱

图 5-14 为 4% DMSO 水溶液溶解 PFP 的紫外可见吸收光谱随三种烷基苯磺酸盐 Gemini 表面活性剂浓度的变化情况。可以看出,最初加入 Gemini 表面活性剂时,PFP 的最大吸收值逐渐增强,且最大吸收峰的位置发生红移,Gemini Ⅰ、Gemini Ⅱ和 Gemini Ⅲ三个体系的吸收峰位置分别从 371 nm 移至 389 nm、386 nm 和 377nm。同时吸收峰的本底散射值也显著增强,这与 T_{10}和 T_{12}体系类似(见图 5-5),表明聚合物聚集体的出现。当 Gemini 表面活性剂增加到一定浓度时,PFP 的最大吸收值又逐渐降低,最大吸收峰的位置向短波方向移动,表明聚集体逐渐分散,继续增加 Gemini 表面活性剂的浓度,PFP 的最大吸收值又表现出增加的趋势。

5.3.2.2 荧光光谱

同样,考察了烷基苯磺酸盐 Gemini 表面活性剂对 PFP 荧光光谱的影响,结果如图 5-15所示。为了更清楚地显示 PFP 荧光光谱在烷基苯磺酸盐 Gemini 表面活性剂存在时的变化,分别以 PFP 的最大荧光强度和发射波长对 Gemini 表面活性剂浓度的对数作图,结果如图 5-16 所示。

从图 5-15(a)、(c)、(e)中可以看出,最初加入 Gemini 表面活性剂时,PFP 荧光强度降低,且最大发射波长红移。这与上述阳离子三聚表面活性剂的结果完全不同,表明阴离子 Gemini 表面活性剂和阳离子三聚表面活性剂与 PFP 之间的作用方式是不相同的。根据文献报道,聚合物链内和链间的聚集通常会导致聚合物荧光强度的降低和发射波长的红移,因此将上述低浓度阴离子 Gemini 表面活性剂导致 PFP 荧光强度降低的现象归因于聚合物的聚集是合情合理的。此外,Tapia 等研究表明聚合物与带相反电荷的表面活性剂间的电荷中和会导致聚合物荧光光谱的降低。由于 4% DMSO 溶解 PFP 的分散程度较大,因此当加入三种阴离子 Gemini 表面活性剂时,PFP 首先主要以静电相互作用的形式与 Gemini 表面活性剂结合,形成的表面活性剂/PFP 复合物的水溶性降低,导致链内和链间聚集的发生,最终表现出荧光强度的降低和发射波长的红移。

Gemini 表面活性剂对 PFP 表面电荷的中和使形成的表面活性剂/PFP 复合物的疏水性增强,继续增加 Gemini 表面活性剂的浓度,Gemini 表面活性剂与表面活性剂/PFP 复合物间的疏水相互作用逐渐显现出来,将聚集的 PFP 驱散开,同时降低了 PFP 周围环境的极性,因此 PFP 的荧光强度又逐渐增加,最大发射波长也向短波方向移动(见图 5-15(b)、(d)、(f))。当 Gemini Ⅰ、Gemini Ⅱ和 Gemini Ⅲ的浓度分别增加到 1.3×10^{-3} M、1.2×10^{-4} M 和 2.0×10^{-6} M 时,PFP 的荧光强度仍表现出增强的趋势,但最大发射波长不再变化(见图 5-16),这可能是因为此时聚集的 PFP 已被完全驱散,表面活性剂浓度的增加对其构型不再产生影响。此外,可以发现,在 Gemini Ⅰ和 Gemini Ⅱ体系中最大发射波长不变时对应的浓度与它们的临界胶束浓度(Gemini Ⅰ,1.7×10^{-3} M;Gemini Ⅱ,1.9×10^{-4} M)非常吻合(见图 5-16),而 Gemini Ⅲ体系的值则与其临界胶束浓度($1.5\times$

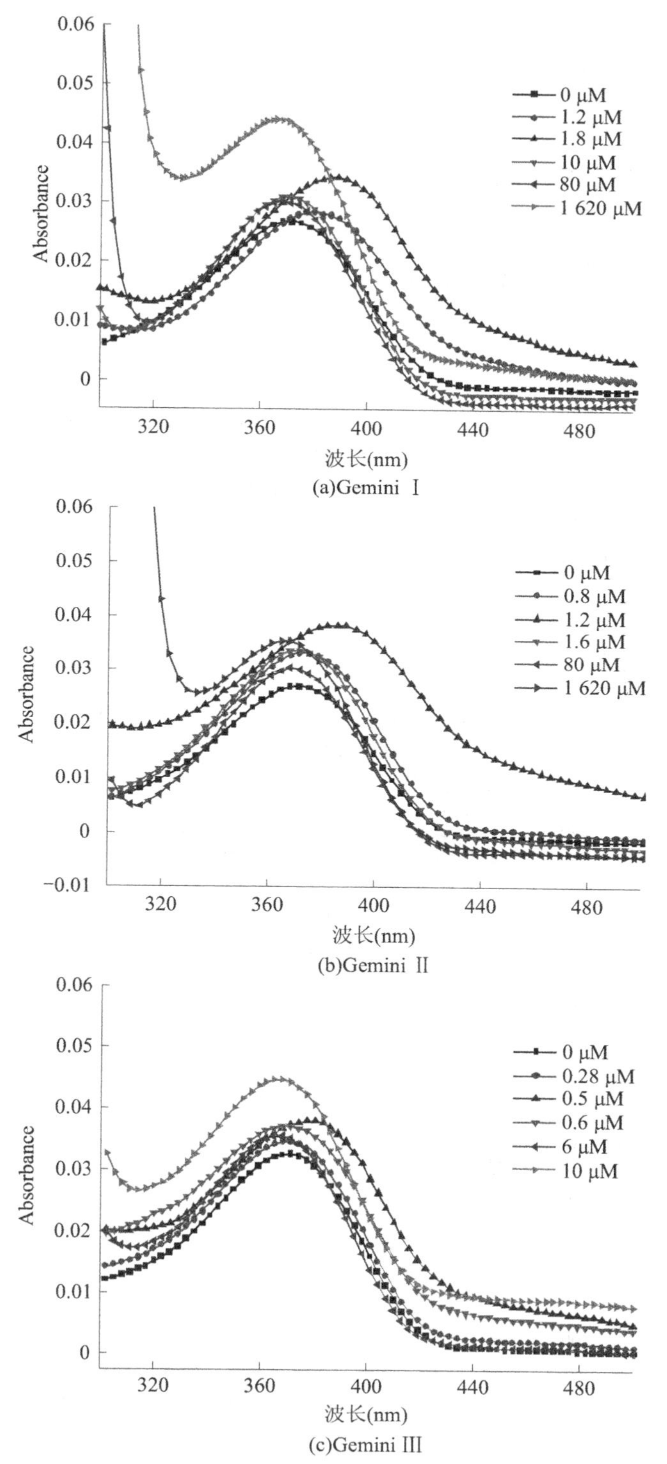

图 5-14　PFP 紫外可见吸收光谱随三种烷基苯磺酸盐 Gemini 表面活性剂浓度的变化

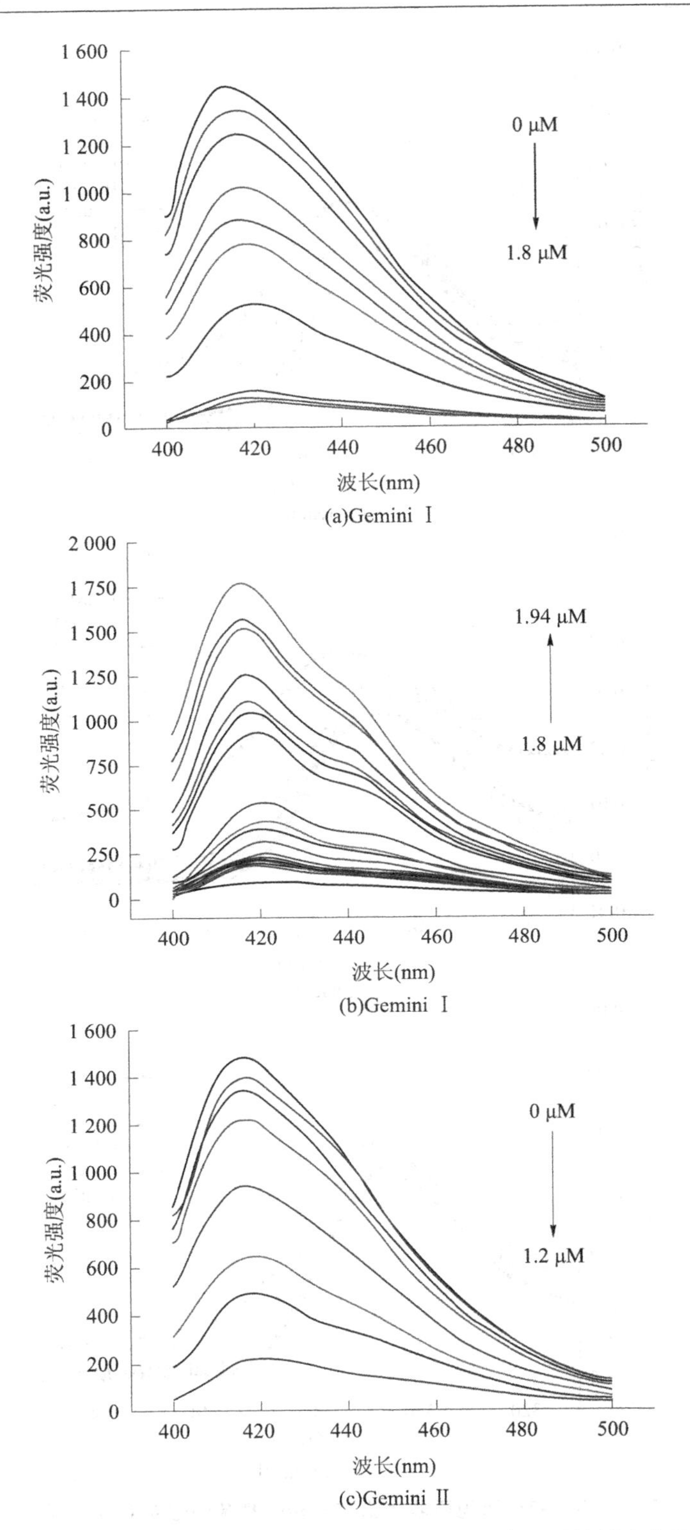

(a)Gemini Ⅰ

(b)Gemini Ⅰ

(c)Gemini Ⅱ

图 5-15　PFP 荧光光谱随三种烷基苯磺酸盐 Gemini 表面活性剂浓度的变化

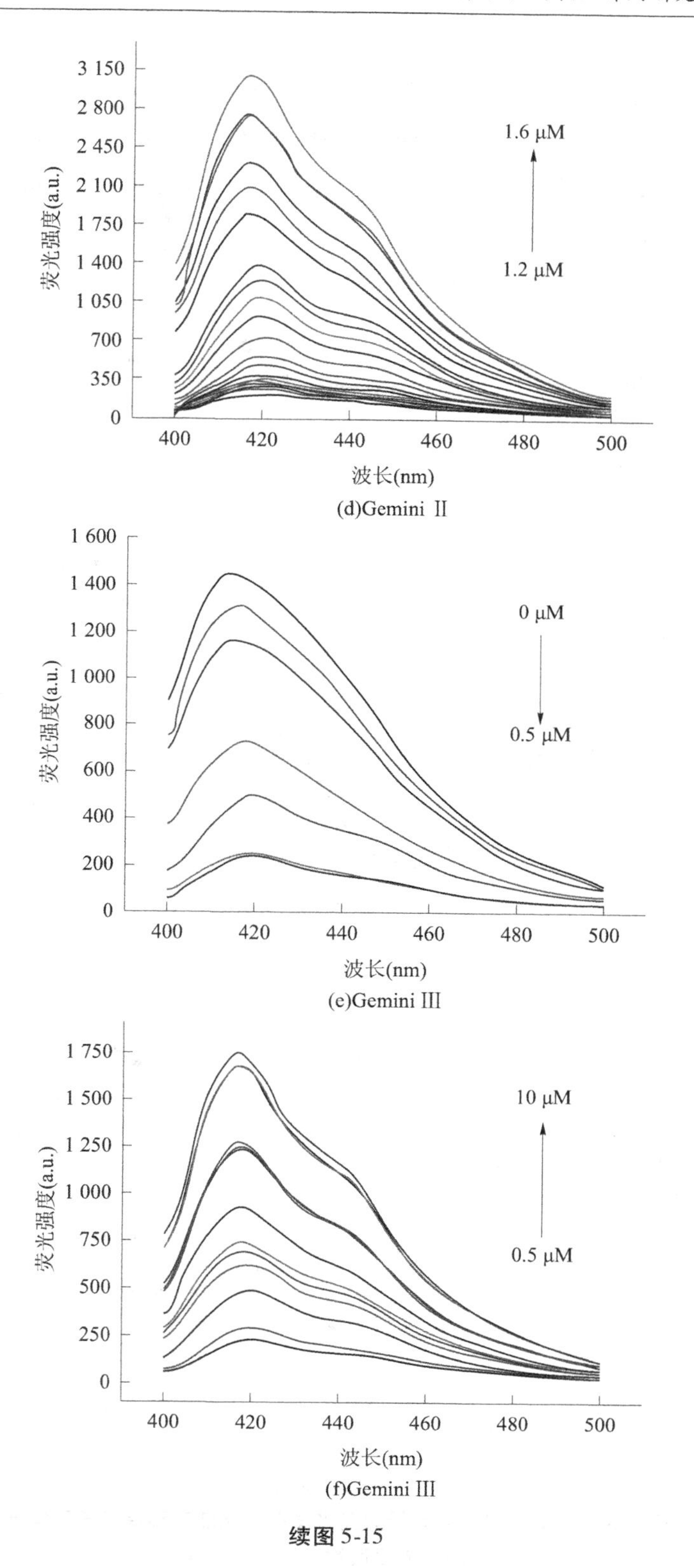

(d)Gemini Ⅱ

(e)Gemini Ⅲ

(f)Gemini Ⅲ

续图 5-15

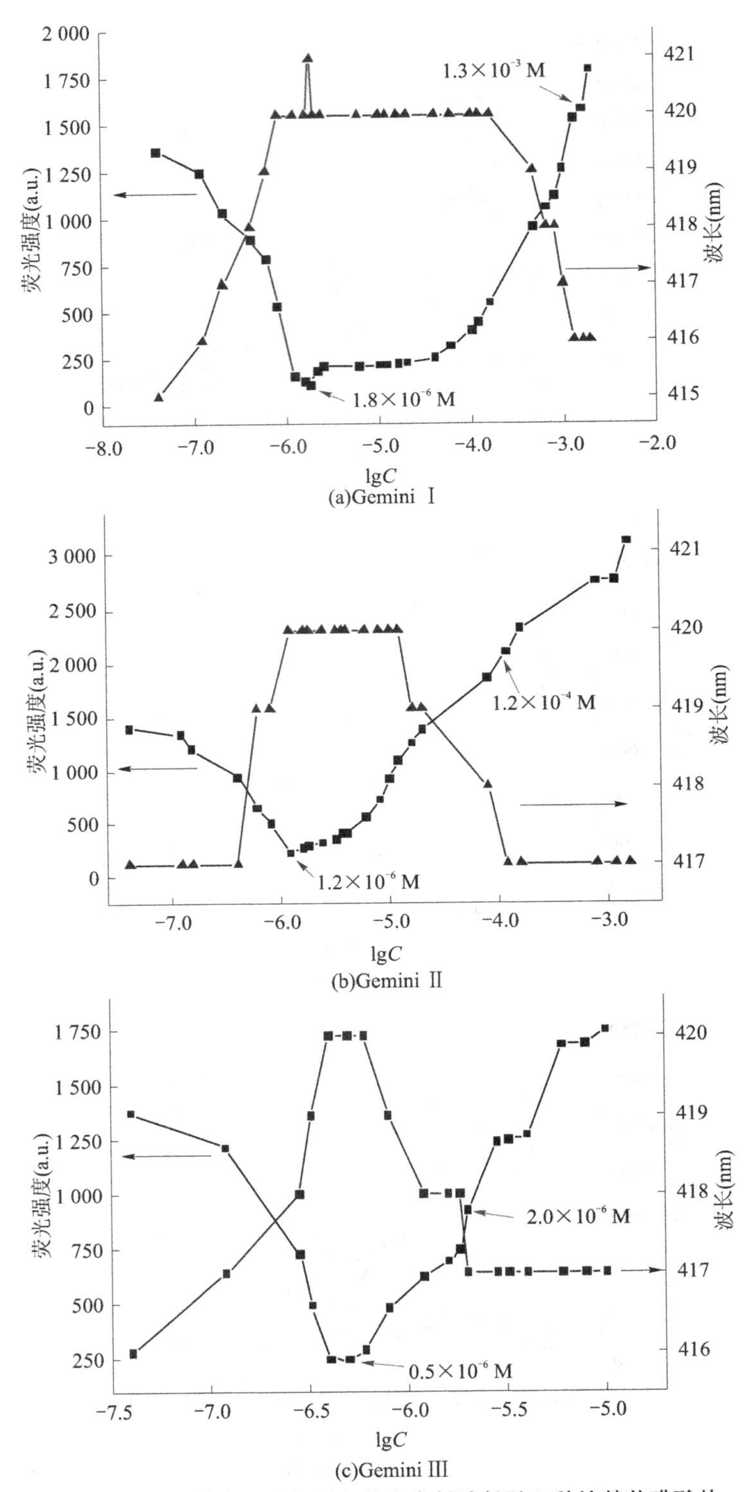

图 5-16　PFP 荧光强度和最大荧光发射波长随三种烷基苯磺酸盐 Gemini 表面活性剂浓度的变化

10^{-5} M)存在较大的差异(见图5-16)。这种差异的存在可能是因为 Gemini Ⅲ与 PFP 的疏水作用比较强,导致 Gemini Ⅲ局部浓度的增加,或者 PFP 参与了 Gemini Ⅲ胶束的形成等。

尽管三种 Gemini 表面活性剂对 PFP 荧光光谱的改变是相似的,即:荧光降低,发射波长红移→荧光增强,发射波长蓝移→荧光继续增强,发射波长保持不变,但是三个体系中荧光降低和增强的转折点所对应的表面活性剂浓度是不同的,该浓度随着 Gemini 表面活性剂疏水链的增长而减少。对于 Gemini Ⅰ体系来说,在其浓度超过 1.8×10^{-6} M 时,PFP 的荧光强度开始增加,Gemini Ⅱ和 Gemini Ⅲ两个体系中转折点处的浓度分别为 1.2×10^{-6} M 和 0.5×10^{-6} M。这可能是因为 Gemini 表面活性剂对 PFP 荧光的改变是多种因素共同作用的结果,比如静电相互作用和疏水作用。Gemini 表面活性剂浓度较低时,静电相互作用起了主导作用,导致 PFP 发生聚集;随着表面活性剂浓度的增加,PFP 表面电荷逐渐被中和,疏水性增加,导致表面活性剂的疏水链与 PFP 间的疏水作用力增强,起到增强荧光的作用。后面的分子模拟研究表明,三种 Gemini 表面活性剂与 PFP 间的疏水性相互作用与表面活性剂的尾链长度有密切的关系,其中 Gemini Ⅲ与 PFP 的疏水作用力最强,因此 Gemini Ⅲ体系最先出现荧光增强的现象,Gemini Ⅱ次之,Gemini Ⅰ则最晚。

同样,三种 Gemini 表面活性剂的加入也导致 PFP 荧光光谱形状的改变。从图5-15(a)、(c)、(e)可以看出,在 PFP 荧光强度降低的同时,其荧光光谱中 445 nm 附近逐渐出现一个肩峰,并随着浓度的增加而变得越来越明显,这与上述阳离子三聚表面活性剂 T_{10} 和 T_{12} 体系的结果相似,表明聚合物链内或链间聚集的出现。然而,当表面活性剂浓度较大,甚至超过它们的临界胶束浓度时,445 nm 附近的肩峰依然清晰可见,表明尽管高浓度的表面活性剂将聚集的 PFP 再次驱散开,但其构型仍然发生了变化。

5.3.2.3 PFP 荧光猝灭机制

为了阐述 Gemini 表面活性剂对 PFP 荧光猝灭的机制,对上述荧光猝灭结果用 Stern-Volmer 方程进行了分析:

$$\frac{F_0}{F}=1+K_{SV}[Q]=1+k_q\tau_0[Q] \tag{5-3}$$

式中,F_0 和 F 分别为表面活性剂不存在及存在时 PFP 的荧光强度;K_{SV} 为 Stern - Volmer 猝灭常数;$[Q]$ 为表面活性剂的浓度;k_q 为双分子猝灭过程的速率常数;τ_0 为猝灭剂不存在时 PFP 的平均荧光寿命。

PFP 与三种 Gemini 表面活性剂混合溶液的 Stern - Volmer 曲线如图 5-17 所示,其中曲线的斜率即为 Stern - Volmer 猝灭常数。从图 5-17 可以看出,三种 Gemini 表面活性剂/PFP 体系均呈现出两个不同的 K_{SV} 值,这可能与 PFP 聚集方式有关。如图 5-18 所示,表面活性剂浓度较低时,表面活性剂通过静电相互作用与 PFP 侧链的亲水性基团结合,降低了 PFP 表面的电荷,导致 PFP 链内的聚集,这可能是产生 K_{SV1} 的主要原因;随着表面活性剂浓度的增加,PFP 表面越来越多的电荷被中和,降低了 PFP 分子与分子间的静电排斥力,并增加了 PFP 分子的疏水性,导致两个或多个 PFP 分子共轭骨架间聚集的出现,即链间聚集。链间聚集有利于链间激发能量向缺陷位点的转移,进而加速了荧光的衰减,因此产生相对较大的 K_{SV2} 值。

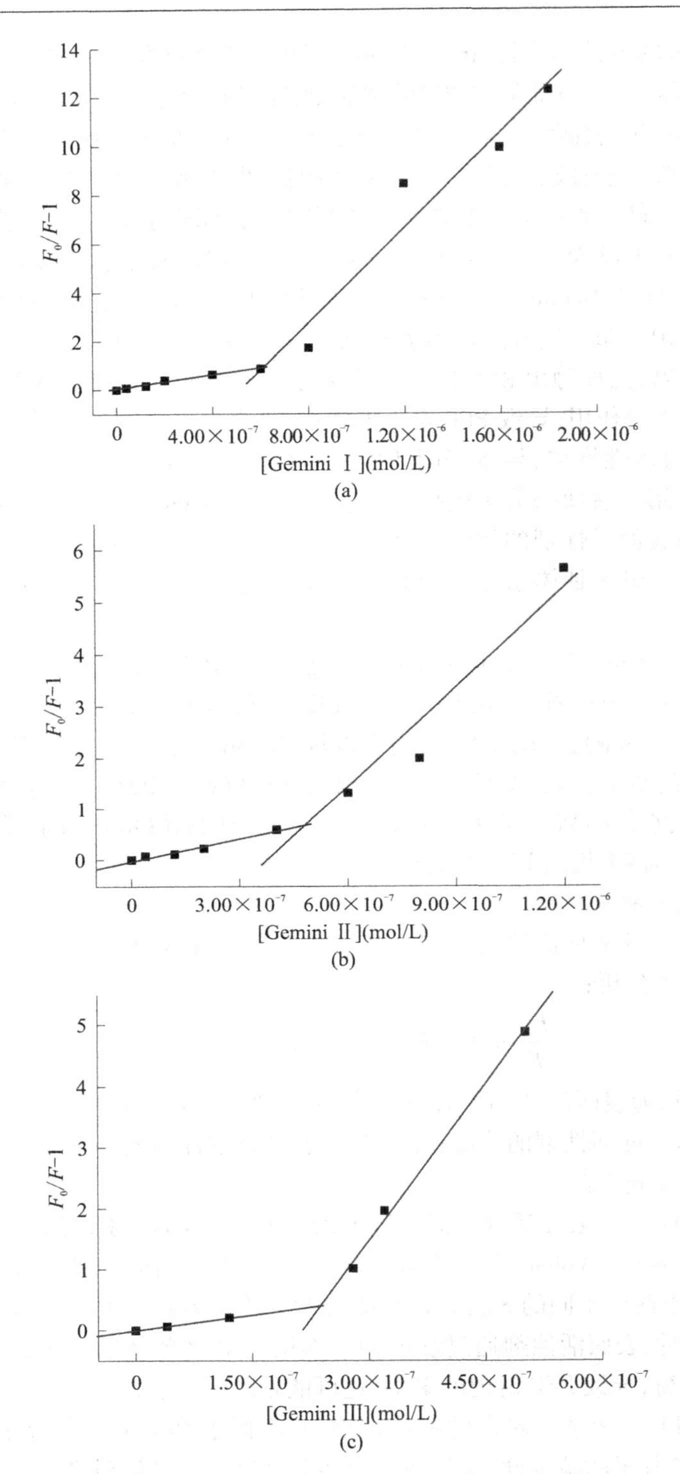

图 5-17　三种烷基苯磺酸盐 Gemini 表面活性剂/PFP 体系的 Stern – Volmer 曲线

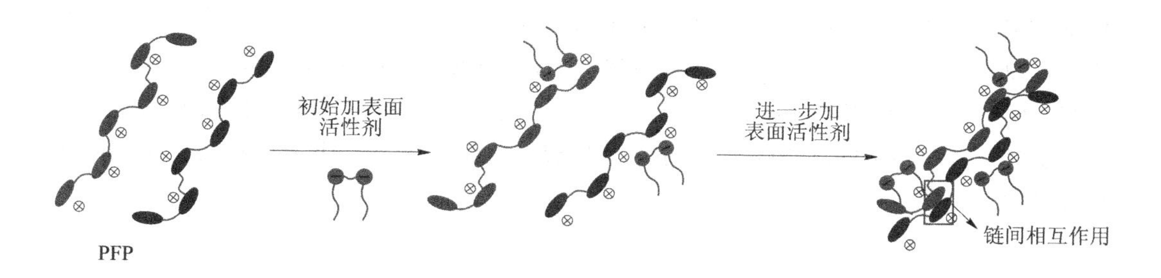

图5-18　不同浓度时三种烷基苯磺酸盐 Gemini 表面活性剂与 PFP 相互作用模型

计算得到的三种 Gemini 表面活性剂体系的 K_{SV}值和相关系数如表5-3所示。可以看出，Gemini Ⅲ体系的 K_{SV}（K_{SV1}和 K_{SV2}）值最大，而疏水性相对较强的 Gemini Ⅱ的 K_{SV}值却是最小的，这表明在 Gemini 表面活性剂对 PFP 的猝灭过程中，尽管静电相互作用起了主导作用，但其他的一些作用力或影响因素也是存在的，比如表面活性剂与 PFP 间的疏水相互作用、表面活性剂固有的疏水性能。一方面，表面活性剂的疏水尾链与 PFP 骨架间的疏水作用力会起到增加 PFP 水溶性的作用，导致其荧光强度的增强。后面的分子模拟研究表明，三种 Gemini 表面活性剂与 PFP 间的疏水性相互作用的大小顺序是：Gemini Ⅰ≪Gemini Ⅱ＜Gemini Ⅲ，因此 Gemini Ⅱ和 Gemini Ⅲ对 PFP 荧光增强的程度相对较大，导致 K_{SV}值的降低。另一方面，表面活性剂固有的疏水性可能在聚合物的链内和链间聚集中也扮演着重要的角色。当表面活性剂与 PFP 通过静电相互作用结合后，表面活性剂的疏水尾链分布在形成的表面活性剂/PFP 复合物的外围，增加了表面活性剂/PFP 复合物的疏水性，促使了聚合物链内和链间的聚集，导致 K_{SV}值的增加。因此，最终得到的 K_{SV}值是上述三个或更多的影响因素共同作用的结果。对 Gemini Ⅱ体系来说，其与 PFP 较强的疏水性作用导致的 K_{SV}值降低的程度大于其固有疏水性导致的 K_{SV}值增加的程度，因此最终的 K_{SV}值小于 Gemini Ⅰ体系，而在 Gemini Ⅲ体系中，Gemini Ⅲ的强疏水性使 K_{SV}值增加的效应较为显著，因此其 K_{SV}值最大。

表5-3　三种烷基苯磺酸盐 Gemini 表面活性剂对 PFP 的 Stern－Volmer 猝灭常数、双分子猝灭过程的速率常数和相关系数

表面活性剂	$10^{-6}\ K_{SV1}$ ($L \cdot mol^{-1}$)	$10^{-15}\ k_q$ ($M^{-1} \cdot s^{-1}$)	R_1	$10^{-6}\ K_{SV2}$ ($L \cdot mol^{-1}$)	$10^{-15}\ k_q$ ($M^{-1} \cdot s^{-1}$)	R_2
Gemini Ⅰ	1.45	1.75	0.983 9	9.76	11.76	0.940 8
Gemini Ⅱ	1.41	1.70	0.958 7	6.39	7.70	0.916 7
Gemini Ⅲ	1.67	2.01	0.997 4	17.17	20.69	0.991 4

为了进一步研究三种 Gemini 表面活性剂对 PFP 荧光猝灭的机制，对 PFP 的荧光寿命进行了测试（见图5-19），对数据进行单指数拟合后得到的 PFP 的荧光寿命为0.83 ns。

根据 PFP 的荧光寿命，结合表 5-3 中计算得出的 K_{SV} 值，进一步计算出双分子猝灭过程的速率常数 k_q 的值，如表 5-3 所示。可以看出，所有体系的 k_q 值都远远大于动态猝灭中 k_q 的最高上限值（$2\times10^{10}\ M^{-1}\cdot s^{-1}$），表明三种 Gemini 表面活性剂对 PFP 的猝灭不是由于两种分子相互碰撞导致的动态猝灭，而主要是形成了表面活性剂/PFP 复合物而产生的静态猝灭过程。

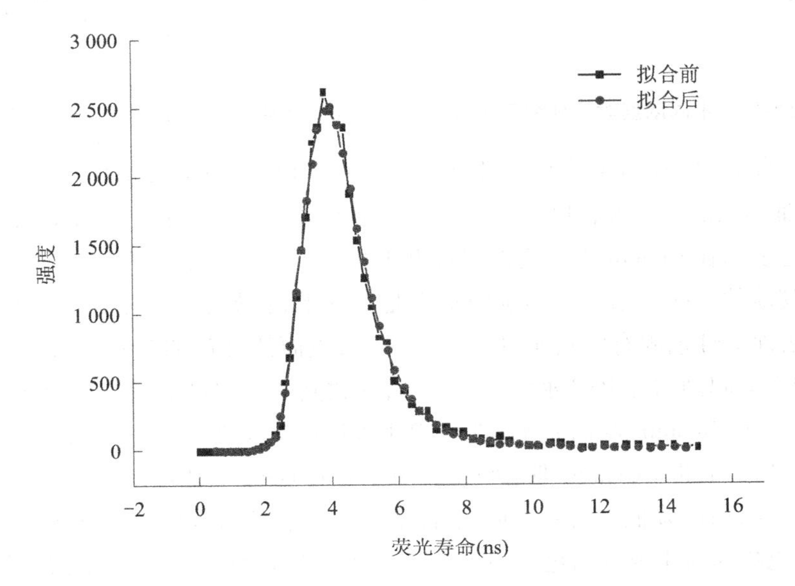

图 5-19　PFP 荧光寿命测试和拟合曲线

（测试样品为将 4% DMSO 水溶液配制的浓度为 25.0 μM 的 PFP 储存液使用纯水稀释至 1 μM）

5.3.2.4　表面张力

同样，采用表面张力法来研究三种 Gemini 表面活性剂与 PFP 的相互作用，结果如图 5-20所示。可以看出，在 Gemini 表面活性剂浓度达到其相应的临界胶束浓度之前，PFP 存在体系的表面张力总是低于相应的纯的表面活性剂溶液的表面张力，这是由于表面活性剂与 PFP 结合形成更强疏水性的表面活性剂/PFP 复合物，并迁移至界面，导致溶液的表面张力降低更多。随着表面活性剂浓度的增加，Gemini Ⅰ和 Gemini Ⅱ与 PFP 体系的表面张力与纯表面活性剂的差异逐渐减小，并在临界胶束浓度之后几乎保持一致，而 Gemini Ⅲ与 PFP 体系的表面张力却明显低于纯的 Gemini Ⅲ水溶液，这可能是由于 Gemini Ⅲ/PFP 复合物疏水性增强更多，更倾向于吸附于界面，以致更多的 PFP 迁移到界面上，与 Gemini Ⅲ单体组成更紧密的吸附层，表面张力降低较多。如表 5-4 所示（Γ_{max} 和 A_{min} 通过式（5-1）和式（5-2）计算，对于 Gemini 表面活性剂，n 取 3），相比于 Gemini Ⅰ和 Gemini Ⅱ，Gemini Ⅲ饱和吸附时平均分子所占表面积 A_{min} 增加明显较大，说明其界面吸附层存在更多的 PFP，与前面的推测一致。

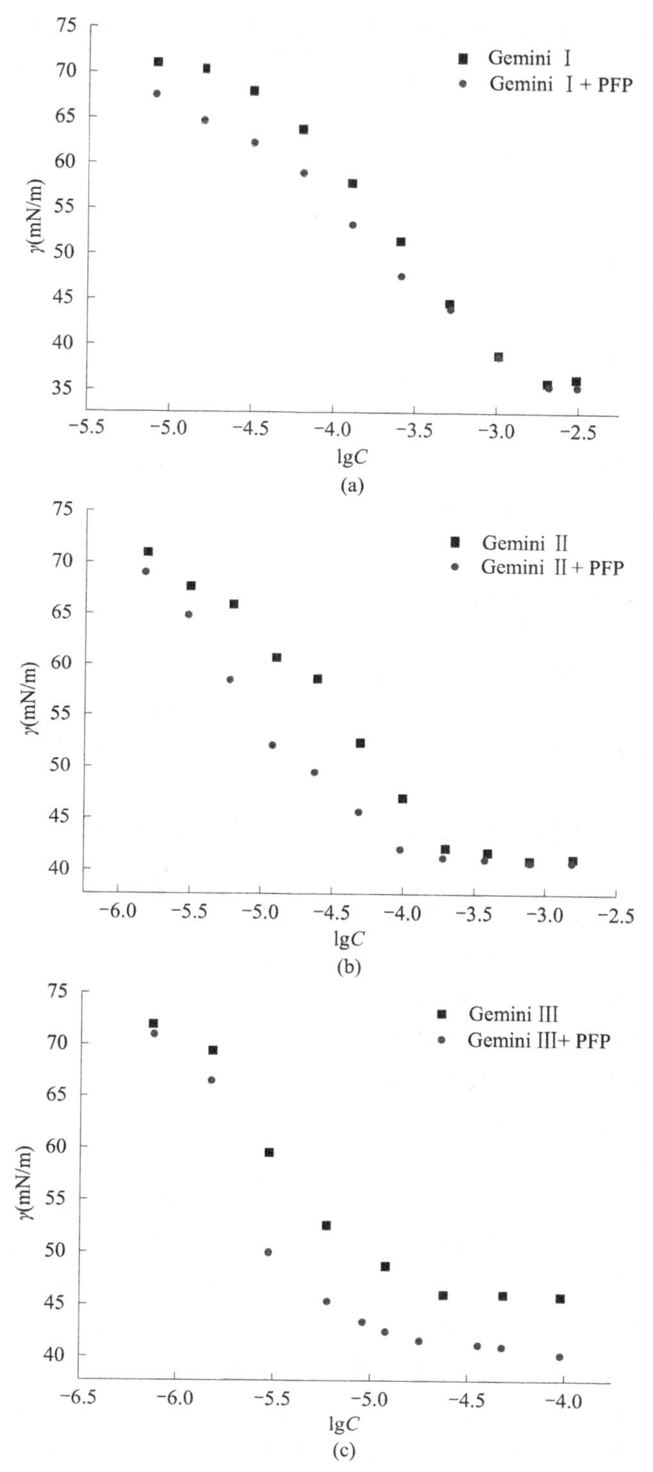

图 5-20　三种烷基苯磺酸盐 Gemini 表面活性剂在 PFP 存在和不存在时的表面张力变化曲线

表 5-4　烷基苯磺酸盐 Gemini 表面活性剂在 PFP 存在和不存在时的 Γ_{max} 和 A_{min}

体系	$10^6\Gamma_{max}$(mol/m^2)	A_{min}(nm^2)
Gemini Ⅰ	1.69	0.98
Gemini Ⅰ + PFP	1.44	1.15
Gemini Ⅱ	1.60	1.04
Gemini Ⅱ + PFP	1.09	1.52
Gemini Ⅲ	1.60	1.04
Gemini Ⅲ + PFP	0.88	1.89

5.3.2.5　分子动力学模拟

分子动力学模拟同样被用来观察烷基苯磺酸盐 Gemini 表面活性剂与 PFP 的相互作用。模拟体系由 6 个表面活性剂分子和 1 个 PFP 分子(包含 4 个单体)构成。不同的是,相对于三聚表面活性剂结构的复杂性,结构较为简单的 Gemini 表面活性剂的分子动力学模拟能够获得一些相关的定量信息。

三种 Gemini 表面活性剂与 PFP 相互作用的分子模拟结果快照如图 5-21 所示(所有溶剂水分子被忽略以便观察)。从图中可以清楚地看出,部分苯磺酸根阴离子和季铵盐阳离子结合到一起,同时表面活性剂的尾链也延伸至 PFP 的骨架和侧链,这就充分说明了静电吸引作用和疏水作用是同时存在于三种 Gemini 表面活性剂与 PFP 的相互作用中。

图 5-22(a)、(b)分别为三种 Gemini 表面活性剂中的硫原子与 PFP 中氮原子及与其骨架的径向分布函数。可以清楚地看出,三种表面活性剂中硫原子与 PFP 中氮原子的接近程度几乎是相同的,而与 PFP 骨架的亲近程度却存在明显的差别,这表明三种表面活性剂与 PFP 的静电结合力大小相似,而与 PFP 的疏水相互作用大小不一样,其大小顺序是:Gemini Ⅰ ≪ Gemini Ⅱ < Gemini Ⅲ。图 5-22(c)表明,与纯的 PFP 体系相比,三种表面活性剂的加入降低了水分子与 PFP 骨架的亲近程度,且降低程度随着疏水尾链的延伸而增大。水分子与 PFP 骨架亲近度的降低,使得荧光强度增强。

5.3.2.6　PFP 初始形态的影响

图 5-23 为三种 Gemini 表面活性剂对纯水溶解 PFP 荧光光谱、最大荧光强度和发射波长的影响。可以看出,随着表面活性剂浓度的增加,三种体系的荧光强度逐渐增加,且峰形保持不变,这与三聚表面活性剂和水溶解 PFP 的相互作用比较相似,然而不同的是:①Gemini 表面活性剂导致 PFP 荧光强度从初始的 100 左右增加到 1 400 以上,远远大于三聚表面活性剂对 PFP 荧光的增加值;②Gemini 表面活性剂导致 PFP 最大发射波长逐渐蓝移,而非红移,这表明静电排斥力对三聚表面活性剂与 PFP 的相互作用具有很大的影响。此外,与 Gemini 表面活性剂对 4% DMSO 水溶液溶解 PFP 的荧光结果相反,低浓度的表面活性剂导致水溶解 PFP 荧光强度的增加,这与非离子表面活性剂和聚合物的相互作用类似,可以推测这可能是因为 PFP 较大的聚集程度使疏水作用力在 PFP 和 Gemini 表面活性剂相互作用的整个过程中起了主导作用,导致 PFP 水溶性的增加,因此荧光增强。

(a)

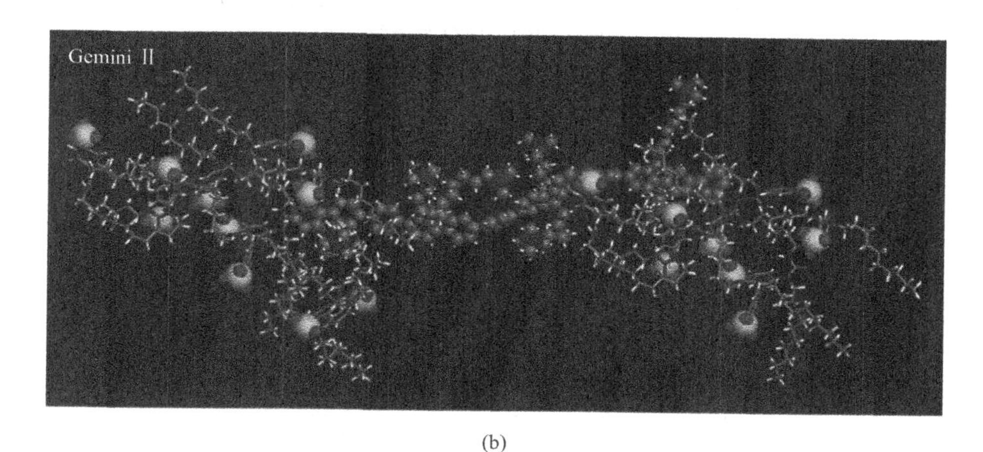

(b)

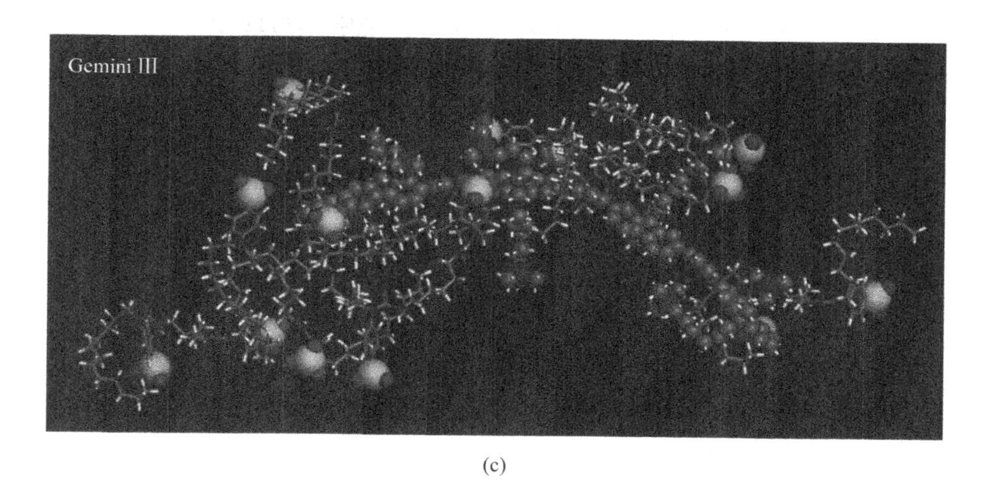

(c)

图 5-21　烷基苯磺酸盐 Gemini 表面活性剂与 PFP 相互作用的分子模拟结果快照

（灰色实心球代表 PFP，“树枝”结构代表 Gemini 表面活性剂，黄色和蓝色实心球分别代表 Gemini 表面活性剂中的硫原子和 PFP 中的氮原子）

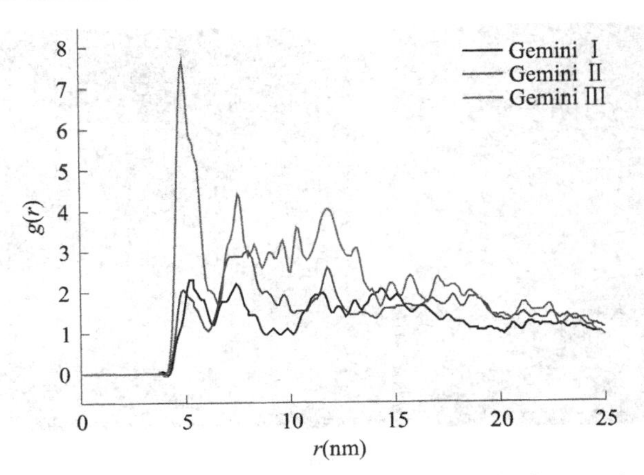

(a)烷基苯磺酸盐 Gemini 表面活性剂中硫原子与 PFP 中氮原子间的径向分布函数

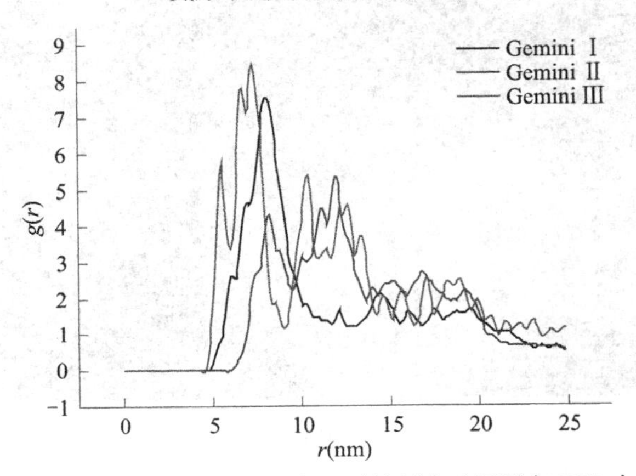

(b)烷基苯磺酸盐 Gemini 表面活性剂中硫原子与 PFP 中芴基团中心原子间的径向分布函数

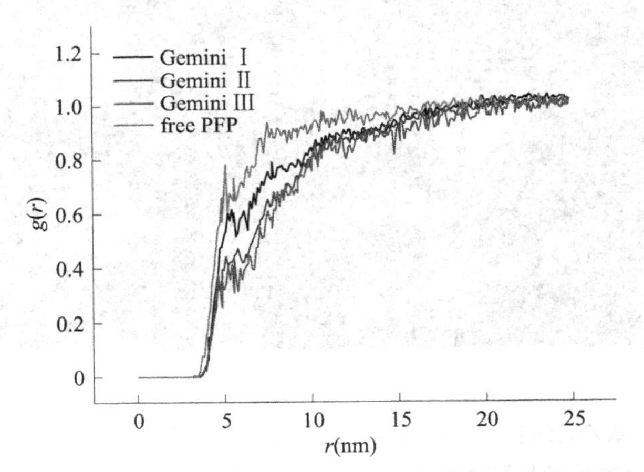

(c)PFP 中芴基团中心原子与水分子间的径向分布函数

图 5-22　相关径向分布函数

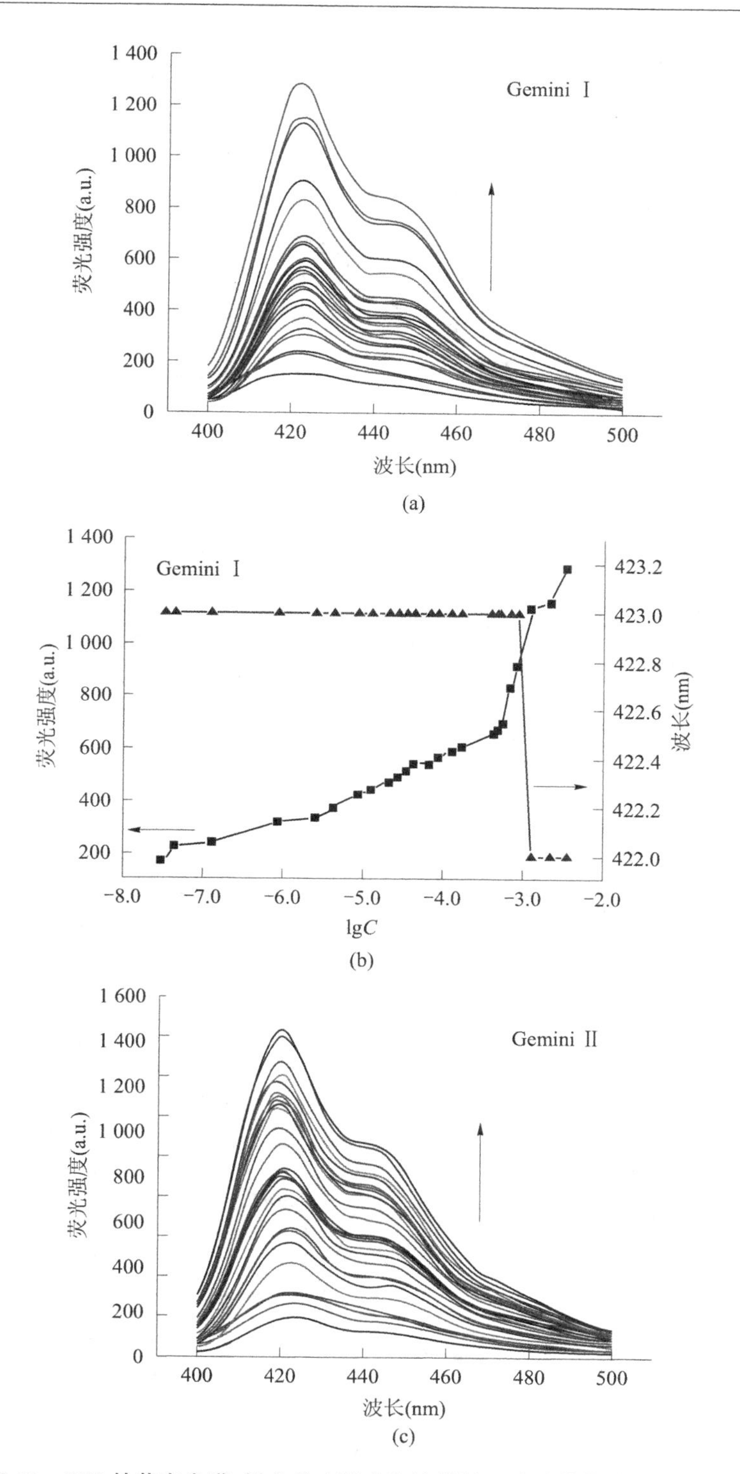

图 5-23　PFP 的荧光光谱、最大荧光强度和波长随三种烷基苯磺酸盐 Gemini 表面活性剂浓度的变化（PFP 用纯水溶解）

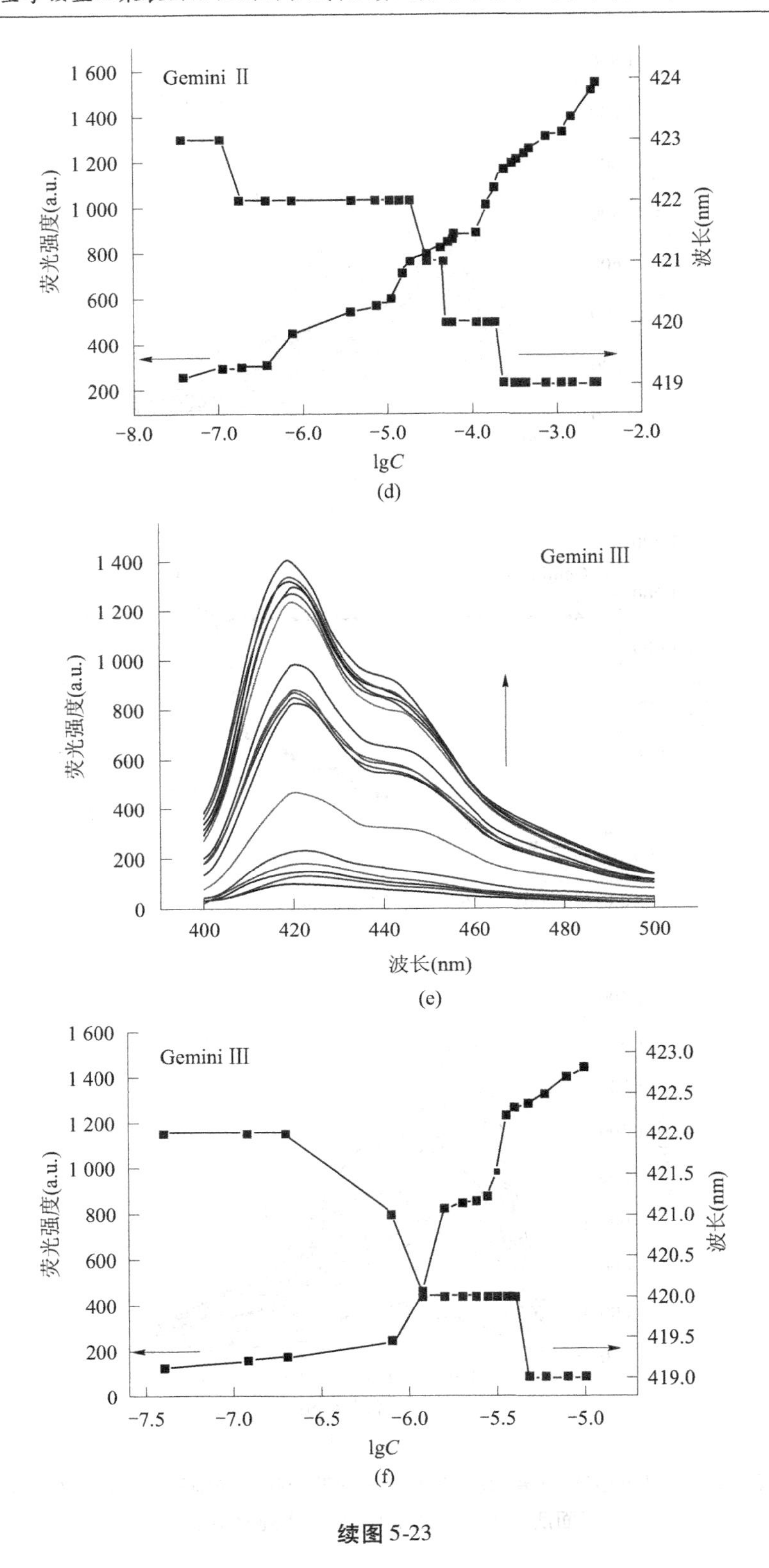
Gemini Ⅱ
荧光强度(a.u.)
波长(nm)
lgC
(d)
Gemini Ⅲ
荧光强度(a.u.)
波长(nm)
(e)
Gemini Ⅲ
荧光强度(a.u.)
波长(nm)
lgC
(f)

续图 5-23

结合上述实验结果，用如图 5-24 所示的模型对 4% DMSO 水溶液和水分别溶解的 PFP 与三种 Gemini 表面活性剂间的相互作用进行描述。在 4% DMSO 水溶液溶解的 PFP 与 Gemini 表面活性剂的相互作用（见图 5-24（a））中，当表面活性剂浓度较低时，静电相互作用占了主导，导致 PFP 水溶性降低，链内和链间聚集随之发生，因此 PFP 的荧光强度降低，并伴随着最大发射波长的红移。随着表面活性剂浓度的增加，形成的表面活性剂/PFP 复合物的疏水性逐渐增加，导致表面活性剂与形成的表面活性剂/PFP 复合物间的疏水作用增强，进一步引起 PFP 聚集体的分散，因此荧光强度增加。相反，水溶解 PFP 较大的聚集程度使疏水作用力在其与 Gemini 表面活性剂相互作用的整个过程中占了主导，因此即使低浓度的表面活性剂，也导致 PFP 荧光强度的增加。

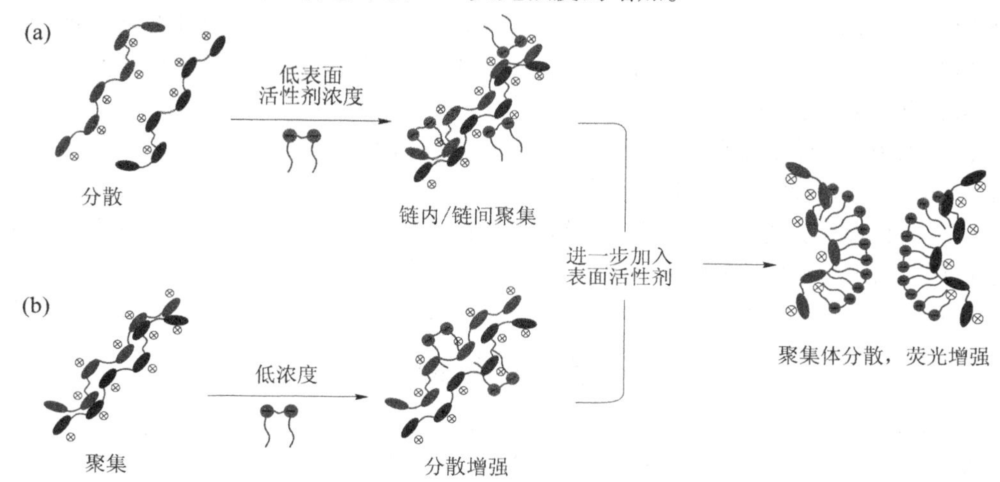

图 5-24　用 4% DMSO 水溶液和水分别溶解的 PFP 与烷基苯磺酸盐 Gemini 表面活性剂相互作用模型

5.4　小　结

本章通过紫外可见吸收光谱、荧光光谱、表面张力和分子模拟方法详细研究了分别用 4% DMSO 水溶液和水溶解的阳离子水溶性荧光聚合物 PFP 与季铵盐三聚表面活性剂 T_n 的相互作用，同时对比考察了三种阴离子 Gemini 表面活性剂对 PFP 荧光性能的影响。主要结论如下：

（1）紫外可见吸收光谱研究表明，较高浓度的 T_{10} 和 T_{12} 会导致 4% DMSO 水溶液溶解 PFP 的聚集，而相似的聚集现象则发生在 PFP 与低浓度的三种阴离子 Gemini 表面活性的相互作用中。

（2）在荧光光谱研究中，低浓度的 T_{10}、T_{12} 和 T_{14} 导致 4% DMSO 水溶液溶解 PFP 的荧光强度逐渐增加和最大发射波长的红移，可能的原因是：三种三聚表面活性剂与 PFP 间的疏水作用减弱了水分子对 PFP 荧光的猝灭；同时结合到 PFP 表面的表面活性剂分子与 PFP 侧链上正电荷间的静电排斥力导致 PFP 共轭骨架的舒展，使最大发射波长红移。低浓度的 T_{16} 同样导致 PFP 荧光强度的增加，但其最大发射波长发生蓝移，可能是因为 PFP 表面的 T_{16} 分子与 PFP 侧链上正电荷间的静电排斥力不足以引起共轭骨架的变化。当四种表面活性剂浓度增加到一定程度时，T_{10}和T_{12}导致PFP荧光强度的降低、最大发射波长的继续红移，表明PFP聚集体的出现，这可能是因为溶液中正电荷密度较高，削弱了PFP侧链离子头基的静电排斥力，导致PFP共轭骨架的弯曲，进而引起PFP聚集体的出现，而T_{14}和T_{16}浓度增加到临界胶束浓度附近时，自由胶束开始逐渐形成，表面活性剂单体浓度增加缓慢，荧光强度随着浓度的增加仅有微弱增加。在三种阴离子Gemini表面活性剂对4% DMSO水溶液溶解的PFP荧光性能影响的研究中，低浓度的Gemini表面活性剂与PFP间的静电吸引相互作用导致PFP荧光强度降低并伴随着最大发射波长的红移，随着Gemini表面活性剂浓度的增加，疏水作用增强，PFP聚集体被驱散，荧光又逐渐增强。

(3)对于纯水溶解的PFP，四种三聚表面活性剂对其荧光光谱的影响很小，荧光强度略微增加，而Gemini表面活性剂却均能够使PFP荧光强度大幅度增加且需要表面活性剂的量随着疏水链长的增加而大大减少。这表明PFP初始形态对PFP与表面活性剂的相互作用具有重要的影响。

(4)表面张力研究表明，阳离子三聚表面活性剂与PFP间具有非常微弱的作用，而阴离子Gemini表面活性剂与PFP的作用则较强。

(5)分子动力学模拟结果证实三聚表面活性剂、Gemini表面活性剂与PFP间均存在疏水作用，它们的疏水链能够与PFP侧链和骨架结合。此外，三聚表面活性剂与PFP间还存在较强的静电排斥作用，而Gemini表面活性剂与PFP间存在较强的静电吸引作用。

参考文献

[1]Gaylord B S, Heeger A J, Bazan G C. DNA detection using water - soluble conjugated polymers and peptide nucleic acid probes [J]. Proceedings of the National Academy of Sciences, 2002, 99: 10954-10957.

[2]Feng F, Wang H, Han L, et al. Fluorescent conjugated polyelectrolyte as an indicator for convenient detection of DNA methylation [J]. Journal of the American Chemical Society, 2008, 130: 11338-11343.

[3]Ho H A, Leclerc M. Optical sensors based on hybrid aptamer/conjugated polymer complexes [J]. Journal of the American Chemical Society, 2004, 126: 1384-1387.

[4]He F, Tang Y L, Wang S, et al. Fluorescent amplifying recognition for DNA G - quadruplex folding with a cationic conjugated polymer: a platform for homogeneous potassium detection [J]. Journal of the American Chemical Society, 2005, 127: 12343-12346.

[5]Fan C H, Plaxco K W, Heeger A J. High - efficiency fluorescence quenching of conjugated polymers by proteins [J]. Journal of the American Chemical Society, 2002, 124: 5642-5643.

[6]Ren X, Xu Q H. Highly sensitive and selective detection of mercury ions by using oligonucleotides, DNA intercalators, and conjugated polymers [J]. Langmuir, 2008, 25: 29-31.

[7]Wu C W, Tsai C M, Lin H C. Synthesis and characterization of poly (fluorene) - based copolymers containing various 1, 3, 4 - oxadiazole dendritic pendants [J]. Macromolecules, 2006, 39: 4298-4305.

[8]Xia C, Advincula R C. Decreased aggregation phenomena in polyfluorenes by introducing carbazole copolymer units [J]. Macromolecules, 2001, 34: 5854-5859.

[9]Chen L H, Xu S, Mcbranch D, et al. Tuning the properties of conjugated polyelectrolytes through surfactant complexation [J]. Journal of the American Chemical Society, 2000, 122: 9302-9303.

[10]Gaylord B S, Wang S J, Heeger A J, et al. Water - soluble conjugated oligomers: effect of chain length and aggregation on photoluminescence - quenching efficiencies [J]. Journal of the American Chemical So-

ciety, 2001, 123: 6417-6418.

[11] Knaapila M, Almasy L, Garamus V M, et al. Solubilization of polyelectrolytic hairy – rod polyfluorene in aqueous solutions of nonionic surfactant [J]. Journal of Physical Chemistry B, 2006, 110: 10248-10257.

[12] Wang D L, Moses D, Bazan G C, et al. Conformation of a conjugated polyelectrolyte in aqueous solution: small angle neutron scattering [J]. Journal of Macromolecular Science – Pure and Applied Chemistry, 2001, 38: 1175-1189.

[13] Lavigne J J, Broughton D L, Wilson J N, et al. "Surfactochromic" conjugated polymers: surfactant effects on sugar – substituted PPEs [J]. Macromolecules, 2003, 36: 7409-7412.

[14] Monteserin M, Burrows H D, Valente A J M, et al. Modulating the emission intensity of poly – ((9,9 – bis(6′ – N,N,N – trimethylammonium)hexyl) – fluorene phenylene) bromide through interaction with sodium alkylsulfonate surfactants [J]. Journal of Physical Chemistry B, 2007, 111: 13560-13569.

[15] Al Attar H A, Monkman A P. Effect of surfactant on water – soluble conjugated polymer used in biosensor [J]. Journal of Physical Chemistry B, 2007, 111: 12418-12426.

[16] Han Y C, Wang Y L. Aggregation behavior of gemini surfactants and their interaction with macromolecules in aqueous solution [J]. Physical Chemistry Chemical Physics, 2011, 13: 1939-1956.

[17] Yoshimura T, Nagata Y, Esumi K. Interactions of quaternary ammonium salt – type gemini surfactants with sodium poly(styrene sulfonate) [J]. Journal of Colloid and Interface Science, 2004, 275: 618-622.

[18] Burrows H D, Tapia M J, Silva C L, et al. Interplay of electrostatic and hydrophobic effects with binding of cationic gemini surfactants and a conjugated polyanion: experimental and molecular modeling studies [J]. Journal of Physical Chemistry B, 2007, 111: 4401-4410.

[19] Vongsetskul T, Taylor D J F, Zhang J, et al. Interaction of a cationic gemini surfactant with DNA and with sodium poly(styrene sulphonate) at the air/water interface: a neutron reflectometry study [J]. Langmuir, 2009, 25: 4027-4035.

[20] Ge Y S, Tai S X, Xu Z Q, et al. Synthesis of three novel anionic gemini surfactants and comparative studies of their assemble behavior in the presence of bovine serum albumin [J]. Langmuir, 2012, 28: 5913-5920.

[21] 郤书信,高志农,葛玉舒,等. 新型烷基苯磺酸盐 Gemini 表面活性剂的合成与性质 [J]. 武汉大学学报(理学版), 2011, 57: 1-6.

[22] Stork M, Gaylord B S, Heeger A J, et al. Energy transfer in mixtures of water – soluble oligomers: effect of charge, aggregation, and surfactant complexation [J]. Advanced Materials, 2002, 14: 361-366.

[23] Macknight W J, Ponomarenko E A, Tirrell D A. Self – assembled polyelectrolyte – surfactant complexes in nonaqueous solvents and in the solid state [J]. Accounts of Chemical Research, 1998, 31: 781-788.

[24] Touhami Y, Rana D, Neale G, et al. Study of polymer – surfactant interactions via surface tension measurements [J]. Colloid and Polymer Science, 2001, 279: 297-300.

[25] Langevin D. Polyelectrolyte and surfactant mixed solutions, behavior at surfaces and in thin films [J]. Advances in Colloid and Interface Science, 2001, 89: 467-484.

[26] Asnacios A, Langevin D, Argillier J F. Complexation of cationic surfactant and anionic polymer at the air – water interface [J]. Macromolecules, 1996, 29: 7412-7417.

[27] Halacheva S S, Penfold J, Thomas R K, et al. Effect of polymer molecular weight and solution pH on the surface properties of sodium dodecylsulfate – poly(ethyleneimine) mixtures [J]. Langmuir, 2012, 28: 14909-14916.

[28] Song L D, Rosen M J. Surface properties, micellization, and premicellar aggregation of gemini surfactants

with rigid and flexible spacers [J]. Langmuir, 1996, 12: 1149-1153.

[29] Yoshimura T, Kusano T, Iwase H, et al. Star – shaped trimeric quaternary ammonium bromide surfactants: adsorption and aggregation properties [J]. Langmuir, 2012, 28: 9322-9331.

[30] Yoshimura T, Esumi K. Physicochemical properties of anionic triple – chain surfactants in alkaline solutions [J]. Journal of Colloid and Interface Science, 2004, 276: 450-455.

[31] Esumi K, Taguma K, Koide Y. Aqueous properties of multichain quaternary cationic surfactants [J]. Langmuir, 1996, 12: 4039-4041.

[32] Cornil J, Dos Santos D, Crispin X, et al. Influence of interchain interactions on the absorption and luminescence of conjugated oligomers and polymers: a quantum – chemical characterization [J]. Journal of The American Chemical Society, 1998, 120: 1289-1299.

[33] Tapia M, Burrows H, Valente A, et al. Interaction between the water soluble poly {1, 4 – phenylene – [9, 9 – bis (4 – phenoxy butylsulfonate)] fluorene – 2, 7 – diyl} copolymer and ionic surfactants followed by spectroscopic and conductivity measurements [J]. Journal of Physical Chemistry B, 2005, 109: 19108-19115.

[34] Lakowicz J R. Principles of fluorescence spectroscopy [M]. New York: Springer, 2006.

[35] Lakowicz J R. Principles of fluorescence spectroscopy [M]. New York: Kluwer Academic/Plenum, 1999.

[36] Devínsky F, Lacko I, Bittererová F, et al. Relationship between structure, surface activity, and micelle formation of some new bisquaternary isosteres of 1, 5 – pentanediammonium dibromides [J]. Journal of Colloid and Interface Science, 1986, 114: 314-322.

第6章　相关实验及讨论

6.1　实验部分

6.1.1　实验仪器和药品

6.1.1.1　实验仪器

调温电热套(KMD):山东市郓城市永兴仪器厂;

高温高压反应釜(WHFSK－1):威海新元化工机械厂;

显微熔点测定仪(XT－4):北京泰克仪器有限公司;

热重/差热综合分析仪(PYRISDLAMOND):美国PE公司;

静滴接触角/界面张力测定仪(JC2000A):上海中晨公司;

扫描电镜(XL30):荷兰PHILIPS;

傅里叶变换红外光谱仪(AVATR370):美国Thermo Nicolet公司;

电化学工作站(PARSTAT 2263):美国PAR公司;

显微共焦拉曼光谱仪(inVia):英国Renishaw公司。

6.1.1.2　实验药品

油酸:上海油脂化工厂,AR;

乙二胺:常州市远华化工厂,AR;

二甲苯:核工业实验化工厂,AR;

氯化钠:上海化学试剂厂,CR;

六水合氯化镁:上海化学试剂厂,CR;

氯化钙:上海化学试剂总厂,CR;

硫酸钠:上海化学试剂总厂,CR;

碳酸氢钠:上海化学试剂总厂,CR;

浓盐酸:上海南翔试剂有限公司,AR;

三氧化二锑:上海试剂四厂,AR;

氯化亚锡:上海试剂四厂,AR。

实验原料的主要性质见表6-1。

表 6-1　实验原料的主要性质

名称	油酸	乙二胺	二甲苯
分子式	$C_{18}H_{34}O_2$	$H_2NCH_2CH_2NH_2$	$C_6H_4(CH_3)_2$
熔点	16.3 ℃	8.5 ℃	—
溶解性	不溶于水,溶于苯、氯仿,可与乙醇、甲醇、乙醚、四氯化碳任意混合	易溶于水	不溶于水
性质	长期暴露在空气中会变黄至棕色,并有哈喇味	无色黏稠液体	具有芳香气味,易挥发,毒性较小,易燃

6.1.2　表面活性剂 N－胺乙基－9－十八烯酰胺的合成

本章采用减压蒸馏法,在不同的原料比下合成 N－胺乙基－9－十八烯酰胺,通过正交实验,优选出最佳反应条件,讨论反应条件对产物的影响。

6.1.2.1　反应原理

反应方程式如下:

$$\begin{array}{l}CH(CH_2)_7CH_3\\ \|\\ CH(CH_2)_7COOH\end{array} + H_2NCH_2CH_2NH_2 \longrightarrow \begin{array}{l}CH(CH_2)_7CH_3\\ \|\\ CH(CH_2)_7CONHCH_2CH_2NH_2\end{array} + H_2O$$

合成产物按系统命名法可命名为 N－胺乙基－9－十八烯酰胺,它由油酸与乙二胺合成,为仲酰胺。

一般设计合成高效缓蚀剂时不会把缓蚀性能极差的乙二胺作为母体,但从缓蚀剂分子结构决定其缓蚀性能看,如果处于此分子两端的氢原子被适当的基团取代后其缓蚀性能可能会大大增强。因此,乙二胺的衍生物有可能作为吸附型高效含氮有机缓蚀剂,如 N,N,N′,N′－四(2－苯并咪唑甲基)－1,2－乙二胺分子(BIEA)。此外,还有适用于油田采出水处理系统的硫代磷酸酯咪唑啉衍生物类缓蚀剂 SL－2B。

目前由于生产工艺和设备条件等的限制,合成油酸酰胺过程中,反应物可能未反应彻底,产物(粗品)中残留有未反应的油酸及其衍生物等杂质,致使产品纯度低、色泽深,需要分离提纯才能获得高纯度的油酸酰胺。采用溶剂结晶分离、柱层析分离等分离方法,需要繁杂的工艺,且产品质量也不高;蒸馏法是利用混合液中不同组分的分子沸点不同而达到分离目的的,主要用于高沸点、易氧化物料的分离提纯,工业应用前景十分广阔。采用减压蒸馏技术,能使油酸酰胺粗品中的杂质在低温下难以挥发,而在高温下易分解氧化的杂质分离出来,从而达到分离精制的目的。该法工艺简单,操作方便,所得产物质量高,为工业化操作提供了条件。在合成产物粗品中,相应的杂质主要为沸点较产物低的轻组分,因此本实验采用减压蒸馏技术提纯的工艺。

6.1.2.2　合成方法

(1)在常压下,取 0.1 mol 油酸置于装有冷凝装置、温度计的 250 mL 三口烧瓶中,加入二甲苯作为溶剂,再按比例加入需要量的乙二胺,混合均匀后用电加热套加热。

(2)待反应到达预定时间后,停止加热,将溶液转到蒸馏装置中。利用油泵抽取真空减压蒸馏除去产物水、溶剂二甲苯的成品称为 OA。

6.1.2.3　正交实验设计

理论上多个影响因素将导致工作量呈指数级数增加，为了准确、全面、合理、经济地寻求最优组合，得出合成实验的最佳工艺条件，因而采取正交实验方法。根据参数重要性分析，本实验选择反应时间（A，h）、投料比（B，油酸与乙二胺的物质的量之比）、反应温度（C，℃）三个主要影响因素进行正交实验，并在实践经验和理论分析的基础上将三个因素水平选定在适当范围内。考察指标为 OA 的产率。

正交实验设计见表 6-2。

表 6-2　正交实验的水平与因素表

因素	水平		
	1	2	3
反应时间（A）（h）	3	4	5
投料比（B）	1∶1	1∶1.2	1∶1.5
反应温度（C）（℃）	130	135	140

6.1.3　产物性能测试

对合成产物从熔点、红外光谱、临界胶束浓度、接触角、热稳定性等各方面进行测试。

6.1.3.1　熔点的测试

取少量所合成产物置于载玻片上，用显微熔点测定仪测定合成产物的熔点。实验采用北京泰克仪器有限公司生产的 XT－4 显微熔点测定仪测量最佳反应条件下所合成产物的熔点。

6.1.3.2　红外光谱测试

利用傅里叶变换红外光谱仪（AVATR370）对合成的产物 OA 进行表征，并在相同条件下测得原料油酸的红外光谱。对比它们的分子结构，并确认目标产物特征官能团的生成。

6.1.3.3　临界胶束浓度（cmc）及接触角测试

本实验将合成的产物以表 6-3 所示的腐蚀液为介质配成不同浓度（0.012 5 g/L、0.250 g/L、0.500 g/L、0.750 g/L、1.000 g/L、1.500 g/L、2.000 g/L、2.500 g/L）的溶液并通 CO_2 至饱和。通过静滴接触角/界面张力测定仪（JC2000A）测量其界面张力及接触角，作出相应的浓度—界面张力曲线图及浓度—接触角曲线图，确定其临界胶束浓度和临界胶束浓度下的界面张力及接触角。

表 6-3　腐蚀液的配方

成分	NaCl	$MgCl_2 \cdot 6H_2O$	$CaCl_2$	Na_2SO_4	$NaHCO_3$
含量（g/L）	5.900 0	0.690 0	0.177 5	0.071 0	1.175 0

实验步骤如下：

（1）界面张力的测定：用毛细针管吸取待测物溶液，在毛细针管的关口处推压出一个完整的液泡，利用测定仪对液滴进行拍照，用悬滴法测定溶液的界面张力。

（2）接触角的测定：用毛细针管吸取待测物溶液，在测定仪的观测下滴一滴液泡在已经除锈的钢片上，利用测定仪对液滴进行拍照，用量角法测定溶液的接触角。

6.1.3.4 热重/差热分析

对合成产品用美国 PE 公司生产的热重/差热综合分析仪 PYRISDLAMOND 进行热重/差热分析。实验升温速率 10 ℃/min；升温范围为室温至 500 ℃；实验气氛为惰性气体 N_2。通过产品热重/差热分析（TG/DTA）曲线的分析考察其热稳定性。

6.1.3.5 产物的缓蚀性能检测

本实验根据不同原理通过失重法、扫描电镜、电化学测试，以及拉曼光谱，研究合成产物对 X65 碳钢的缓蚀性能以及缓蚀机制。

1. 高温高压静态腐蚀失重测试

1）实验材质

本实验采用的试片材质为油气田中常用的油套管和输送管线材料 X65 碳钢，成分如表 6-4 所示，形状为长方形。由于金属表面大多存在氧化膜和油污，在实验前用金相水磨砂纸由粗到细逐级打磨至 1 200#，准确测量试片的表面积，用无水乙醇、丙酮清洗，最后用滤纸将试片包好放在干燥器中干燥、备用。

表 6-4　X65 碳钢的化学成分　（%）

成分	C	Si	Mn	Mo
含量	0.04	0.20	1.50	0.02

2）实验装置及介质

本实验采用高温高压反应釜 WHFSK－1 进行。它由加热炉反应装置、搅拌和传动系统、安全阀等组成，如图 6-1 所示。反应釜上有压力表（用以显示釜内压力）、电热偶（可检测釜内工作温度，并将温度信号转换成毫伏信号传输到数字温度指示调节仪）。

为了模拟现场石油管道的环境，采用表 6-3 所示的腐蚀液作为模拟实验介质，此介质矿化度大于 8 000 mg/L，矿化度高，水的导电性好，腐蚀性强。同时，通入 CO_2 气体并保持压力在 0.5 MPa。实验所需试片用圆柱状夹具固定好。

3）实验步骤

（1）试片前处理：将 X65 碳钢加工成长方体，试片依次用 600#、800#、1 000#、1 200# 金相水磨砂纸打磨至光亮均匀，用蒸馏水冲洗，依次用无水乙醇、丙酮擦洗，用冷风吹干，用滤纸包好，放于干燥器中干燥 4 h 后称重。使用前，需用游标卡尺测定其尺寸，求出其表面积，以便后面计算腐蚀速率。

（2）挂样：将试片用可剥性胶固定在圆柱状夹具上，只露出一面，其余各面用可剥性胶封好，待 24 h 后胶完全固化，将装好试片的架子悬挂在反应釜中。

（3）反应釜实验：将腐蚀液加入反应釜，盖上釜盖并拧紧螺母，通 CO_2 气体除氧 2 h。除氧完毕后关闭所有出口阀门，把温度升至 65 ℃，开始通 CO_2 气体至 0.5 MPa。

（4）拆釜取样：实验结束，取出样品，观察腐蚀形貌。用蒸馏水冲去腐蚀介质，用丙酮

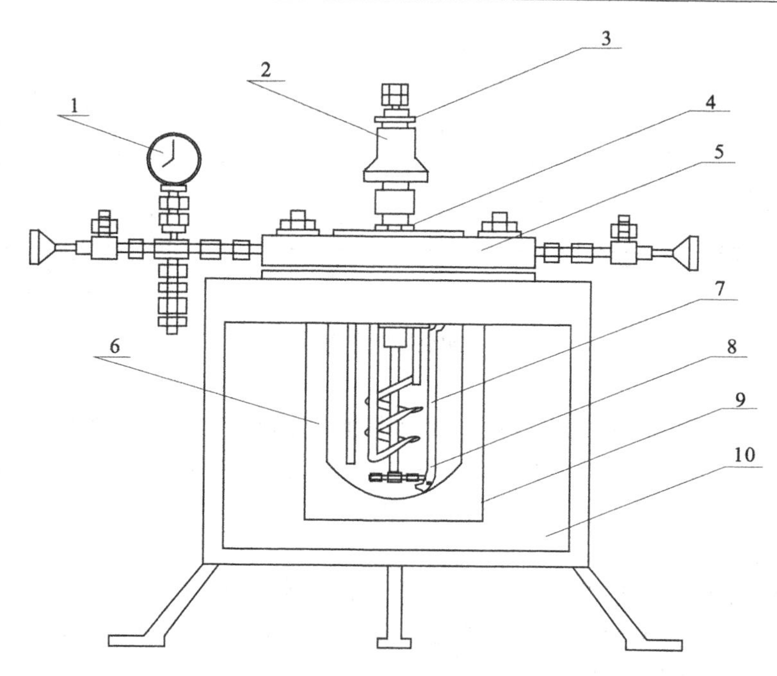

1. 压力表组件;2. 磁连轴器;3. 测速器;4. 压帽;5. 釜盖;
6. 测温管;7. 冷却盘管;8. 试片;9. 釜体;10. 加热套

图6-1　高温高压反应釜示意图

脱水,用冷风吹干,将试样置于除膜溶液中去除腐蚀产物膜,清洗吹干后,称重并计算腐蚀速率。

在未加合成产物及加入不同浓度合成产物的腐蚀液中进行实验,考察合成产物对在腐蚀液中X65碳钢抗CO_2的缓蚀性。

2. 扫描电镜(SEM)表面形貌测试

采用扫描电镜XL30对高温高压静态腐蚀后的试样表面进行电镜扫描分析,以研究其表面微区形貌以及合成产物在碳钢表面成膜的性能。

3. 自腐蚀电位测试

电化学实验材料选用X65碳钢,用环氧树脂封装,试样只露出工作面积为1 cm^2的圆端面,工作面依次用600#、800#、1 200#金相水磨砂纸打磨,然后在抛光机上抛光至镜面,用去离子水清洗,用丙酮和酒精除油,吹干后放入干燥器内待用。实验介质为模拟油田管道内环境的腐蚀液,其组成见表6-3。实验温度为室温,介质的pH值约为6.5。

电化学实验测试在美国PAR公司生产的电化学工作站PARSTAT 2263上完成,采用三电极体系,工作电极为电化学试样,辅助电极为铂电极,参比电极选用饱和甘汞电极。图6-2为电化学工作站装置示意图。测试前在电解池中装入腐蚀液,通入CO_2气体2 h以去除溶液中的氧气。然后安装好备用的试样作为工作电极,启动电化学测试程序,电化学测试待腐蚀电位趋于稳定后进行,分别测试空白溶液及含0.5 g/L合成产物的腐蚀液溶液的自腐蚀电位。

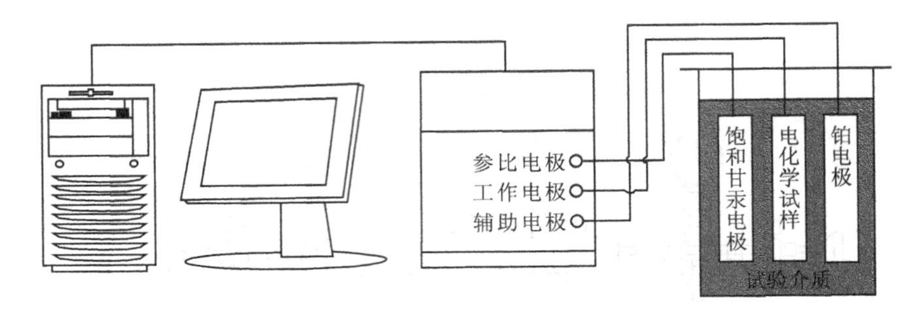

图 6-2　电化学工作站示意图

4. 线性极化电阻测试

线性极化电阻测试实验的条件同上述自腐蚀电位测试实验。分别测定空白溶液及浓度为 0.125 g/L、0.250 g/L、0.500 g/L、1.500 g/L 的合成产物的腐蚀液溶液的线性极化电阻及其随时间的变化，考察合成产物的缓蚀性能。

5. Tafel 极化曲线测试

在同上述自腐蚀电位测试实验条件下，分别测定浓度为 0.125 g/L、0.250 g/L、0.500 g/L、1.500 g/L 的合成产物的腐蚀液溶液及空白溶液的 Tafel 极化曲线，考察其 Tafel 极化曲线随浓度的变化。

6. Raman 光谱的测试

测试实验的条件同上述自腐蚀电位测试实验。将 X65 碳钢试片浸入通入饱和 CO_2 的腐蚀液，8 h 后，利用显微共焦拉曼光谱仪 inVia 对其进行原位现场 Raman 光谱测试，同时测定试片在浸泡前的 Raman 光谱，将两者进行对比，分析谱图以确定缓蚀膜的成膜机制。

6.2　结果与讨论

6.2.1　合成实验最佳反应条件的确定

合成正交实验结果分析见表 6-5 和图 6-3。

表 6-5　正交实验结果

实验号	A	B	C	产率(%)
1	A_1(3 h)	B_1(1:1.0)	C_1(130 ℃)	93.5
2	A_1(3 h)	B_2(1:1.2)	C_2(135 ℃)	90.6
3	A_1(3 h)	B_3(1:1.5)	C_3(140 ℃)	89.3
4	A_2(4 h)	B_1(1:1.0)	C_2(135 ℃)	87.9
5	A_2(4 h)	B_2(1:1.2)	C_3(140 ℃)	82.8
6	A_2(4 h)	B_3(1:1.5)	C_1(130 ℃)	82.2
7	A_3(5 h)	B_1(1:1.0)	C_3(140 ℃)	83.4
8	A_3(5 h)	B_2(1:1.2)	C_1(130 ℃)	78.6
9	A_3(5 h)	B_3(1:1.5)	C_2(135 ℃)	82.2

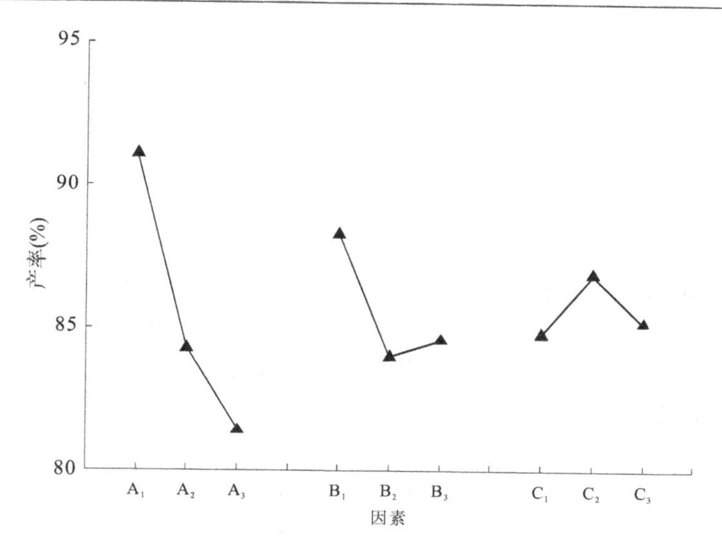

图 6-3　因素指标图

按表 6-5 的结果，选择 $A_1B_1C_1$ 为以产率为评价指标时的最佳方案。即反应时间为 3 h，油酸和乙二胺的物质的量之比为 1:1.0，反应温度为 130 ℃。

由表 6-6 中的极差数据可知，各因素对产物产率的影响顺序依次为反应时间 > 投料比 > 反应温度。

表 6-6　极差分析

水平	A	B	C
R1	91.1	88.3	84.8
R2	84.3	84.0	86.9
R3	81.4	84.6	85.2
极差	9.7	4.3	2.1
顺序	1	2	3

从因素指标图（见图 6-3）可以看出，产物产率随反应时间延长呈下降趋势。这反映了反应时间的延长并不能提高产物的产率。

投料比对产率的影响也很大。如图 6-3 所示，随着原料中乙二胺的摩尔比增加，产物 OA 的产率先减小，后又增大，但总的看来，在油酸和乙二胺的摩尔比为 1:1.0 时产率最高。

反应温度对产物的产率也有较大影响。由图 6-3 可知，随反应温度的升高，产率呈上升趋势。当温度升至 135 ℃时产率最高，此后产率出现下降趋势。这说明当反应温度过高时并不能进一步提高产率。

由表 6-5 和图 6-3 确定，在该实验范围内，较适宜的反应条件为 $A_1B_1C_1$。

制备酰胺的化学路线有多种，由于原料、产率、副产物对环境的污染等，只有少数几种能用于工业生产。其中,以脂肪酸与氨反应合成脂肪酰胺的路线为主。在无催化剂存在时,脂肪酸与氨气反应合成酰胺需要在高温和高压下进行。现有生产工艺为了改进反应条件,通常采用硅胶、矾土以及浮石等无机表面催化剂。这些催化剂的使用,缩短了反应时间,降低了反应温度,尤其是将反应压力降低到 1.6 MPa 左右,在一定程度上减少了设备投资,但对反应设备的要求依然很高。因此,研究脂肪酸在常压下进行酰胺化反应的工艺已经成为该领域的一个发展方向。

本实验采用的合成工艺在常压、无催化剂、温度不是特别高的条件下,合成了一类仲酰胺——N-胺乙基-9-十八烯酰胺,并且产率较高。本实验的合成工艺简单、易于操作,对设备要求不高,为合成酰胺的工艺提供了新的思路。

6.2.2 合成产物性能测试

6.2.2.1 熔点的测试

对合成产物的熔点进行 5 次测试,取平均值,得出:合成产物在 74 ℃开始初熔,当温度升至 77 ℃时,合成产物完全熔化,即合成产物的熔程范围为 74~77 ℃。这与《化工百科全书》中顺式油酸酰胺熔点在 76 ℃的结论一致。而反应物油酸及乙二胺的熔点分别为 16.3 ℃及 8.5 ℃,相对于合成产物低得多。因此,合成产物的性质在熔点上与油酸酰胺的一致性较好,并且纯度也较高。

6.2.2.2 红外光谱测试

红外光谱是由于分子吸收红外光引起两个不同的振动能级之间跃迁的结果。分子的运动方式除了原子外层电子跃迁外,还有分子本身的转动,以及分子中原子的振动。这些运动方式需要吸收一定量的辐射能,但这些能量较低,因此所吸收的辐射波长较长,位于红外区。红外光谱测试研究波数在 400~4 000 cm^{-1}范围内不同波数(或不同波长)的红外光通过化合物后被吸收的谱图。通常分子如含有 n 个原子,应该有 $3n-6$ 个(分子若为直线则为 $3n-5$ 个)基本振动。但并非这种分子就产生 $3n-6$ 个红外吸收谱带,实际上吸收带的数目比预期的少得多。这是由于当分子具有高度的对称性或若干振动吸收的能量十分接近、振动吸收的能量太小时,通常测得的红外吸收光谱相对来说并不是很复杂。一般有机化合物的红外光谱通常显示出 5~30 个吸收谱带。

油酸的红外光谱如图 6-4 所示。

合成产物的红外光谱如图 6-5 所示。

测定合成产物的红外光谱,将合成产物的红外光谱与油酸的红外光谱进行比较,发现 1 712.88 cm^{-1}处 C=O 伸缩振动强峰、2 928.49 cm^{-1}处 -OH 伸缩振动中强峰、932.88 cm^{-1}处 -OH 面外弯曲振动弱峰、1 437.22 cm^{-1}处 -OH 面内弯曲振动弱峰等脂肪酸的特征吸收明显消失,而 1 667.62 cm^{-1}处 C=O 伸缩振动强峰、3 366.42 cm^{-1}处 N-H伸缩振动强峰、1 413.06 cm^{-1}处 C-N 中伸缩振动强峰、708.66 cm^{-1}处 N-H 面外弯曲振动弱峰等的出现反映了酰胺的特征吸收,说明产物确实生成酰胺键。

上述标明的有鉴定价值的特征吸收峰大多位于 1 400 cm^{-1}以上和 900 cm^{-1}以下,这是由于 900~1 400 cm^{-1}是分子的"指纹区",出现在这一区域的吸收峰很多,但是除 C-O-C和 $-SO_2-$ 的强吸收外,大都不是稳定的特征频率,它主要用于"指纹鉴定",而不用于官能团的鉴定。

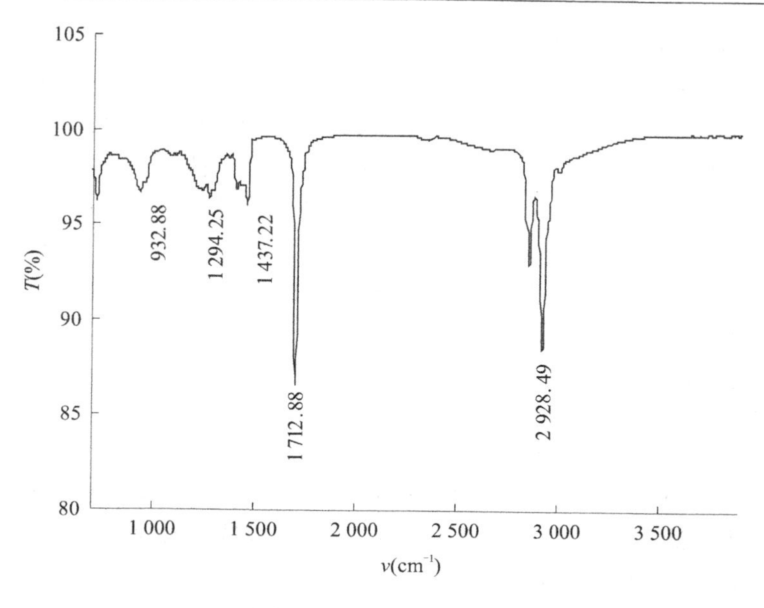

图 6-4　油酸的红外光谱

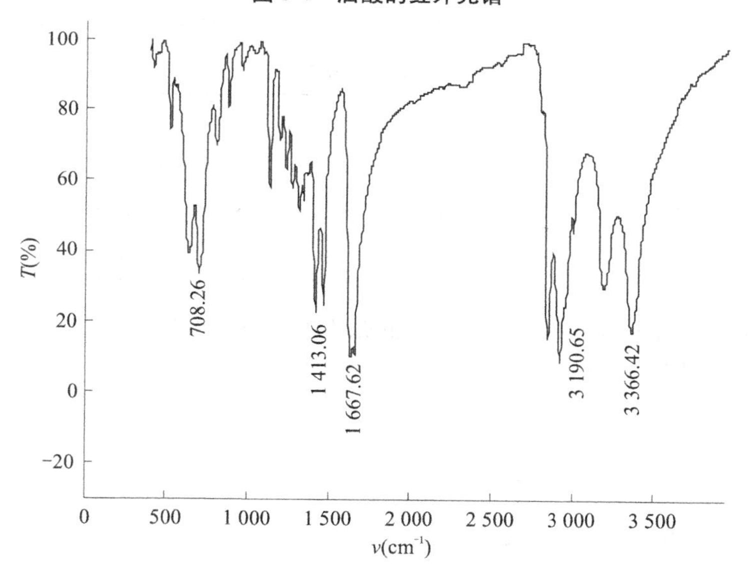

图 6-5　合成产物的红外光谱

6.2.2.3　临界胶束浓度(cmc)及接触角测试

1. 临界胶束浓度(cmc)测试的意义

临界胶束浓度是表面活性剂溶液中开始大量形成胶束的浓度,是表面活性剂的重要特性参数。它可以作为表面活性强弱的一种量度。cmc 越小,此种表面活性剂形成胶束所需的浓度越低,为改变体系表面性质,起到润湿、乳化、起泡、加溶等作用所需的浓度也越低。也就是说,临界胶束浓度越低,表面活性剂应用效率越高。此外,临界胶束浓度还是表面活性剂溶液介质性质发生显著变化的一个“分水岭”。表面活性剂的溶油作用、胶团催化作用、分隔性介质作用及用作化学反应和生化反应微反应器的作用都只在临界胶束浓度以上才有。所以,临界胶束浓度是表征表面活性剂性质不可缺少的数据。通常将 cmc 和此时溶液的界面张力 γ_{cmc} 作为表征表面活性剂活性的特征参数。

通过实验,可以发现表面活性剂溶液的界面张力开始时随溶液浓度增加而后急剧下降,但当达到一定浓度(cmc)时则变化趋于平缓或不再变化。在 $\gamma = \lg c$ 图上有一转折点,因此可以此来确定 cmc。这是一种方便的测定方法。如前文所述,它具有以下特点:对于离子型和非离子型表面活性剂都适用;对高表面活性和低表面活性的表面活性剂具有相似的灵敏度。此法也不受无机盐存在的干扰。只有在有少量的极性有机物(高表面活性的高碳醇、胺、酸等)存在时,浓度—界面张力曲线上会出现最低点,但可以通过提纯而避免。

2. 接触角在缓蚀性及润湿性方面的意义

成膜缓蚀剂属于表面活性剂,分子内含有亲水基团和憎水基团。亲水基因与金属表面相结合,憎水基因在金属表面做定向排列向外伸展,这样在金属表面就形成具有憎水性的保护膜。根据水滴在成膜表面的铺展程度,可以鉴别膜的致密程度和憎水性的好坏。铺展程度越小,膜的憎水性越好。

3. 临界胶束浓度测定

用静滴接触角/界面张力测定仪测得的界面张力及接触角值列入表 6-7 中。

表 6-7　浓度—界面张力

编号	1#	2#	3#	4#	5#	6#	7#	8#
浓度(g/L)	0.012 5	0.250	0.500	0.750	1.000	1.500	2.000	2.500
界面张力(mN/m)	115.05	100.00	73.70	61.05	56.86	53.68	53.65	54.06
接触角(°)	77	73	57.5	59	61.2	66.4	69	73

根据浓度与界面张力值作出浓度—界面张力曲线图,如图 6-6 所示。

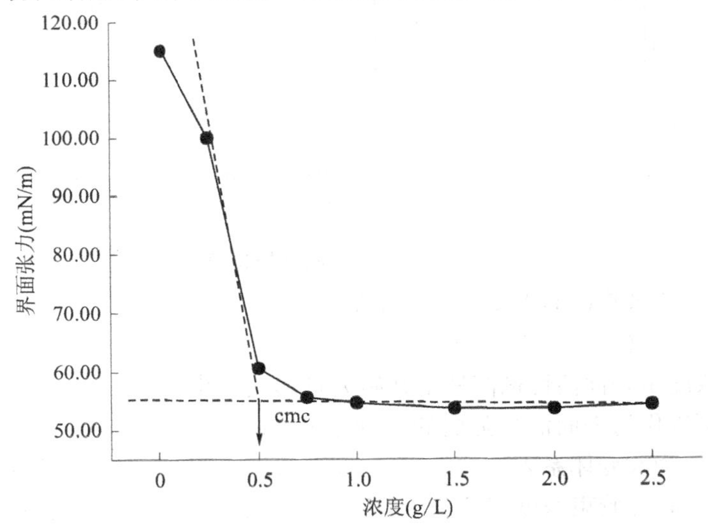

图 6-6　浓度—界面张力曲线

可以得知,产物OA的界面张力开始随溶液浓度增加,而后急剧下降,但当达到一定浓度(cmc)时则变化趋于平缓或不再变化。表现在浓度—界面张力曲线上有一转折点,因此可以确定产物OA的临界束胶浓度(cmc)为0.5 g/L,此时的界面张力为54 mN/m。比较相同条件下测定的空白溶液界面张力155.91 mN/m,说明产物有较好的表面活性。

这是由于产物OA在液面上发生定向吸附,因此溶液的界面张力降低。随着浓度逐渐增加,界面张力急剧下降。当浓度达到0.50 g/L时,水溶液表面聚集了足够的OA分子,形成了单分子吸附膜。此时,空气与水处于完全隔离状态,界面张力下降到最低值。

4. 接触角测试

对测定的接触角值作出浓度—接触角曲线图,如图6-7所示。由图6-7分析可知,当产物溶液浓度在0.5 g/L附近时,溶液的接触角降至最低值57.5°,表明此时的润湿性最好。对照比较相同条件下测定的空白溶液的接触角81.5°,说明合成产物有较好的润湿性。

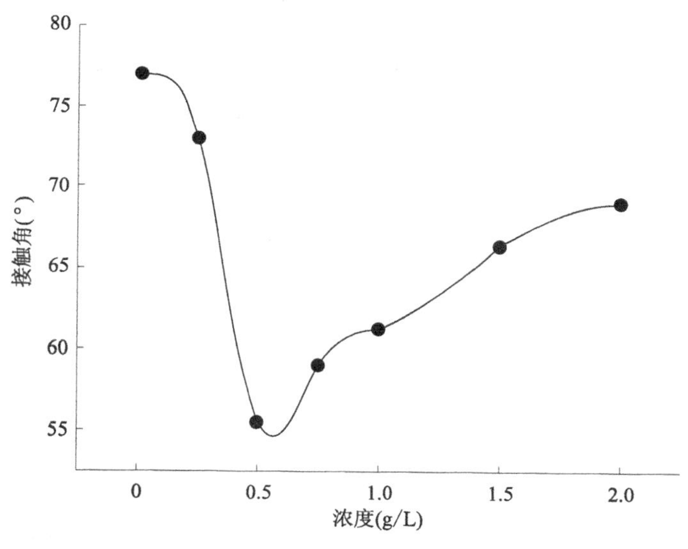

图6-7　浓度—接触角曲线

这是由于合成产物OA是两亲分子。它的含N极性基团易被吸附于固体表面,非极性基团仰向空气,形成定向排列的吸附层。这种带有吸附层的固体表面裸露的是碳氢基团,具有低能表面特性,从而可以有效地改变原固体表面的润湿性能,达到其实用目的。

6.2.2.4　热重/差热分析实验

1. 热重/差热分析基本原理

热重分析是指在程序控制温度下测量物质的质量变化与温度关系的一种技术,通常又称之为热重法,测得的记录曲线称为热重曲线(TG曲线),其纵坐标为试样的质量,横坐标为试样的温度或时间。

同属于热重分析范围的还有等温质量变化测定、等压质量变化测定、逸出气体检测(EGD)、逸出气体分析(EGA)、放射性热分析(HTA)、热微粒分析(TPA)和微商热重法(DTG)及二阶微商热重法(DDTG)。这些方法都是在热重法(TG)基础上略加变动和控制而发展起来的。其中微商热重法是指在程序控制温度下测量物质质量变化速率与温度之间关系的技术。从装置上看,它通常是在热重分析仪信号输出部分增加一个微商线路单元,可直接获得微商热重曲线(DTG 曲线)。与 TG 曲线比较,在某些场合 DTG 曲线能更清楚地显示试样质量随温度变化的情况。

差热分析(DTA)是在程序控制温度下,测量物质与参比物之间的温度差与温度关系的一种技术。在差热分析中,试样温度的变化是由相转变或反应的吸、放热效应引起的。一般来讲,相转变、脱水、脱氧、融化、沸腾、蒸发、升华和一些分解反应产生吸热效应,而结晶、氧化和另一些分解反应则产生放热效应。差热分析曲线(DTA 曲线)是描述样品与参比物之间的温差(ΔT)随温度或时间的变化关系。曲线的纵坐标为试样与参比物间的温差(ΔT),向上表示放热反应,向下表示吸热反应。差热分析也可以测定试样的热容变化,它在差热分析曲线上反映出基线的偏离。由差热分析的结果,根据吸热和放热峰的个数、形状和位置与相应温度,可以方便地定性确定出试样的热行为。

2. 热重/差热分析结果

对反应条件为 $A_1B_1C_1$ 的合成产物 OA 做热重/差热分析,分析合成产物在程序升温过程中所发生的各种物理、化学变化,考察其热稳定性。通过实验作出合成产物的热重/差热分析曲线,如图 6-8 所示。

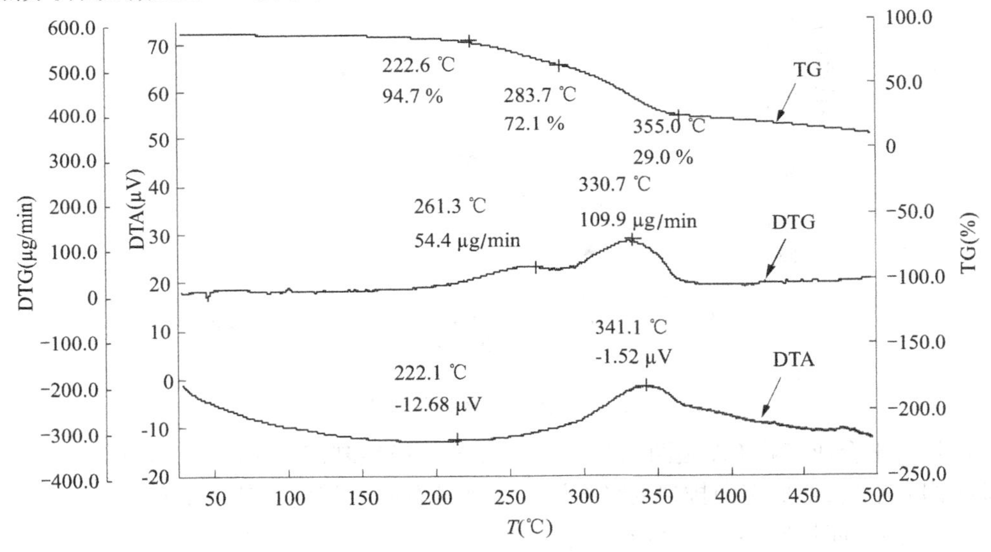

图 6-8 合成产物的热重/差热分析曲线

对合成产物 OA 的 TG/DTA 曲线分析,可知:

(1)TG 曲线在 90 ~ 222.6 ℃之间有较小的变化,表明自身质量在 90 ~ 222.6 ℃之间有微量损失,可能是产物中的微量溶剂挥发造成的。当温度达到 222.6 ℃时,产物自身质量仍有 94.7%,对应的 DTA、DTG 曲线未有明显的峰(谷)出现,表明产物在 200 ℃前热稳定性很好。

(2)TG 曲线在 222.6 ~ 283.7 ℃这段温度下变化较大,表明在该温度段下产物的自身质量损失严重,可能发生了分解、挥发或化学反应。对应的 DTA 曲线表现为向下的低谷。

(3)当温度到达355.0 ℃后,产物只有原重的29.0%,该物质已基本消耗(氧化、分解或化学反应)。在283.7～355.0 ℃下该物质自身质量的较大突变,反映到DTA曲线上即出现一明显的向上放热峰,DTG曲线上也有明显馒头峰出现,表明在该温度段下物质与环境有热量的转换(放热),这与TG曲线上该温度段时物质质量有迅速损失(物质发生氧化会放出大量热)相吻合。

热重/差热分析结果表明,产物OA在200 ℃前的热稳定性较好,在实际应用中可耐受较高温度而不发生分解。

6.2.2.5　合成产物的缓蚀性能检测

对合成产物通过失重法、扫描电镜、电化学方法及拉曼光谱进行一系列的缓蚀性能研究,其结果如下。

1. 高温高压静态腐蚀失重测试

在65 ℃、CO_2分压为0.5 MPa、静态条件下,经过高温高压腐蚀实验后,将在空白腐蚀液(空白溶液)中放置24 h的试样编号为1#,将在加入0.5 g/L产物腐蚀液中放置12 h、24 h、48 h、72 h的试片各取一片,分别编号为2#、3#、4#、5#。对比五种试片的腐蚀程度,可以看出,五种试片在腐蚀液中均受到不同程度腐蚀。在加入0.5 g/L产物腐蚀液中放置12 h的2#试片腐蚀比较轻微,其表面仍为试验前打磨的光亮表面,表明产物对试样产生了较好的保护作用,试样在腐蚀液中的部分基本没有被腐蚀。而对比未加产物的空白腐蚀液中的试片,可以观察到空白腐蚀液中的试片已遭到严重腐蚀,金属表面完全被破坏,并且清洗后可以观察到腐蚀所造成的蚀坑均匀地分布在整个金属表面上。再观察2#、3#、4#、5#试片在腐蚀液相中的宏观腐蚀形貌,5#试片腐蚀较严重,金属表面基本被破坏;4#试片次之,表面形成灰黑色膜,稍有光泽;3#试片腐蚀情况更轻,表面有光泽,蚀坑不明显;2#试片腐蚀最轻,而且可观察到2#试片的表面生成了一层致密光亮的腐蚀产物保护膜,这应该是保护其免受更严重腐蚀的原因。

取出上述五种试片清洗,去除腐蚀产物膜,清洗吹干后,称重并计算腐蚀速率,见表6-8。

表6-8　不同条件下的腐蚀速率

编号	有效面积(cm^2)	原重(g)	失重质量(g)	腐蚀速率[g/(cm^2·h)]
1#	2.475	7.143 0	0.062 9	$1.058\ 8\times10^{-3}$
2#	2.396	7.142 9	0.000 4	$0.139\ 1\times10^{-4}$
3#	2.484	7.101 4	0.002 2	$0.379\ 0\times10^{-4}$
4#	2.376	7.104 8	0.039 4	$3.454\ 7\times10^{-4}$
5#	2.288	6.291 2	0.104 7	$6.355\ 6\times10^{-4}$

计算公式如下:

$$F=\frac{W_0-W_1}{ts}$$

$$R = \frac{F_0 - F_1}{F_0} \times 100\%$$

式中,F 为腐蚀速率,g/(cm^2 · h);W_0 为试片实验前质量,g;W_1 为试片实验后质量,g;t 为实验时间,h;s 为实验表面积,cm^2;R 为缓蚀效率,%;F_0 为未加缓蚀剂的腐蚀速率,g/(cm^2 · h);F_1 为添加缓蚀剂后的腐蚀速率,g/(cm^2 · h)。

从表 6-8 中可以看出,随着 X65 碳钢在腐蚀液中放置时间的推移,腐蚀速率也逐渐增大。放置 24 h 后试片的腐蚀速率为 $0.379\ 0 \times 10^{-4}$ g/(cm^2 · h),比放置 12 h 的试片增加了近 2 倍。当试片在腐蚀液中浸泡 48 h 后,腐蚀速率增大至 $3.454\ 7 \times 10^{-4}$ g/(cm^2 · h)。而浸泡至 72 h 后,腐蚀速率为 $6.355\ 6 \times 10^{-4}$ g/(cm^2 · h),比放置 12 h 的试片增加了约 45 倍。可见在这段时间内,腐蚀液对试片的腐蚀速率大大加快,产物渐渐失去缓蚀性能。

这是因为具有缓蚀作用的表面活性剂可以在金属表面形成吸附膜。在含表面活性剂的腐蚀介质中,表面活性剂浓度低时在金属表面形成单分子吸附层,疏水基的非极性部分在水溶液中形成一层斥水的屏障覆盖着金属表面使金属表面得以保护。当浓度较大时,则由于疏水基相互作用而在金属表面上形成双分子层吸附膜。因此,表面活性剂浓度的增大可提高其缓蚀效率。当浓度增大到使其在金属表面达到饱和吸附时,呈现出最佳的缓蚀效率,对于大多数表面活性剂来说,缓蚀效率在临界胶束附近达到最大。随着试片在腐蚀液中放置时间的推移,覆盖着金属表面的吸附膜发生脱落,使得缓蚀效率下降。放置 24 h 后试片缓蚀效率为 96.4%,说明该合成产物在 24 h 内对 X65 碳钢有较为显著的缓蚀作用。

2. 扫描电镜(SEM)表面形貌测试

扫描电镜以一束焦距很细的电子束照射到试样的表面进行扫描,逐点激发出一定能量的电子,并将这些电子信息收集起来,用以调制阴极射线管的电子束强度,于是就可以在荧光屏上形成试样表面各点的扫描图像。电子束在试样表面的扫描区域称为扫描场,同时在阴极射线管中同步得到一个对应的扫描场,并且荧光屏上各点的亮度受试片表面激发信号的强度所调制。

对上述钢片除膜后进行电镜扫描(SEM),图 6-9 为放大 2 000 倍的试片表面形貌测试对比。可以看出 X65 碳钢试片在空白腐蚀液中受到明显腐蚀(见图 6-9(a)),并且蚀坑均匀分布在 X65 碳钢表面。而加入产物的腐蚀液中试片在腐蚀液中受到的腐蚀不明显(见图 6-9(b)),表面光亮,实验前所打磨的划痕仍清晰可见。这是因为在腐蚀液中,产物在钢片表面以物理吸附或化学吸附作用形成一层致密的吸附膜,这层膜会明显减少腐蚀介质和钢片的接触机会,并以某种方式提高腐蚀介质中阳极反应或阴极反应的活化能,形成腐蚀反应的能量阻碍,抑制阳极腐蚀或阴极腐蚀。这进一步证明所合成的产物对碳钢有良好的缓蚀性能。

3. 自腐蚀电位的测定

金属的腐蚀现象是金属和电解质(主要是水溶液电解质)相互作用所产生的电化学腐蚀。从化学的观点看,就是一种由电解质中所包含的某种氧化剂使金属发生氧化作用。例如,金属 Fe 在 CO_2 酸性溶液中发生腐蚀,放出氢气。在这一过程中,金属铁原子被氧化成为铁离子;而酸性溶液中的氢离子被还原成氢原子,然后氢原子再结合成氢分子。电化学腐蚀所研究的两个对象——金属和电解质都是导电体,前者是电子导体,后者是离子

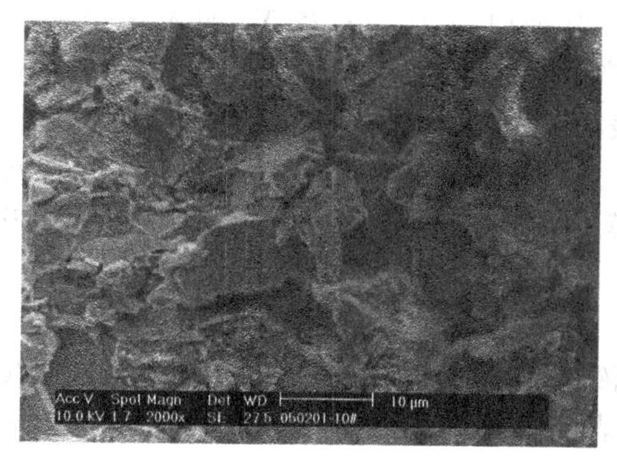

(a)空白腐蚀液中的腐蚀形貌

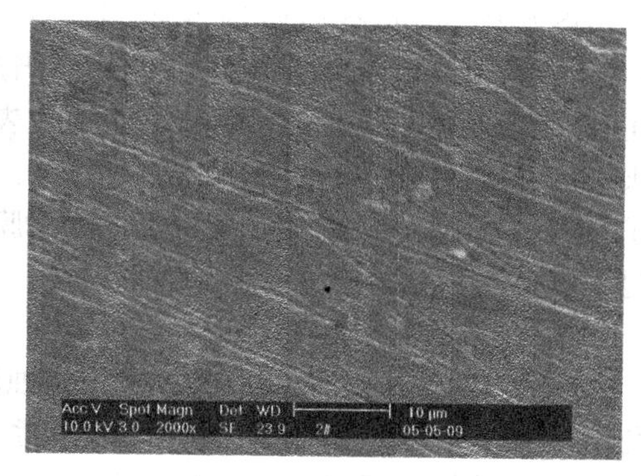

(b)加入产物腐蚀液中的腐蚀形貌

图 6-9　试片表面的 SEM 照片

导体。所以,电化学腐蚀整个地与导电系统有关。它并不是一种纯化学反应过程,而是一种涉及电荷在电子导电相与离子导电相之间迁移的电化学过程。一个遭受腐蚀的金属可以被看作是一个处于短路状态的原电池。这类电化学电池被称为腐蚀原电池。

被腐蚀金属处于腐蚀电池的阳极,失去电子发生氧化反应,变成离子逐渐溶解而被腐蚀。同时溶液中的氧化剂接受从阳极流过来的电子,本身被还原。如金属 Fe 在含 CO_2 酸性腐蚀溶液中被腐蚀:

阳极反应: $Fe - 2e \rightarrow Fe^{2+}$

阴极反应: $(HCO_3^-)H^+ + e \rightarrow H, 2H \rightarrow H_2$

在这个腐蚀过程中,金属 Fe 为阳极,发生氧化反应;阴极反应为氢离子的还原反应。

既然金属在电解质溶液中的腐蚀过程是由两个共轭的阳极、阴极反应组成的,那么缓蚀剂若能抑制阳极、阴极反应中的一个或两个反应都能抑制,就能减缓腐蚀速率。

用电化学工作站对空白腐蚀液及加入产物浓度为 0.5 g/L 的腐蚀液所测得的自腐蚀电位如图 6-10 所示。

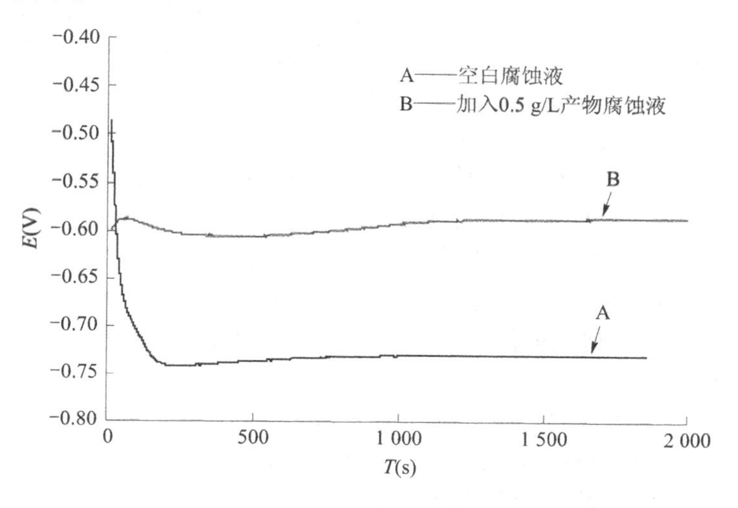

图 6-10　自腐蚀电位图

由图6-10可知，空白腐蚀液所测得的自腐蚀电位为－0.75 V，加入产物浓度为0.5 g/L的腐蚀液自腐蚀电位为－0.56 V，当产物加入到腐蚀介质中后，自腐蚀电位值明显正移，随着时间的增加逐渐趋于稳定。这表明：产物的加入，使得阳极极化增大，降低了阳极反应速度，使金属腐蚀受到强烈的抑制。这种抑制的根本原因是产物在金属表面发生了某种物理化学反应，形成了稳定的吸附膜，从而有效地阻抑了研究电极材料的阳极溶解过程。

4. 线性极化电阻测试

用电化学工作站对未加产物的空白腐蚀液及加入产物的不同浓度腐蚀液分别测线性极化电阻 R_p，作出线性极化电阻—浓度关系表（见表6-9）及极化电阻—时间关系图（见图6-11），并计算不同浓度溶液的缓蚀效率。

表6-9 线性极化电阻—浓度关系

产物浓度（g/L）	0	0.125	0.25	0.5	1.5
R_p（$\Omega \cdot cm^2$）	311.37	1 412.01	1 865.78	3 564.25	1 175.26
缓蚀效率（%）	—	77.95	83.31	91.26	73.51

从表6-9中可以看出，加入产物的溶液线性极化电阻与空白溶液相比有较大的增加，当浓度为0.5 g/L时 R_p 值最大，因而缓蚀效率也最高；而当浓度继续增加时，线性极化电阻反而变小，缓蚀效率也有所降低，这应该是产物在电极表面产生脱附的缘故。

首先，其作用机制可能是由于分子中的电子云密度高的N原子能吸附在水化金属离子上，从而对腐蚀介质渗透形成了障碍，也就是这些化合物分子中有含孤对电子的N原子，N原子的孤对电子与铁离子以配位键络合，并最终形成聚合物吸附在铁的表面上，成为保护膜。

其次，在超过最佳浓度之后，线性极化电阻 R_p 出现了逆转的趋势。这是因为本章合成的缓蚀剂的吸附机制并非所谓的几何覆盖效应，在金属表面的吸附并不等同，在金属表面可能存在吸附的活性中心，缓蚀剂分子优先吸附在这些活性中心上，当活性吸附中心被这些分子占满后，多余的产物分子就开始在非活性点和阴极区上进行吸附。当电极表面被完全覆盖后，再增加产物的浓度，由于产物分子之间的相互作用和水分子的竞争吸附，处于活性区之外的产物分子开始脱附。

最后，分子侧链上的基团一方面使得产物在水中的溶解性下降，另一方面，一定程度上也增加了产物分子之间的空间位阻，即先吸附上去的产物分子阻碍了后面的产物分子的吸附，并且有可能改变吸附的方式，使其由吸附较大的方式改变为吸附较小的方式。这种吸附类似于硅胶中苯－甲苯中吸附苯的情况，即吸附量自零开始，随着苯在溶液中的质量分数的增加，出现一个吸附的极大值，然后下降。这就是线性极化电阻会随着浓度的增加先增大后减小的原因。

究其原因，主要是溶剂、溶质和固体表面三者之间的复杂的相互作用。因为最简单的溶液也有两个组分，即溶剂和溶质，目前的溶液理论对它们之间的相互作用尚不能很好地处理，再加进一个固体吸附剂，问题就更加复杂了。因此，直到今天，还没有一个完整的溶液吸附理论来定量处理溶液中的溶质吸附。对于缓蚀剂分子在溶液中的浓度极低的情况,可以不考虑分子之间的相互作用,认为它们互不影响地吸附在电极表面上,在表面的覆盖度随添加浓度单调增加,当活性中心被占满后,缓蚀剂分子可能存在两种作用:一是缓蚀剂分子随着浓度增加,继续覆盖在非活性区域,同时还存在着分子之间的排斥作用。二是浓度再增大,由于分子之间的排斥作用和溶剂化作用(缓蚀剂分子和水可以形成氢键),一些非活性区上的缓蚀剂分子脱附。

量子化学研究认为,含 N、S 缓蚀剂在金属表面吸附、成膜的过程中,往往伴随着电子转移和电子对共用。Frumkin 等认为,金属表面过剩电荷密度显著地改变了多晶金属的表面状态,从而影响有机物分子在其表面上吸附、脱附的分界点。目前,对有机缓蚀剂分子在碳钢上的吸附行为已有较详细的研究。

图 6-11 是在相同的腐蚀介质下,分别对加入产物不同浓度的溶液所得到的线性极化电阻 R_p 与时间的关系。R_p 越大,说明缓蚀剂的缓蚀效果越好。

从图 6-11 中可以看出,无论是在较高浓度还是在较低浓度的情况下,加入不同浓度缓蚀剂的 4 种溶液与表 6-9 所示空白溶液相比,R_p 要大得多,这说明缓蚀剂在该体系中起到了很好的缓蚀作用。并且,线性极化电阻随加入产物的浓度的变化趋势与表 6-9 一致,也是线性极化电阻随着浓度的增加先增大后减小。除此之外,由图 6-11 还可以观察出,线性极化电阻随时间的推移先增大,后又有下降的趋势。这也是由于金属表面的吸附膜先吸附,后发生脱落造成的。

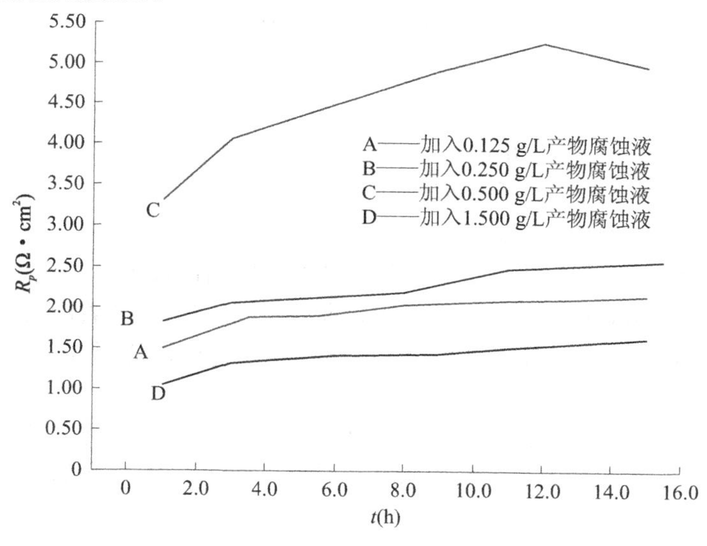

图 6-11　极化电阻—时间关系

5. Tafel 极化曲线测试

为了对产物的缓蚀作用进行进一步的研究,对产物浓度为 0.25 g/L、0.5 g/L、1.5 g/L的腐蚀液及空白腐蚀液进行了极化曲线的测量。结果见图 6-12。

从极化曲线上呈直线关系的 Tafel 区往外推,两条外推线的交点对应的电位是自腐蚀电位,对应的电流是自腐蚀电流。

同时,电化学中用极化率来表征极化发生的难易程度,极化率大,即极化曲线陡,表示极化易发生，对防腐有利；反之，极化率小则极化曲线平缓，表示极化不易发生，对防腐不利。即阳极极化曲线越高，电位越大，阳极极化越强；阴极极化曲线越低，电位越小，阴极极化越强。曲线在空白曲线外面表明有缓蚀效果，在阳极极化曲线外就产生阳极极化，在阴极极化曲线外就产生阴极极化。

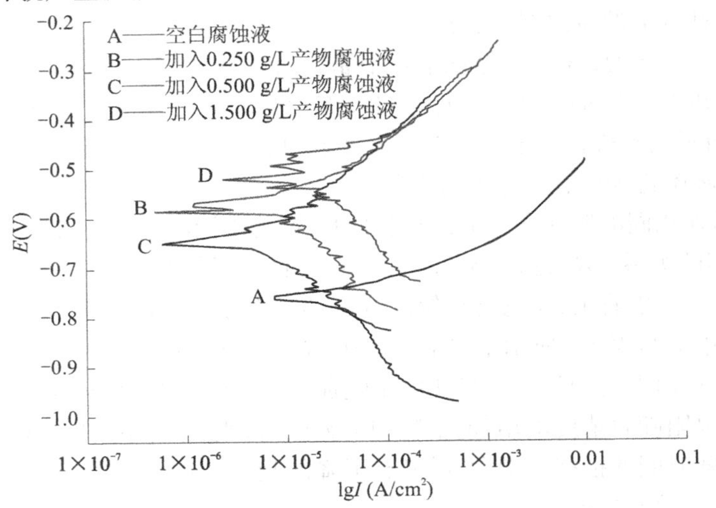

图 6-12　Tafel 极化曲线

由图 6-12 可知：

(1) 加入产物腐蚀液的三个 Tafel 极化曲线的腐蚀电位发生正方向移动，使得阳极极化曲线的 Tafel 斜率加大，如图 6-12 所示。这使得阳极极化增大，减缓了金属腐蚀速度，属于抑制阳极型缓蚀剂。并且可以观察出：在加入产物后，溶液腐蚀电流相对于空白腐蚀液大大减小，说明金属腐蚀速度减小。

(2) 加入 0.25 g/L 产物的 Tafel 阳极极化曲线比空白阳极极化曲线更向正移，阳极极化作用增大，但阴极极化曲线比空白阴极极化曲线更向正移，意味着同时在阴极上加速了腐蚀。但是总体上阳极产生的缓蚀性能比阴极产生的腐蚀性能要强，所以加入0.25 g/L 产物有一定缓蚀效果。

(3) 加入 0.5 g/L 产物的阳极极化曲线和加入 0.25 g/L 产物的阳极极化曲线位置重合，并且加入 0.5 g/L 产物的阴极极化曲线相对加入 0.25 g/L 产物的阴极极化曲线向负移动，和空白阴极极化曲线重合。

(4) 加入 1.5 g/L 产物的阳极极化曲线和加入 0.25 g/L、0.5 g/L 产物的阳极极化曲线位置基本重合，但是加入 1.5 g/L 产物的阴极极化曲线比加入 0.25 g/L、0.5 g/L产物的阴极极化曲线都更向正移。

因此，综合来说加入产物浓度为 0.5 g/L 时缓蚀效果最好。

由于产品的分子结构中有油酸中的 $CH_3(CH_2)_7CH=CH(CH_2)_7CO-$基团，有缓蚀作用，加上又接上了酰胺基（$-CONHR$），有吸附作用，从而使产品具有很好的缓蚀效果。

随着添加产物浓度的提高，腐蚀电位值随之增大，缓蚀效率也逐渐增大。这是因为当缓蚀剂浓度增大之后，金属电极表面吸附的缓蚀剂分子逐渐增加，在达到最大覆盖度（饱和吸附)之前,缓蚀剂分子形成的保护膜便可以阻止侵蚀性的离子在金属表面的吸附和氧原子的扩散,从而起到保护金属电极的作用。也就是说,随着缓蚀剂添加浓度的增加,产物分子在电极表面的吸附覆盖度逐渐增加,屏蔽效应增强,缓蚀效率逐渐提高。

6. Raman(拉曼)光谱的测试

对未浸泡的试片及加入合成产物0.5 g/L的腐蚀液中浸泡8 h的试片进行拉曼光谱测试。Raman光谱测试结果分别见图6-13、图6-14,比较两者的拉曼光谱,可以明显发现图6-14中在1 200 cm^{-1}附近、680 ~ 700 cm^{-1}都出现新的峰。

由此推断,在加入合成产物的腐蚀液中浸泡8 h的试片表面上通过化学吸附形成新的化学键,试片表面被覆盖,从而减缓腐蚀液对试片的腐蚀。这说明合成的N-胺乙基-9-十八烯酰胺对试片有缓蚀作用,其缓蚀作用是通过化学吸附改变了金属试片表面的性质,抑制了腐蚀作用。

合成产物OA一方面含有由电负性高的O、N元素构成的极性基团作为亲水基团,另一方面含有由C、H元素构成的非极性基团作为疏水基团。由于Fe原子具有未占据的空的d轨道,易接受电子,而以N为中心原子的极性基团具有供给电子的能力,两者可以形成配位键,发生化学吸附。合成产物OA加入到腐蚀液中后,通过吸附改变了金属表面的电荷状态和界面性质,使金属表面的能量状态趋于稳定,增加了腐蚀反应的活化能,减缓了腐蚀速度;同时,被吸附的产物分子上的非极性基团是疏水的,能在金属表面形成一层疏水性保护膜,阻碍与腐蚀反应有关的电荷或物质的转移,也使腐蚀速率减小。

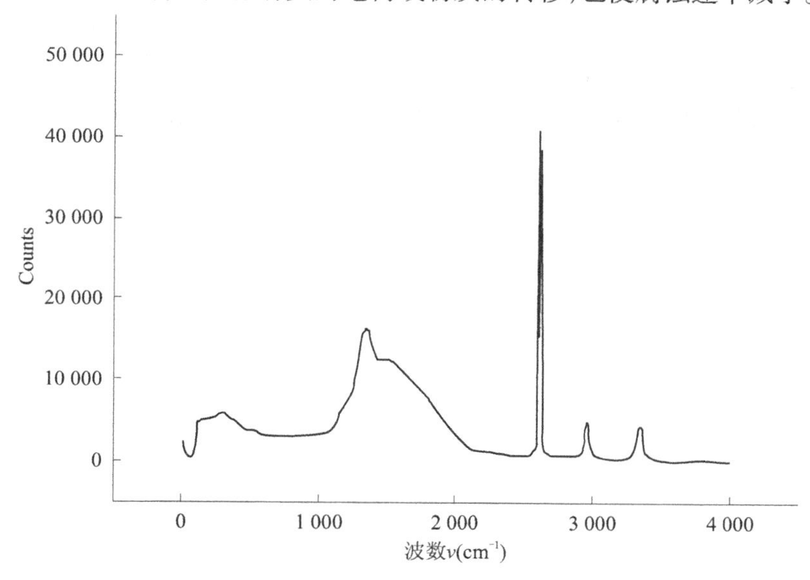

图6-13　未浸泡试片的拉曼光谱

除了疏水基团,亲水基团对缓蚀剂的缓蚀效率也起着十分重要的作用。实验证明,在相同条件下酰胺和胺的最小有效浓度相当,而咪唑啉的最小有效浓度是它们的3倍,也就是说,酰胺和胺的亲水基团的缓蚀效果要好于咪唑啉的。这一结果表明,亲水基团的作用效果不仅取决于它的吸附能(据报道,咪唑啉的吸附能远远高于胺类),而且与它在金属

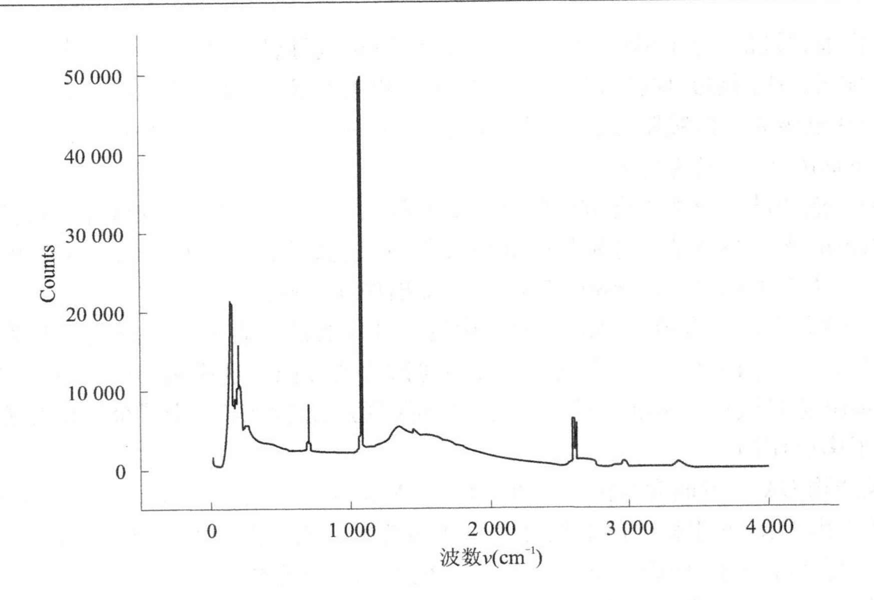

图 6-14　0.5 g/L 产物溶液中浸泡试片的拉曼光谱

表面所形成的非球状双胶束层有关，这种非球状双胶束层往往十分稳定。

相对于物理吸附，化学吸附有自己的特点。化学吸附有非常明显的选择性，如含 N 的有机物对 Fe 的吸附效果好，含 S 的有机物对 Cu 的吸附效果好。化学吸附所需的活化能大于物理吸附的。化学吸附速度小于物理吸附速度，而且不可逆，受温度影响小。这些特点使得缓蚀剂的后效性好，有利于防腐。

由于化学吸附是由缓蚀剂向金属提供电子对，因此多为抑制阳极反应。这和前面的极化曲线测试结果一致。

第7章　结论和展望

7.1　结　论

本书以合成新型三聚表面活性剂和探索其潜在应用为目的，合成了四种不同疏水链长度的季铵盐三聚表面活性剂T_n（n为疏水尾链碳原子数，n取10、12、14、16），系统地研究了它们的表面活性和胶束聚集行为，并初步研究了它们分别与牛血清蛋白（BSA）、水溶性荧光共轭聚合物9,9－双(6′－N,N,N－三甲基溴化铵)己基芴－alt－1,4－苯（PFP）的相互作用。

本书的主要研究结果如下：

（1）通过简便高效的两步反应成功合成了四种不同疏水链长度的新型季铵盐三聚表面活性剂，经多种表征方法确认其分子结构为目标产物。

（2）研究T_n的表面活性和胶束聚集行为发现，三聚表面活性剂降低水表面张力的效率和胶团化能力远高于相应单链表面活性剂，并且随着浓度的增加，T_n在水溶液中的聚集体由椭球状囊泡逐渐转变为球形胶束。核磁共振氢谱研究表明这可能源于T_n分子构象的转变。

（3）首次研究了三聚表面活性剂与BSA的相互作用，结果显示：T_n主要与BSA的色氨酸残基发生相互作用，T_{16}主要以疏水性作用与BSA结合，其他三种表面活性剂与BSA的结合主要是通过氢键与范德华力，而且随着表面活性剂浓度的增大，α－螺旋含量降低，相应的β－折叠含量则逐渐增加，说明三聚表面活性剂加入后BSA的骨架变得更为伸展。

（4）首次考察了三聚表面活性剂与水溶性荧光共轭聚合物PFP的相互作用，并对比研究了Gemini表面活性剂对PFP光谱性能的影响。对于4% DMSO水溶液溶解的PFP，低浓度的T_n均增强PFP的荧光强度，高浓度的T_{10}和T_{12}引起PFP荧光强度的降低，而高浓度的T_{14}和T_{16}使PFP的荧光强度微弱地增加；低浓度的阴离子Gemini表面活性剂导致PFP荧光强度急剧降低，随着表面活性剂浓度的增加，荧光强度又逐渐增强。对于纯水溶解的PFP，四种三聚表面活性剂对其荧光光谱的影响很小，荧光强度略微增加，而Gemini表面活性剂却均能够使PFP的荧光强度大幅度增加。分子动力学模拟结果证实三聚表面活性剂与PFP间存在疏水作用和静电排斥作用，而Gemini表面活性剂与PFP间存在静电吸引作用和疏水作用。PFP光谱性能的变化和离子型低聚表面活性剂与PFP之间静电和疏水相互作用的平衡以及PFP的初始形态密切相关。

虽然本书对新型结构的三聚表面活性剂进行了初步的性质和应用研究，但是由于时间和测试方法有限，本书在以下几个方面仍然存在不足，有待于今后进一步研究：

（1）三聚表面活性剂分子构象的转变导致其聚集体随着浓度的增加由囊泡逐渐转变

为胶束的机制推测有待于通过更多的方法验证,如 2D NOESY 和 2D DOSY NMR 等。

(2)对三聚表面活性剂与 BSA 混合体系的界面吸附行为和体相聚集行为的研究不够深入,有待于通过其他方法进一步探讨,如量热法、平衡渗析法、原子力显微镜等。

(3)低聚表面活性剂对水溶性荧光共轭聚合物存在形态的影响需要更多直观的测试方法来确定,如小角中子散射、冷冻蚀刻透射电镜等。

7.2 展 望

本书合成的三聚表面活性剂具有较好的表面活性和极低的临界胶束浓度,从该类表面活性剂的结构和已知性质推测其在润湿、乳化、抗菌和抗静电等方面也将具有优异的性能。具有相同连接基团和疏水链的长链亲水头基(头基上的甲基变为乙基、丙基和丁基等)的三聚表面活性剂同系物,可以作为下一步合成目标,有利于全面深入地了解三聚表面活性剂的结构与性质关系。此外,本书所得出的三聚表面活性剂能够在很低的浓度与 BSA、PFP 等水溶性大分子发生一定程度的相互作用,进而影响大分子在水溶液中的构型和性质的结论,丰富了低聚表面活性剂与大分子相互作用的研究内容。随着更多新颖结构的三聚表面活性剂的合成,三聚表面活性剂与水溶性大分子的相互作用必将成为低聚表面活性剂应用领域新的研究热点。